何为科学

科学是什么，科学不是什么

[美] 亚当·弗兰克　　[美] 马塞洛·格雷斯　　[加] 埃文·汤普森　著
（Adam Frank）　　　（Marcelo Gleiser）　　　　（Evan Thompson）

周程　廖新媛　杨军洁　万舒婵　译

THE
Blind
Spot

Why Science Cannot Ignore
Human Experience

中信出版集团 | 北京

图书在版编目（CIP）数据

何为科学：科学是什么，科学不是什么 /（美）亚当·弗兰克,（美）马塞洛·格雷斯,（加）埃文·汤普森著；周程等译. -- 北京：中信出版社, 2025.4.
ISBN 978-7-5217-7379-8

I. G301

中国国家版本馆 CIP 数据核字第 2025G96W80 号

The Blind Spot: Why Science Cannot Ignore Human Experience
by Adam Frank, Marcelo Gleiser, Evan Thompson © The MIT Press
Simplified Chinese translation copyright © 2025 by CITIC Press Corporation
ALL RIGHTS RESERVED
本书仅限中国大陆地区发行销售

何为科学——科学是什么，科学不是什么
著者：　［美］亚当·弗兰克　［美］马塞洛·格雷斯　［加］埃文·汤普森
译者：　周程　廖新媛　杨军洁　万舒婵
出版发行：中信出版集团股份有限公司
（北京市朝阳区东三环北路 27 号嘉铭中心　邮编　100020）
承印者：　北京通州皇家印刷厂

开本：880mm×1230mm 1/32　　印张：11.75　　字数：365 千字
版次：2025 年 4 月第 1 版　　印次：2025 年 4 月第 1 次印刷
京权图字：01-2024-3749　　书号：ISBN 978-7-5217-7379-8
定价：88.00 元

版权所有·侵权必究
如有印刷、装订问题，本公司负责调换。
服务热线：400-600-8099
投稿邮箱：author@citicpub.com

本书赞誉

这本书告诉我们，人类感知和直接经验是科学的根本源泉，而现代科学在飞速发展的同时正在使自己离这个本源渐行渐远。它让人们认识到在大力弘扬科学精神的同时也要看到科学的局限性，在尊重客观事实的同时也不能摒弃主观感受，在采用科学方法的同时不能忘记直接经验是观察、探索、论证乃至测量的前提条件。这是一本科学哲学著作，但读起来并不感到晦涩，它从科学史出发，抽丝剥茧，深入浅出，道出独到之见，多处令人脑洞大开、击节称快。

——韩启德

中国科学院院士，中国科学技术协会名誉主席

每一个人都有盲点，在不同学科交叉处，盲点就经常产生，犹如鸡鸣三省的地理交叉处出现管理盲点。对科学与哲学有兴趣的读者可以参考这本书。

——饶毅

北京大学终身讲席教授，首都医科大学校长

这是一本全面质疑和批判科学主义的书——"盲点"指的就是科学主义的盲点。我一向认为科学主义批判是当代一项极为重要的思想任务。作者抓住了很多要点，例如，作者把伽利略、笛卡儿、波义耳和洛克对第一性质和第二性质的区分视作"科学世界观的核心"，又如，作者从自主性和能动性入手来区划生命与物理事物。这本书的长处在于全面、多角度、多学科——从量子物理一直讲到经济学，不足在于未能在哪个特定环节上探幽入微。对关注科学主义得失的读者，这是一本很好的入门书。

——陈嘉映

首都师范大学燕京人文讲席教授

从 17 世纪以来，人类依靠经验逐步发现科学规律，却以抽象概念、数学模型、客观事实等逐渐取消人的经验。"盲点"的意思就是，我们对此茫然无知。从科学文明发展开始，就有深谋远虑之士不断地警告，过度相信科学的结果是人类的抹灭。

言犹在耳，以科技文明取代人性经验的过程已经展开。在人工智能、量子计算与自动通信的快速发展中，人们逐步忘掉自身经验在科技开发中的价值，甚至相信科学所面对的才是真正的自然。人类所体验的自然，却因为缺乏精确性、工具性以及数字性而惨遭抛弃。这就是盲点，因为人类盲目于自己发明的怪兽：科学主义。

人类不惜放弃自身经验，殊不知这是矛盾的以及非理性的。科学伴随人的经验而来，没有人的经验的科学是没有人性的，是有害的。盲点就是呼吁大家注意，我们不能也不该盲目相信科学的结果。

不过千万不要认为这本书的目的在于反对科学的发展，回到启蒙前的时代。这本书强调，我们对于科技的发展需要有正确的观点：科技的发展是好的，但人的经验在科技发展中有不可或缺的地位。

这本书回应了一句某个前手机大厂的广告词："科技始终来自人性！"

——苑举正
台湾大学哲学系教授、原系主任

提出科学中的盲点是很有意义的。盲点当然是一个比喻，指一些有关科学的问题，是我们平时视而不见、习焉不察的。这些问题当然很难解决，但意识到有问题，总是比没意识到前进了一步。

——江晓原
上海交通大学讲席教授、科学史与科学文化研究院首任院长

作为人类所能理解的自然和科学，其前提是人的存在和经验。面对当下由科学和文明的发展所带来的危机与挑战，作者秉持既承认科学的辉煌成就，也直面科学带来的复杂问题的立场，以人为本，尝试提出了一种颇具启发性的全新的科学世界观。

——刘兵
清华大学科学史系教授、
中国科协–清华大学科技传播与普及研究中心主任

科学的盲点实际上就是我们的肉身感触物理世界的基本界面，如你所嗅到的花香、听到的雨声、目睹的伦勃朗画笔下的头盔的金色。然而，冷冰冰的物理语言却对这些视而不见，认为颜色是幻觉，而波长才是实在；爱人的体温是幻觉，分子运动的某种态势的平均化表达才是实在，等等。现代科学建立在对人类感受的"视而不见"之上。

这本书将正本清源，结合胡塞尔现象学与日本西田几多郎哲学等重要哲学资源，积极评价人类身体的感受因素在科学世界构建中的积极作用，由此使得我们的科学图景不仅是精确的，而且是有血肉的。强烈推荐给一般的科学爱好者与哲学爱好者阅读。

——徐英瑾

复旦大学哲学学院教授、国家级人才项目入选者

  千百年来，是意识觉知导引我们客观地认识事物、探索真理和洞悉世界，科学实践与直接经验则促成了我们的知识构建。然而，一直披荆斩棘所向无敌的科学，缘何也会陷入困境、矛盾乃至意义危机？《何为科学》在哲学与科学的宏大视野下所做的多维度透视，精辟阐释了一味将具体经验还原或减损为科学抽象概念所带来的认知迷思，以及恢复科学与人类经验之间的深层联系又会怎样影响我们的科学观念和思维模式。没错，超越盲点，直面挑战，我们需要重塑一种全新的科学世界观！

——尹传红

中国科普作家协会副理事长，科普时报社社长

  对科学世界中人类角色的复杂性，这本书进行了有趣而重要的反思。

——卡洛·罗韦利

《时间的秩序》《七堂极简物理课》作者

  我们能否追求比当前科学更全面、更真实的知识？这本书的三位作者给出了肯定的答案：他们一方面肯定了科学成就，另一方面也充

分认识到有些方面仍需努力,且这种努力刻不容缓。《何为科学》为第三个千年的研究和教育开辟了新天地,通过提出一个现实、新颖的计划,治愈我们分裂的世界和病态的星球,从而保护科学免受其最大敌人的侵害。

——吉梅纳·卡纳莱丝

《爱因斯坦与柏格森之辩》作者

我们正面临一场全球性的、文明的、关乎生存的危机,我们需要进行观念上的转变。《何为科学》向我们展示了原因。

——斯图尔特·考夫曼

《物理的世界》作者

这是一部极为重要的著作,有望成为经典……意识到盲点,是将人类经验重新纳入科学核心的必要一步。

——《科学》杂志

这是一个改变我们看待事物方式的、激励人心的宣言。

——《华尔街日报》

《何为科学》提出了丰富而复杂的哲学论点,且具有重大的现实意义,既涉及我们应如何开展科学研究,也涉及如何向公众展示科学。

——《泰晤士高等教育》

令人叹为观止……论述清晰,节奏明快,妙语连珠。我甚至认为它是一部轻松的读物。书中的一些概念看似艰深,却被阐释得非常清楚，即使不是科学家，你也会喜欢读这本书……《何为科学》运用哲学论证来解答威胁科学本身完整性的科学难题。哲学家一直梦想找到一种方法来证明科学和人文之间的依存关系，而这本书就是答案。

——《洛杉矶书评》

  我衷心推荐这本书。它直指最根本的哲学问题，对当前一系列科学难题进行了有力而统一的诊断。它以最佳方式挑战正统权威。你可能最初并不认同作者的观点，然而，一旦你开始阅读它，你就无法移开视线。

——《自然·物理》

目 录

推 荐 序　Ⅲ
译者导读　Ⅶ

引　　言　001

第一部分　我们何以至此?
第 1 章　悄然替代: 盲点的哲学起源　017
第 2 章　抽象的螺旋上升: 盲点的科学起源　047

第二部分　和谐有序的宇宙
第 3 章　时间　079
第 4 章　物质　109
第 5 章　宇宙学　142

第三部分 生命和心灵

第 6 章 生命 179

第 7 章 认知 204

第 8 章 意识 224

第四部分 行星

第 9 章 地球 271

结　语 303

致　谢 309

注　释 311

译后记 343

推荐序

刘大椿　中国人民大学荣誉一级教授

　　科学与哲学的互动和融合,当是科学哲学的应有之义。当下科学哲学不仅要体现并理解科学所取得的辉煌成就和对世界的巨大改变,而且应当冷静地反思这样一些关键问题:今日科学为何能取得如此成功?我们为取得这种成功是否在过去付出了某些代价?未来的科学又应如何发展才能真正造福于人类?

　　摆在面前的《何为科学》一书,正好对这些问题展开了深入探讨。该书融合哲学与科学的视角,以细致的分析和深刻的洞察提出了一种引人深思的回答:当今科学的成功植根于盲点的形成,我们为科学的成功付出的代价在于对盲点的忽视,未来科学的发展有赖于我们正视盲点、超越盲点。

　　何谓盲点?该书作者指出,盲点作为一种嵌入科学大厦的世界观,指的是将数学抽象提升为真正实在并由此贬低直接经验的世界的形而上学。也就是说,一向被视为揭示世界本质工具的科学,有时在它揭示世界本质的同时,也遮蔽了某些"更为本质"的东西,即人类的"直接经验"。《何为科学》认为:"我们被科学取得的巨大成功所吸引，以至于忘记了直接经验才是科学的本质来源和坚实支撑。"科学往往用"悄然替代""具体性误置谬误""结构不变量的物化"以及"经验失忆症"等策略，将直接经验加以遮蔽。这导致直接经验逐渐从科学的核心位置退居边缘，以至经验在科学实践中被系统性地贬低，丧失其应有的价值。

简言之，自启蒙运动以来，人类一直依靠科学来告诉我们有关世界的真相，却往往忽视作为科学概念基础的人的直觉和经验。这就是本书作者所说的盲点，即科学与经验的脱节。

盲点隐藏在我们关于时间和宇宙起源、量子物理学、生命、人工智能和思维、意识以及地球作为行星系统的诸多科学悖论背后。对此，作者提出了另一种观点：科学知识是一种自我修正的叙事，它由世界和我们对世界的体验共同演变而成。

《何为科学》深入探讨了此前众多科学哲学著作均未涉及的话题，呼吁建立一种革命性的科学世界观，在这种世界观中，科学将人类的生活经验视为我们寻求客观真理过程中不可分割的一部分，而非对其视而不见。

当然，强调直接经验在科学认知和实践过程中应处于核心地位，这样的观点在哲学史上并不鲜见。但是，《何为科学》对直接经验的强调以及对盲点的反思，并非仅仅是理性主义与经验主义之间的新一轮辩论。和传统的经验主义思想相比，它所提出的观点提供了新的视角与深刻的反思。

首先，《何为科学》的理论植根于当代科学哲学的前沿讨论。胡塞尔指出，在现代科学世界观的发展历程中，数学物理学对自然的抽象与理想化描述"悄然取代"了具体的真实世界，"感知世界被贬低为纯粹的主观表象，而数学物理学的宇宙则被提升为客观实在"。这一转变不仅削弱了人类对自然的直接感知，也导致了生活世界与科学世界之间的疏离与对立。怀特海也强调，"不能将自然划分为客观实在与主观表象"，他坚决反对将抽象置于具体经验之上，更反对将抽象误认为具体实在。与此相呼应，《何为科学》作者认为，科学通过对经验的高度凝练，提供了可靠且可验证的知识体系，但这一过程也导致了科学逐步"去人性化"，将其自身塑造为一种"超越人类经验"的知识体系，并声称科学提供的知识是完全可知的、永恒不变的客观实在。这种世界观的后果是在科学世界与生活世界之间制造了深深的裂痕，遮蔽了我们对科学局限性的认知。

其次，《何为科学》是将科学哲学理论与多个具体学科领域相结合，为自己提供充分的事实依据。书中通过对物理学、天文学、生物学、认知科学、环境科学等多个具体学科的深入挖掘，揭示了各个科学领域中潜藏的盲点世界观及其影响。《何为科学》通过重新审视现代科学的诞生、发展，揭示了科学实践中存在的局限性，进而探讨这些问题对人类社会以及更广泛领域的深远影响。需要指出的是，《何为科学》之意并不在反对科学，而是反思科学。正如书中所言："通过将盲点纳入我们的集体视域，我们将能更好地找到超越盲点的新道路，使我们的科学和文明能够在接下来的一千年中继续生存并发展。"

《何为科学》一书不仅适合科学家和哲学家阅读，也面向那些在"生活世界"中对科学充满好奇或感到困惑的广大读者。例如，书中对全球变暖问题进行了深入剖析，揭示了科学界在气候变化认知中的局限性，同时指出公众在应对这一全球性挑战时所存在的认知盲点。此外，书中还探讨了社会文化和政治经济学中的盲点，特别提到当前决策过程中对量化数学观的依赖可能导致的问题。

《何为科学》一书英文原版于 2024 年 3 月由麻省理工学院出版社正式出版。令人欣喜的是，不到一年，其中文译本便将由中信出版社出版问世。本书译者是北京大学哲学系科学技术哲学学科带头人周程教授领衔的研究与翻译团队。该团队既注重学术严谨性，又追求语言表达的流畅与精准，相信他们能让《何为科学》更好地惠及中文读者，领略超越盲点的深刻洞见。

很高兴，《何为科学》一书在多元化的认知框架下，提供了一种更加包容和全面的科学观和世界观，故而应周程教授之约，写下上面一些话，推荐这部新鲜出炉的中文译著，并以为序。

甲辰冬于中国人民大学宜园

译者导读
现代科学中的盲点

　　《何为科学》是三位杰出学者的跨学科之作,作者分别为罗切斯特大学天体物理学教授、2021 年的卡尔·萨根奖章获得者亚当·弗兰克,达特茅斯学院理论物理学与自然哲学教授、2019 年的邓普顿奖得主马塞洛·格雷斯,以及英属哥伦比亚大学认知科学哲学教授、加拿大皇家学会会员埃文·汤普森。该书由麻省理工学院出版社于 2024 年春推出之后,在西方社会引起广泛关注。美国《科学》杂志的书评栏目作者认为"这是一部极为重要的著作,有望成为经典"。《纽约时报》排名榜首作家、哈佛大学教授迈克尔·波伦则称赞道:"这是我今年读过的最好的一本书。"

　　三位作者在书中提出的核心观点是:当今的科学被一种叫作"盲点"的形而上学世界观所塑造,现代科学出现危机的根源也恰恰在于盲点世界观。因此,盲点究竟是什么?盲点是怎样塑造科学的理论和实践的?我们应该如何超越盲点?这些问题便成为《何为科学》一书的主要议题。

　　其实,我们对"盲点"一词并不陌生。在生理学中,盲点指的是视网膜上的一个特殊区域，这里是神经纤维的汇集点，因缺乏感光细胞，无法感知外部光线，也无法产生神经信号，从而形成了视觉上的"空白"。尽管我们的两只眼睛中都存在视觉盲点，但我们在日常生活中却毫无察觉。这是因为我们双眼视野重叠，大脑可通过整合来自每只眼睛的信息自动补偿盲点产生的视觉缺失。

《何为科学》一书的三位作者巧妙地借用了"盲点"这一概念，认为人类认识科学时也存在一种类似视觉盲点的奇特现象。虽然这种认知盲点使我们对一些原本显而易见的事实视而不见，并在无形中影响着我们对经验证据的准确理解，深刻塑造了我们对现代科学的整体认知，但我们自己竟对此全然不知。

"盲点带来的悲剧在于，我们失去了人类知识中至关重要的东西，即我们的生活经验。""盲点将我们困囿于一种误解科学并使生活世界和人类经验变得贫瘠的世界观中。"也就是说，由于盲点的存在，我们今天对科学的认识不够完整，甚至带有偏差。这种片面的科学理解体现在，我们忘记了直接经验才是科学的本质来源和坚实支撑，反而将一种特殊的世界观嫁接到科学上。"这种世界观认为，科学给我们提供了关于客观物理实在的真实描述，或至少是对所有可观察物理现象的真实描述。"这种盲点世界观，不仅会影响科学体系的内在发展逻辑，而且有可能诱发诸多环境与社会危机。

由于"我们的科学世界观正陷入一个深刻且不可调和的矛盾之中，这种矛盾使我们当前经历的危机在本质上已演变成一种意义危机"，因此三位作者"怀着深深的忧虑撰写了这本书"，并在书中以盲点为主题深入探讨了盲点的形成原因及其在不同科学领域中的具体表现。

《何为科学》一书视野宏大，内容融贯文理，为其撰写简明而精准的导读并非易事。为此，我们仅在此分享一些译介偶得，旨在为读者提供一份阅读指引，助力读者在阅读之旅中获得更多启迪。

为何要关注这本书

《何为科学》是一部兼具学术专业性与大众普及性的著作，它以科学与哲学的双重视角探讨了"我们经历了怎样的过去，又渴望拥抱怎样的未来"这一命题。三位作者在书中反思了一系列发人深省的大问题：科学在取得辉煌成就的同时是否也付出了一些代价，而这些代价却常常被我们所忽视？我们应如何全面评估这些代价对科学理论和人类社会的深远影响？未来的科学发展又该如何避免重蹈过去的覆辙？通过对多个科学领域前沿理论和核心概念的深入剖析，三位作者指出：我们在推动科学发展的同时不知不觉促进了盲点世界观的形成；盲点造成了科学与经验之间的脱节，它是"科学在思考物质、时间、生命和心灵时面临诸多挑战并陷入困境的核心原因"。

当前，科学越来越社会化，社会也越来越科学化。科学已深度融入我们的日常生活，成为人类不可或缺的认知工具。为了避免重蹈弗兰肯斯坦式的悲剧，身处现代科学洪流中的每一个人都有必要直面盲点，了解自己所处的时代背景，储备用于参与科学讨论与决策的思想资源。如果我们对盲点视若无睹，继续在科学与经验的怪圈中徘徊，人类发展的巨轮或将驶向在劫难逃的危险水域。

例如，人类利用科学技术对自然资源进行的过度开发，不仅造成了全球性的环境破坏，还引发了气候变化、生态灾难以及疾病的全球大流行等问题；科学技术的突飞猛进，虽显著提升了生产效率，却进一步加剧了贫富差距和社会不平等；人工智能、基因编辑等领域的突破，虽让人类实现了前所未有的技术飞跃，但也给人类带来了前所未有的伦理挑战。

面对现代科学所引发的诸多问题，人们过去对科学所持的态度和立场不尽相同。譬如，科学必胜主义认为，科学是一种无往不利的探索方式，能够不断推动人类社会向前发展。科学技术的进步不仅能解答事实性的问题，还能最终化解诸如道德和价值判断等问题。持这种观点的人相信科学的潜力是无穷的，只要人类坚持不懈地努力，科技的光芒终将照亮一切未知领域。与此相对的是科学否定主义。科学否定主义者对科学的权威持怀疑立场，拒绝接受科学提供的某些事实和概念，认为科学的发展并非始终有益，科学可能已在某些方面触及瓶颈，甚至对人类文明的发展起到了负面作用。科学否定主义者主张，人类应当重新审视科学技术发展的方向和速度，及时踩下限制科学技术持续高速发展的刹车装置，以免对人类社会和自然环境造成不可逆转的损害。

诚然，这两种回应方式均存在问题：科学必胜主义陷入了过度乐观的技术决定论，忽视了现代科学与人类经验之间的深刻联系，过于神化科学与科学家的力量；而科学否定主义则习惯于持过度悲观的态度看待科学，无视现代科学在发展过程中取得的成就，也未能认识到现代科学在应对复杂问题时展现的适应性与创造力，从而进一步助长了反智主义情绪的蔓延。

然而，这两种立场均未能深入揭示科学本身所蕴含的内在矛盾，也忽视了科学与社会、文化以及伦理之间的复杂交织，更未能从完整意义上反思科学在现代文明中的角色与定位。《何为科学》的三位作者则对现代科学进行了独特的诊断,指出科学危机的根源在于我们将盲点世界观嫁接到了科学之上。

尽管现代科学本身建立在人类主观经验的根基之上,但为了追求客观科学真理,并获得理解世界各种现象的上帝视角,现代科学致力于采用各种方法与策略掩盖科学与人类直接经验之间的深刻联系。这种割裂使现代科学逐渐脱离直接经验,走向数学化与形式化,甚至将数学化与形式化的内容视为世界上固有的实在。这种倾向不仅在科学理论中显现出内在的矛盾,也在实践层面暴露出深刻的危机。

诚如三位作者所指出的,在理论层面,现代科学虽然为我们提供了强大的认知工具和框架,帮助我们更好地理解生活世界的诸多方面,但在应对一些更为复杂的谜题和悖论时,现代科学的资源与解释仍显得左支右绌。例如,在处理时间与宇宙的本质、物质与观察者的关系、生命与知觉的起源、心灵与意义的联结,以及意识的本质等难题时,现代科学的局限性越发凸显。这些未解之谜不仅挑战着科学的边界,也引发我们对科学方法和世界观的深刻反思——究竟科学还能为我们揭示多少关于世界和自身的真相?

而在实践层面,现代科学的危机更加直观地体现在人类生存的脆弱性上。三位作者在书中列举了一系列迫在眉睫的全球性挑战,包括气候变化的加剧、生境的持续破坏、新兴疾病的全球流行、数字监控技术的快速发展,以及人工智能的全面普及。这些问题不仅对人类赖以生存的地球及所处的社会构成了严峻挑战,也对我们如何坚守道德原则和捍卫人类自主性提出了深刻考问。现代科学在应对这些复杂现实问题时暴露出的局限性,进一步揭示了盲点作为科学内

译者导读 XI

在困境的根源。正是由于我们对直接经验的忽视、对抽象理论的过度依赖，人类在运用科学处理生活世界中的许多问题时才显得力不从心。

三位作者通过对盲点的深刻反思，不仅揭示了现代科学面临的核心问题，还引导我们重新审视与批判科学必胜主义与科学否定主义这两大阵营对科学的不同态度。

一方面，在科学必胜主义者看来，科学意味着可靠、客观与正确，是通向真理的不二法门。然而，盲点的存在提醒我们，科学并非毫无瑕疵。科学来源于人类经验，是对人类经验的不断精炼，实际上正是这种高度精炼才为科学披上了权威的外衣。三位作者在书中重现了在人类最初探索自然时直接经验的优先性，揭示了实验场域中的科学工作间通过隔离复杂的真实世界逐步掩盖人类主观性的过程，探究了数学演绎与抽象思维在科学实践中逐渐占据重要地位的经纬。然而我们却在此进程中渐渐忘记了科学始终是人类创造的产物。作者警示道："我们掌握着由自己绘制的最精确的地图，但却遗忘了我们正是那位绘图者。如果不改变自己在求索之路上的导航方式，我们势必会在危险与混乱中越陷越深。"

另一方面，科学否定主义则导致了人们对科学的疏离与不信任，甚至催生了蔑视科学和放任伪科学传播的现象。然而，《何为科学》的三位作者认为，这种态度同样不可取，因为在人类面临复杂多变的现实挑战时，如果缺乏科学的支持，我们将难以有效识别问题、制订方案、协调资源以应对危机，因此完全抛弃现代科学并非明智之举。在这本书中，作者并没有否定科学的价值，或质疑抽象思维的必要性。他们带领读者穿梭于多个科学领域，阐明科学虽是人类经验的产物，但依然是人类用来化解自然和社会危机的重要工具。问题的核心不在于科学本身，而在于我们如何看待科学，即我们需要重新认识人类经验在科学中的意义与价值。正如三位作者所提醒的："虽然我们同意在当下这个科学否定主义盛行、虚假信息泛滥的时代，保卫科学尤为重要，但是对盲点过分强调，不仅无益于保卫科学，反而有可能事与愿违。"这番话发人深省——我们是否正在以错误的方式理解科学，而这种误解正在阻碍科学发挥其真正的潜力，并限制了我们对复杂问题的深入探索，使我们难以找到许多现实问题的有效解决方案？

简言之，《何为科学》一书的意义在于让人们平视科学，明白无论多么枝繁叶茂的科学理论都拥有扎根在人类直接经验中的根系，人类才是科学的创造者，科学并非绝对真理，科学家也并非不容置疑的圣人。

这本书的内容概述

《何为科学》一书主要由四个部分构成。第一部分介绍了"盲点"这一关键概念，并详细阐述了盲点的特征、类型与形成过程。随后的三个部分则分别针对不同科学领域中的盲点逐一展开论述。

第一部分"我们何以至此？"从现象学创始人胡塞尔的"生活世界"出发，追溯了科学用数学抽象取代人类主观经验这一现象的发端，旨在揭示盲点世界观的哲学起源与科学起源。例如，温度从代表着人类对冷热的直接感知，转化成了对微观粒子平均动能的测度。作者称这种现象为"悄然替代"。三位作者指出，盲点世界观有一系列鲜明的特征，包含自然两分论、还原主义、客观主义、物

译者导读 XIII

理主义、数学实体的物化,以及经验作为副现象等。这一世界观通过种种方式遮蔽了我们的直接经验,譬如悄然替代、具体性误置谬误、结构不变量的物化和经验失忆症等。结果,世界被人为地分割成主观的生活世界与客观的科学世界。现代科学试图成为客观世界的绝对主宰,以貌似客观的抽象概念悄然替代人们的主观经验,并进一步将这些抽象概念实在化为人类经验的基础。随着经典力学的诞生,这种盲点逐渐成形,科学家们自信满满地宣称:"大自然的一切尽在掌控之中。"然而,问题在于,抽象概念无法充分解释"就在那里"的实在,那些被忽视的具体经验才是这些抽象概念的真正源泉。

第二部分"和谐有序的宇宙"聚焦于物理学领域的盲点,着重剖析了时间、物质这些自然要素被科学化为抽象模型的过程。在第3章,作者从时间这一主题切入,借用柏格森提出的"绵延"概念,分析了盲点如何导致生活时间被时钟时间所取代。作者指出,科学对时间的精确测量,实际上是建立在我们对时间的直接感知之上的。然而,当科学试图剥离这些主观体验,追求纯粹的"客观"时间时,反而暴露出了科学内在的盲点。在第4章,作者批判了一些人将经典物理学视为揭示自然终极本体论的唯一真理的错误看法,认为这种迷信本身就是盲点的典型体现。随着量子物理学的兴起,经典物理学的世界观不可避免地被瓦解。量子物理学中充满了与我们的直觉格格不入的怪异现象,譬如"叠加"和"纠缠"等,对这些现象的阐释完全依赖于实验室的观测结果。在作者看来,这种脱离直接经验的"客观主义本体论"正是物理学领域的另一大盲点。在第5章,作者回顾了柏格森和爱因斯坦围绕相对论展开的经典争论,提出只有整合两者的视角,才能超越相对论中的盲点。无疑，这种整合视角有助于我们重新审视和解读时间、引力、粒子等宇宙学中的关键问题。

在第三部分"生命和心灵"中，三位作者将关注的重心从外部世界转向了人类本身，着重关注生命科学和认知科学中的盲点。在第 6 章，作者指出，生命科学中的盲点使科学家习惯用机器隐喻解释生命，但这种还原主义视角时常忽略了生命的自主性和能动性。生命不仅仅是一部复杂的机器，更是一个整体且动态的存在。因此，要真正理解生命本质，就需要突破过于依赖基因与分子的还原主义视角，重视生命的整体性与动态性。第 7 章集中探讨了认知科学中的"计算盲点"问题。作者批判了将心智简单等同于计算机的做法，认为这种思路忽视了心智与直接经验之间的重要联系，而"意识难题"正是这一盲点的直接产物。作者强调，在人工智能飞速发展的今天，我们有必要重新审视心智与主观经验的关系，不能让这种盲点继续限制我们对意识的理解。第 8 章进一步深入到意识的层面，探讨既作为觉知本身，又作为觉知对象的意识之中蕴含的盲点问题。作者提倡用"神经现象学"来整合直接经验与神经科学的意识研究，以突破意识科学的局限，为全面理解意识提供新进路。作者还在这一部分展望了突破盲点的可能性：生命科学和认知科学的快速发展，使越来越多的人开始意识到直接经验在理解生命和心智过程中所发挥的重要作用。

在第四部分"行星"中，三位作者深入反思了盲点世界观对地球的影响，批判了将自然简化为纯粹资源的观念，指出行星尺度上的盲点在一定程度上催生了气候变化、生境破坏和传染病大流行等全球性危机。作者认为，地球系统科学、"人类世"概念和盖亚理论，为我们重新思考人类活动与地球之间的深层联系带来了重要启发；复杂系统理论强调系统的非线性特征和多层次耦合关系，为我们全面理解地球这个复杂整体提供了一种全新的视角。因此，我们有必要以复杂系统理论取代传统的盲点科学叙事，勇于突破机械化的政治经济学文化框架，尽快转向以可持续发展为核心的社会治理模式。第四部分虽然只有一章，但作者对已经完全数学化的经济学着墨甚多，并对经济学中的理性行动者假说和有效市场假说进行了剖析。作者认为，这些经济学理论没有意识到生物圈的存在，"这可以被视为其最大的盲点"。

《何为科学》一书的结语如同大多数学术通俗读物一样写得不长，但却写得相当圆融。作者开宗明义："我们的目的是要引起人们对盲点的关注。"因为，只有先认识到盲点的存在，才能迈出超越盲点的第一步。至于如何超越盲点，作者开出的处方是"不要重复那些错误"，亦即不要犯悄然替代、经验失忆症之类忽视生活世界和人类经验的错误。不过，作者也强调指出："抽象并非问题所在。我们的问题在于未能理解抽象的本质，并用它们取代了具体。"在结尾，三位作者发出了振聋发聩的呼声："我们不能让科学仍然埋没于近几百年的哲学信念中，这些哲学信念和当下的我们毫不相关，它们不能告诉我们现在身处何方，也不能告诉我们将去往何处。"需要特别说明的是，作者既不反对科学本身，也不反对哲学理念，他们反对的是科学身上如附骨之疽般存在的一种哲学偏见——忽视人类经验的盲点世界观。

《何为科学》一书横跨多个科学领域，这种跨学科的叙事方式虽令人耳目一新，却也在一定程度上抬高了非专业读者的阅读门槛。为了让各领域中的科学理论变得更加易懂，作者尽可能使用通俗语言来解释那些深奥的术语，并努力清晰呈现各科学领域的盲点形态及其遮蔽人类经验的过程。即便如此，要完全把握书中的核心思想，对许多非专业读者来说仍需做一些努力。为此，我们建议读者在阅读时，先从书中的第一部分开始，重点关注书中的概念框架；然后结合自己的学科背景，优先阅读与自己熟悉的科学领域有关的章节；再由易到难，阅读内容相对陌生的其余章节，并最终实现对全书内容的完整把握。

三位作者在书中引用了大量的哲学与科学文献，譬如胡塞尔的现象学、梅洛-庞蒂关于身体经验的论述、西田几多郎对纯粹经验的理解、怀特海对自然两分的批判、卡特赖特对物理定律的批判性研究以及预测加工理论等。在阅读过程中，如果能够及时查阅一些相关的参考文献，将有助于读者深化对书中关键概念和核心内容的理解。

此外，我们强烈建议读者根据自身的专业背景，结合书中的观点，思考盲点在读者所在的领域或行业中是否也在无形中左右着人们的实践与判断，以及在当代科学实践和应对全球性挑战过程中盲点世界观究竟扮演了什么样的角色。带着问题去阅读，往往能够收获更多的惊喜。

这本书的未尽之处

《何为科学》一书兼具广度与深度，是一次从哲学进路探究科学困境的大胆尝试。要使这样一部跨越文理之作既言之有物，又言之成理，不仅要求作者在逻辑结构上匠心独运，还需要作者在思想内容上推陈出新，在语言表达上精雕细琢。在有限的篇幅中，三位作者巧妙地展示了科学发展的复杂性与哲学反思的深刻性，并运用生动的实例对不易理解的概念与观点进行了清晰的阐释，成功地将科学的具体实践与哲学的抽象思考融会贯通，为读者打开了一扇全新的看待现代科学的窗户。

然而，这本书也存在一些未尽之处。在某些问题的讨论上，或因篇幅受限，并未展开更为深入的分析。这些未尽之处不仅为读者留下了更多的思考空间，也为相关领域的研究提供了进一步拓展的可能性。在此，仅举几例试做说明。

首先，在科学哲学领域，这本书揭示了人类在科学实践中的认知局限，启发我们对科学实践认识论与方法论进行批判性反思。三位作者指出，盲点遮蔽了在科学认识中占据基础地位的直接经验，使人们将科学理论误以为是实在本身，但他们并未对直接经验的重要来源——观察及其与理论的关系展开更深入的考察。例如，眼见为实是对的吗？科学探究是应该从经验事实出发，还是从理论假说出发？如何从观察到的经验事实推导出科学理论？怎样避免"先入之见"对观察与实验的影响？在经验事实和现有理论出现矛盾时，科学家是应该修改理论还是质疑实验的准确性？对于这些问题，这本书并未给出详细的理论阐释。在科学哲学中，皮埃尔·迪昂、托马斯·库恩、保罗·费耶阿本德等人曾支持一种"观察渗透理论"的观点。这一观点认为，人们的视觉经验不可能完全客观，它不可避免地会受到观察者头脑中的已有理论和假说的影响。具体而言，两个正常的观察者，在相同的感官输入下，知觉体验可能会截然不同。例如，有经验的医生能够快速在 X 光片上识别出病灶，而未经训练的外行则很难做到这一点。由此可见，观察并非纯粹的、中立的经验活动，所有的观察都在一定程度上被理论所渗透。我们很难找到一个完全中立的事实来判定不同理论的优劣。而且，观察不免会出错，早期人类基于观察得出的"地球静止不动"的结论后来就被现代科学彻底推翻。这意味着基于观察建构的科学理论仍需要不断迭代和更新，以及时反映人类对自然的更为准确的认识。这一哲学讨论提醒我们，科学并非恒定不变的完美体系。相反，科学的核心价值在于其开放性。科学不需要，也不可能为人类提供绝对客观且正确的知识。同时，我们也不能因科学中出现了某种错误，就蔑视甚至诋毁科学，进而放弃对客观性与真理的追求。从《何为科学》出发深入思考这些科学哲学中的基本问题，将启发我们以更加理性的态度看待科学的本质与局限。

其次，在科学史领域，《何为科学》探讨了现代科学兴起的历史背景，并引发了我们对"李约瑟难题"的深刻反思：为何科学革命和工业革命未能在中国发生？更广义地说，《何为科学》也启发我们思考：为什么科学革命以及现代科学体系在近代西方能够蓬勃发展？解答这些问题不仅需要探讨现代科学的起源，还需要触及科学何以嵌入社会、文化和哲学的矩阵之中，这促使我们从更广阔的视角审视现代科学发展的历史逻辑与文化根基。《何为科学》作者指出，现代科学理论与方法的诞生与盲点形而上学的形成并行不悖。但是，《何为科学》并未从比较研究进路考察东西方科学史发展路径的差异，亦未深入探索盲点在跨文化背景下如何影响科学的发展。现代科学与盲点世界观的源流可以追溯到古希腊哲学家崇尚理性的传统。古希腊的哲学遗产在中世纪通过肇始于 8 世纪中期的阿拉伯百年翻译运动和 12 世纪在西南欧洲兴起的大翻译运动得以保存，并被转译为拉丁文本，在文艺复兴运动时期又被重新发掘整理。至 16 世纪，这些思想成为指导自然探索的重要工具。与此同时，随着数理方法的不断完善以及可控实验的相继导入，人类在 17 世纪实现了科学认识上的飞跃，逐步建立起一个无限延展且与人类价值分离的宇宙观。现代科学由此诞生，盲点世界观也随之形成。认识到这一点，我们不仅可以探讨西方科学的发展路径，也可以借此视角反思中国在接受西方科学过程中，是否以及在多大程度上受到了盲点世界观的影响，又是如何在传统的文化背景与哲学框架中寻求突破盲点世界观的局限的。《何为科学》关于科学史的讨论为中国科学史研究提供了一个重要的参考，使我们重新回到"科玄论战""废止中医案"等历史事件中，反思这些争议如何影响了当代中国科学与科学文化的发展，审视科学的社会制度背景与思想文化土壤如何共同塑造了当今中国科学的面貌。

再次，在科学社会学领域，《何为科学》提示读者要深入探讨科学建制化过程中所面临的复杂问题。在 18 世纪的法国，尤其是大革命时期，科学逐渐从一项业余爱好活动转变为一种专门职业，涌现出许多伟大的科学家。随着时间的推移，与科学相关的体制化建设在西方乃至全球范围内渐次展开，例如义务教育制度、理科院系和大学实验室的建立。这些变化不仅使科学实践更加规范化，也强化了科学共同体对抽象概念的依赖。然而，这种依赖在推动科学发展的同时，也在一定程度上扩大了科学中的盲点的影响范围。《何为科学》中提到的工作间是科学实践的重要场域，科学家通过在工作间中摆脱直接经验的方式将自然现象重新定义并系统化，从而实现了科学的专业化。这一过程虽然赋予科学以强大的解释力，但也在无意间掩盖了科学实践中蕴含的人类主观性。《何为科学》并未进一步在理论上深究科学家作为主体在工作间场域中的认知、操作与互动的方式，他们是如何塑造科学实践与知识生产的，科学家的个人经验、理论框架以及他们在实验室内的集体协作，又是如何影响实验结果与科学传播的。这时，我们可以借助布鲁诺·拉图尔等科学社会学家的研究成果，来进一步补充这一视角。拉图尔通过对实验室生活的考察，揭示了科学家在实验室中如何通过特定的技术、仪器和语言，不断将复杂的自然现象转化为可控的实验对象。这种转化过程是科学取得成功的关键，却也使科学与日常经验的关系变得更加疏离。与此同时，科学技术的发展给人类社会带来了诸多挑战，其中不乏影响深远的社会事件，如"疯牛病""水俣病""切尔诺贝利核事故""转基因食品争议""基因编辑婴儿事件"等，这些事件不仅暴露了科学实践中的潜在风险和不确定性，也进一步激发了公众对科学权威的反思，越来越多的人开始意识到公众参与科学研究与决策的重要性。《何为科学》对人类主观经验的重视提醒我们有必要重新审视科学的社会性与客观性之间的张力，并思考如何在科学发展与公共信任之间搭建更稳固的桥梁。

最后，关于三位作者在结语中给出的超越盲点的建议，究竟能否真正达到超越盲点、克服科学局限性的效果，尚有待我们进一步深入探讨。作者对盲点的深刻洞察以及对现代科学与人类经验关联的重新审视，无疑为我们提供了新的思想资源与启迪。它不仅促使我们正确看待现代科学，也为未来的科学探索与社会发展提供了重要的指引。但是，作者在书中只是一味地强调不要重犯悄然替代、经验失忆症之类忽视生活世界和人类经验的错误。问题是，我们如何才能不再重复这类错误？难道高度重视作者所推崇的复杂系统科学就能超越盲点？提出问题是解决问题的前提。作者能够识别盲点的存在，揭示盲点问题，已属难能可贵。正如我们不能苛求科研人员只是发现了导致某种神秘疾病的病原体，却没能找到对付这种病原体的治疗方法一样,我们也不能因作者在书中没有明确给出解决盲点带来的诸多问题的方案而加以指责。也许《何为科学》会因此而招致一些人士的不满,但它极有可能会因提出了盲点概念而成为科学哲学领域的经典之作,就像提出范式概念的托马斯·库恩所写的《科学革命的结构》那样。

总而言之,《何为科学》一书以及由它生发出的上述视角,一并启迪读者从更广阔的角度审视现代科学。作者在书中通过别具一格的分析方法,凸显了现代科学与人类经验之间的紧密联系,并通过深入探讨盲点产生的根源与后果,论证了人类急需一种超越盲点的新科学观。这种新科学观不仅仅是科学方法论本身的革新,更是一种全新的世界观:我们需要关注人类如何在直接经验的框架下理解和塑造这个世界。只有在这种超越盲点的科学观的引导下,我们才能更全面地认识现代科学的局限,并推动现代科学持续健康地向前发展。

"知我罪我,其惟春秋。"作为《何为科学》一书的译者,我们的上述理解是否准确,尚需交由各位雅士读完全书后评判。

引 言

燃眉之急

我们怀着深深的忧虑撰写了这本书,因为我们坚信,人类集体的未来和文明的伟大工程正面临严峻的危机。现代科学在理解和掌控自然界方面取得了卓越的成就,例如,最近开发的mRNA疫苗在多种疾病的治疗方面展现了极大的潜力。然而,随着科学否定主义的声浪越发高涨,公民社会日益走向分裂,最为紧迫的是,我们的科学文明正面临着一场由自身所引发的不可避免的灾难——地球气候危机。如果我们无法找到一条新的前行之路,我们的全球化文明以及依赖这种文明生存的所有人,都极有可能在这场前所未有的挑战面前遭遇溃败。

我们认为,当下人类迫切需要一种全新的科学世界观。自启蒙运动以来,人们越发依赖科学来解答那些根本性的问题:我们是谁?我们从哪里来?我们将去向何方?17世纪,伴随着现代科学的兴起,一种崭新的世界观开始传播,尽管它并不完全等同于现代科学。到 19 世纪，这种世界观演变为一种不可抗拒的力量，以前所未有的速度重塑着人类文化及其物质基础。在这一世界观中，自然不过是基本物理实体的时空变化安排。基于这一视角，心灵要么是一个派生的物理集合，要么是与自然完全异质的存在。更为关键的是，这种世界观认为，科学给我们提供了关于客观物理实在的真实描述，或至少是对所有可观察物理现象的真实描述。这种关于自然、心灵与科学的世界观，支撑起了我们今日的政治制度、经济结构和社会组织。然而，正是这一哲学观点，包括它在科学理论中的体现，如今却陷入了危机，因为它无法解释作为科学根基的心灵、意义与意识。在本书中，我们探讨了有关时间与宇宙、物质与观察者、生命与知觉、心灵与意义，以及意识本质的诸多谜题与悖论。随着讨论的深入，我们越发不确定应当如何理解我们自身以及我们在世界中的位置。更为严峻的是，这场认知危机发生在历史的关键时刻，此时我们正面临着多重生存挑战，包括气候变化、生境破坏、新兴疾病的全球流行、数字监控的扩展以及人工智能的迅速普及，而这些挑战无一不源于科学与技术的成功。新冠疫情凸显了这些问题的迫切性，使我们切身感受到人类在自然世界中的脆弱性。我们不能也不应再将自然世界简单地视为一种可任意操控的物质资源。

我们的科学世界观正陷入一个深刻且不可调和的矛盾之中，这种矛盾使我们当前经历的危机已彻底演变成一种意义危机。一方面，科学似乎让人类的存在显得无足轻重，宇宙学和进化论的宏大叙事将人类描绘成在浩瀚而冷漠的宇宙中偶然发生的微小事件；另一方面，科学同时又向我们展示，在追求客观真理的过程中，我们无法摆脱当前的困境，因为我们无法以超越人类的视角去理解世界。宇宙学揭示了我们只能从内部而非外部来理解宇宙及其起源。我们生活在一个由信息构成的因果泡影（causal bubble）中，这个泡影的边界由宇宙大爆炸以来光传播的距离决定，而我们永远无法知道泡影之外的世界。量子物理学则表明，亚原子世界的本质与我们研究它的方法密不可分。在生物学领域，尽管遗传学、分子演化和发育生物学取得了显著进展，但生命与知觉的起源及其本质依然是一个谜。最终，当我们试图理解生命现象时，我们不得不依赖于我们自身的生命体验。认知神经科学指出，我们如果不从内部体验出发，就无法全面理解意识，这更加清晰地揭示了意识与经验之间的紧密联系。这些领域最终都会面临内在与外在、观察者与被观察者之间的悖论，这些悖论共同导致一个难题，即如何在一个不涉及心灵、应以客观科学术语描述的宇宙中理解觉知与主体性。一个显而易见的悖论是，科学既告诉我们，人类处于宇宙的边缘，又告诉我们，我们位于自身所揭示的实在的中心。除非我们能理解这个悖论产生的原因及其意义，否则我们永远无法真正理解作为人类活动的科学，而我们也将继续默认自然是一种需要掌控的对象。

上面提到的每一个例子，如宇宙学与宇宙起源、量子物理学与物质本质、生物学与生命本质、认知神经科学与意识本质等，不仅各自代表了独立的科学领域，而且共同反映了我们文化中关于宇宙起源、宇宙结构以及生命与心灵本质的宏大科学叙事。它们支撑着我们正在进行的全球科学文明工程，并构成了现代形式的神话：这些故事引导着我们前进的方向，塑造了我们对世界的理解。因此，这些领域中的悖论不仅是智力或理论上的难题，还揭示了知者与被知者、心灵与自然、主观性与客观性之间更为根本的分歧，这些分歧威胁着人类文明的根基。今天的科技让我们离生存威胁更近了，但讽刺的是，我们通过将一切（包括觉知与认知本身）客观化为信息或资源的方式，进一步加剧了这种分歧。正是这种知者与被知者之间的分裂，以及为了支持被知者而对知者的压制，构成了我们当前的意义危机。将自然仅仅视为资源，正是导致气候危机的根本原因，而气候危机是我们当前所面临的最直接、最严峻的威胁。

简言之，尽管我们创造了人类历史上最为强大和成功的客观知识体系，但我们却缺乏对作为知识创造者自身的深入理解。我们掌握着由自己绘制的最精确的地图，却遗忘了我们正是那位绘图者。如果不改变自己在求索之路上的导航方式，我们势必会在危险与混乱中越陷越深。

遗憾的是，面对我们科学世界观中存在的意义危机，三种最广为人知的回应都已陷入困境。

第一种回应是科学必胜主义，它宣扬科学至高无上，认为没有任何问题或难题是科学无法解决的。科学必胜主义自诩为启蒙运动的直接继承者，却简化和歪曲了启蒙思想家的立场。事实上，启蒙思想家常常对进步持怀疑态度，并且对科学的局限性抱有复杂而微妙的看法。科学必胜主义对科学的理解依然是狭隘而过时的，并严重依赖于漏洞百出的还原主义（即复杂现象总能完全解释为更简单的现象）和粗陋的实在主义（即科学能够提供一个独立于我们认知互动的关于实在本身的真实解释）。这种对客观性的强调建立在一种未被广泛接受的形而上学的基础之上，即一个完全可知的、确定的、独立于我们的心灵和行动的实在"就在那里"。此外，科学必胜主义常常贬低哲学的价值，执着于同样狭隘和过时的思维模式，试图借此为我们指引前行的道路。结果，理论模型变得越发牵强，且远离经验数据，而实验资源则被用于低风险的研究项目，从而避开了许多更为根本的问题。科学必胜主义如同维多利亚时代的通灵论和对鬼魂的迷恋，向一种虚幻缥缈且早已过时的时代精神频频回眸，却无法为应对21世纪的科学与文明所面临的巨大挑战提供出路。

第二种回应是科学否定主义和所谓的后现代主义，前者为右翼，后者为左翼。这两种运动都拒斥科学，尤其否认科学具有确立世界真理的能力，质疑这些真理能否作为探索知识、制定政策和实施行动的基础。更糟糕的是，它们为某些群体提供了扭曲事实的机会，以满足其私利或实现其意识形态目的，导致事实和真相被刻意传播的虚假信息所取代，到处充斥着"另类事实"和"另类真相"的言论。尽管这些运动的动机各异，但它们都破坏了现代社会赖以生存的价值观，只留下了怀疑主义、否定主义，或者刻意传播的虚假信息。

第三种回应是新纪元运动，它利用边缘科学或伪科学为人们的幻想辩护。尽管与其他大规模运动相比，新纪元运动的影响力较小，但它却在那些渴望以新的视角看待科学事业的人群中混淆了视听。该运动毫无批判性地接受了对亚洲或原住民世界观的各种扭曲，并将还原主义的科学视为一切科学的典范，因而无法真正理解其他文化中的科学思想和实践。[1]因此，不同文化传统之间进行建设性的认知实践对话变得极为罕见，甚至几乎不可能实现。

既然这三种回应都未能有效解决科学世界观中的意义危机，那么我们如何才能找到前进的道路呢？首先，我们必须了解这场危机的根源。我们的目标是厘清这场危机的起因，为探索新的前行路径提供线索，并为当今科学所面临的一些重大问题提供新的视角。这些问题包括时间与宇宙学、量子物理学及其测量的问题、生命与知觉的本质、心灵的运作及其与人工智能的关系、意识的本质，以及在最后一章将探讨的气候变化和地球进入人类世这一由人类塑造的新纪元。我们的新视角所涉及的议题范围广泛，视野也极为宏大。我们相信，这一视角将有助于转变并重振我们所珍视的科学文化，回应科学文化所面临的重大挑战，同时重塑我们的世界观，实现文明工程的可持续发展。

我们将这一意义危机的根源称为"盲点"。科学的核心存在一些我们无法直接察觉的东西，而正是这些不可见的部分使科学成为可能，就像视觉的盲点位于我们视野的中心，赋予我们视觉能力一样。视觉盲点的中心是视神经，而科学盲点的中心则是直接经验。通过直接经验，万物得以显现，成为我们可以感知和使用的对象。直接经验是观察、调查、探索、测量和论证的前提条件。任何事物的显现和可用性，都依赖于我们的身体及其感知和感觉能力。直接经验即身体经验，正如法国哲学家莫里斯·梅洛-庞蒂所言，"身体是人类存在于世界的载体"。然而，正如我们即将探讨的，第一手的身体经验隐藏在我们所称的"盲点"之中。[2]

温度的故事

为了具体说明我们所称的盲点的含义，我们可以从"温度"这个我们熟悉的概念入手。我们通常认为温度是世界的一种客观属性，独立于我们的存在而"就在那里"。从孩童时代起，我们便知道水在 0 摄氏度结冰、在 100 摄氏度沸腾。我们自然而然地将以华氏度或摄氏度为单位的气温预报转化为对冷热的预期，并据此决定外出时的穿着。然而，要从这种身体对冷热的直接感知中提炼出今天我们所熟知的温度概念，却需要科学家们付出长达几个世纪的艰苦努力。如今，我们把温度视为世界的客观属性，但我们往往忽略了这一概念作为一个物理量，即一个物体中热量的度量，是如何源自我们身体对世界的直接经验。我们已经遗忘了支撑这些科学概念的生活经验，并且认为这些概念所指的内容比我们的身体感觉更为根本。这种疏忽正是盲点的一个典型例子。

回顾科学史可以帮助我们更好地理解这一问题。测温学这门研究温度测量的学科，其起点正是对人体冷热感知的测量。科学家不得不假设我们的身体经验是有效的，并且能够传达给他人，否则，科学知识的建立就无从谈起。他们注意到冷热感觉与流体体积的变化相关（液体受热膨胀），于是他们使用装有部分液体的密封玻璃管作为测量工具，以将这些经验现象排序为"较热"与"较冷"。这些工具使他们能够确定某些现象具有足够的恒定性，比如水的沸点和冰点，从而能够以此为固定点，制造出带有数字刻度的温度计。[3]

然而，当科学家发明了温度计，并由此确立了温度的概念之后，他们很快发现，水的沸点和冰点在自然界中并不像最初所认为的那样始终不变。例如，在高山上，水的沸点比在海平面上更低。这一发现促使科学家认识到，必须在高度人工化和受控的条件下生成真正的固定点，以尽可能地干预和控制温度的测量处境。为此，科学家需要建造专门的设施，以隔离他们正在研究的现象。那些致力于追求测温精度的科学家则必须建构出科学哲学家罗伯特·克里斯所称的"工作间"，即一种为了创造新的精确经验而建造的公共科学基础设施，以及用于操纵、研究和交流这些经验的各种工具。[4]

一旦科学家创建了这种"工作间",他们便利用其中的工具,以一种愈加脱离直接经验的方式重新定义自然现象。测温学的发明,并未依赖任何既定的温度理论。然而,随着温度测量能力的发展,19世纪的科学家又向前迈出一步,开始建构被称为经典热力学的抽象理论,并自力更生,借助这种抽象理论给出温度的新定义。至此,定义温度已不用提及任何特定物质的属性。热力学甚至允许科学家定义物理上不可能存在的状态——绝对零度。这是一种想象的温度极限,在这种极限状态下,热力学系统中不存在任何能量。到了19世纪后期,随着物理学家发展出统计力学,温度的定义进一步抽象,因为热力学温度在微观物理学术语中被重新定义为物体内部分子或原子的平均动能。

当我们认为热力学温度比我们身体对冷热的直接经验更加基本时,盲点就出现了。这种现象发生在我们陷入抽象和理想化的螺旋上升过程中,此时我们忽视了具体的身体经验,而这些经验正是抽象概念赖以存在的基础,也是赋予这些概念意义的必要条件。科学的进步和成功让我们倾向于将经验置于次要地位,而将数学物理学置于首要地位。基于这种科学世界观,物理学中那些用数学表达的抽象概念,如空间、时间和运动,被视为真正的根本,而我们具体的、身体的经验则被看作衍生物,甚至常常被贬低为一种幻觉,一种我们大脑进行计算后形成的幻象。

这种思维方式引发了一个全新的问题,并进一步扩大了盲点:一旦我们从客观实在的清单中剔除了身体经验的质性特征,我们如何解释冷热等感质的感觉呢?这正是我们熟知的心身问题,今天被称为"意识难题",也被称作心理现象与物理现象之间的"解释鸿沟"。

贬低我们对感知世界的直接经验，同时将数学的抽象概念视为真正的实在，是一个根本性的错误。当我们仅仅把热力学温度看作一个客观的微观物理量，并将其视为比我们的感知世界更根本的东西时，我们忽略了科学概念背后所依赖的丰富经验。具体经验总是超越对现象的抽象和理想化的科学表征，包含了科学描述无法完全囊括的内容。即使科学世界观赋予了"客观观察者"一种超越真实人类的特权，但这种观察者本身也只是一个抽象概念。未能将直接经验视为知识不可还原的源泉，这正是盲点之所在。

盲点带来的悲剧在于，我们失去了人类知识中至关重要的东西，即我们的生活经验。宇宙以及试图理解它的科学家都变成了无生命的抽象概念。必胜主义的科学实际上是一种去人性化的科学，尽管它源于人类对世界的经验。正如我们即将探讨的，科学与经验之间的这种脱节，即盲点的本质，是当前科学在思考物质、时间、生命和心灵时面临诸多挑战并陷入困境的根本原因。

我们写作本书的目的在于揭示盲点，并提供一种可能的替代方向，以取代这种不完整且有局限性的科学视野。科学知识并不是一扇让我们获得上帝视角的窗户，它并未给予我们一个完全可知、永恒的客观实在，即哲学家托马斯·内格尔所说的"无源之见"[5]。相反，所有科学始终是我们自己的科学，是一种深奥且不可还原的人类科学，是我们如何体验世界以及与世界互动的表达。同时，科学也是世界的科学，是世界如何与我们互动的表达。科学正努力成为一种可自我纠错的叙事，一个成功的科学叙事是由世界和我们对世界的经验共同演化而成的。

探究直接经验的深度

19世纪至20世纪，随着科学沿着数学抽象和理想化的螺旋路径不断发展，文学与哲学领域同时出现了一场探寻直接经验深度的文化运动，这绝非偶然现象。艾米莉·狄金森、威廉·福克纳、詹姆斯·乔伊斯、马塞尔·普鲁斯特和弗吉尼亚·伍尔夫等作家描绘了思维与情感的主观流动，而亨利·柏格森、威廉·詹姆斯、埃德蒙德·胡塞尔、苏珊·朗格、莫里斯·梅洛–庞蒂、西田几多郎和阿尔弗雷德·诺思·怀特海等哲学家则致力于揭示直接经验在知识构建中的优先性。

这一文化交汇的重要时刻发生在1922年4月6日，亨利·柏格森与阿尔伯特·爱因斯坦在巴黎进行著名会面之时。正如我们之后将详细讨论的那样，他们在这次会面中围绕时间的本质展开了激烈辩论。爱因斯坦坚持认为，只有可测量的物理时间是真实存在的，而柏格森则认为，如果脱离了人类对"绵延"的直接经验，时钟时间便毫无意义。科学史学者吉梅纳·卡纳莱丝在《爱因斯坦与柏格森之辩》一书中指出，这次对峙象征着20世纪科学与哲学之间日益加深的文化裂痕。[6]尽管物理学家和哲学家之间有过许多富有成效的合作（比如本书的写作），但这种裂痕依然存在，至今未愈。

揭示盲点不仅有助于修复这一裂痕，还可以弥合科学与生活经验之间更大的分歧。但除了揭示盲点，我们还需深入探究盲点所掩盖的经验的深度。

借鉴前述哲学家的观点，我们将论证直接经验是盲点的核心。直接经验先于知者与被知者、观察者与被观察者的分离。其核心在于纯粹的觉知，即存在的感觉。每天早晨醒来与夜晚入睡时，这种觉知都与我们同在。由于直接经验离我们极其近且异常熟悉，它常常被我们忽视。我们习惯性地专注于事物本身，而忽略了觉知这一基础。因此，我们遗漏了认识事物的一个关键前提：没有觉知，任何事物都无法显现，更不能成为知识的对象。[7]

哲学家提出了多种关于直接经验的概念。美国心理学之父、19世纪最具影响力的哲学家之一威廉·詹姆斯强调了"纯粹经验"的重要性，并将其描述为"生命在反思和分类之前的原初流动"[8]。在此之前，柏格森也提出了"绵延"的概念，指的是对时间流逝或持续性直接的、有意识的直觉。20世纪的日本哲学家西田几多郎借鉴了柏格森和詹姆斯的思想，并结合佛教哲学及其禅宗冥想实践，对这些思想进行了独特的发展。[9]西田几多郎将纯粹经验描述为一种无主体与客体之分的无中介的直接经验。此外，还有一些哲学家使用了"直觉"（intuition）、"感觉"（feeling）和"现象场"（phenomenal field）等术语来描绘这种直接经验或呈现方式。西田几多郎在他后期的作品中使用了"行动-直觉"（action-intuition）这一概念，强调直接经验并非被动和离身的；相反，觉知某事本身就意味着我们已经通过身体付诸行动。[10]例如，当你移动眼睛时，焦点也随之转移。正如西田几多郎所言："当我们以为自己一眼就能把握住事物的全貌时，仔细观察会发现，注意力会通过眼睛的运动自动转移，使我们能够全面理解事物的整体。"[11]直接经验不是简单的、瞬间的过程，而是复杂且富有"绵延"节奏的体验。至关重要的是，直接经验先于显性知识而存在。认识总是以经验为前提，单凭认知的片段无法获得完整的经验。我们的存在总是超越我们所能知晓的范围。

在本书中，我们将探讨那些致力于阐明直接经验并试图恢复其优先性的哲学家，他们努力避免我们对自然的理解陷入主体与客体、心灵与身体的二分困境。我们关注的核心始终是科学对经验的依赖，这种依赖比科学对观察者和实验的依赖更加丰富且复杂。问题的症结以及我们世界观中意义危机的根源在于，我们被科学取得的巨大成功所吸引，以至于忘记了直接经验才是科学的本质来源和坚实支撑。

我们探究经验深度，并非为了贬低科学的成功与价值。我们坚决反对科学否定主义，但同样反对科学必胜主义。我们所针对的是一种特定的、错误的科学观念，这种观念已深植于当今的科学世界观中，但它并不是科学的必要组成部分。在本书的第一章中，我们详细阐述了这一错误观念，它本质上是一种错误的科学哲学，建立在对自然和人类知识的某些形而上学的假设之上。我们认为，科学并不需要这种哲学的支撑，鉴于它的局限与失败，我们应当果断地抛弃它并继续向前迈进。

因此，我们呼吁采取一种平衡的视角，既承认科学的辉煌成就，也直面科学带来的复杂问题。科学的巨大成功让我们在全球新冠疫情中迅速研发出疫苗，但同样是科学，促成了快速的国际旅行和大规模的环境破坏，使得疫情得以迅速传播，未来还可能引发更为严重的危机。此外，科学也在气候危机上推波助澜，"再燃的劫火"已近在咫尺。我们急需一种新的科学理解和实践方式，一种不会将我们的世界推向火海的方式，一种能够帮助我们扑灭已经燃起的熊熊烈火的方式。简而言之，我们需要一种全新的科学世界观。我们的出发点是恢复科学与人类经验之间的深层联系，而这种联系已经消失在盲点之中。

正如我们在本书开篇所言，我们怀着深深的忧虑撰写了这本书。盲点将我们困囿于一种误解科学并使生活世界和人类经验变得贫瘠的世界观中。揭示盲点，展现它所隐藏的内容，就是唤醒我们走出绝对知识的幻觉。我们希望能够创造一种新的科学世界观，在这种世界观中，我们既将自己视为自然的表现形式，也将自己视为自然自我理解的源泉。正如我们在后文所探讨的那样，我们陷入了一个怪圈，在这个怪圈中，我们无法将自己作为知者与我们试图认识的实在分离开来。为了让人类在新千年中蓬勃发展，我们需要一种在感性滋养下生长的科学。[12]

第一部分

我们何以至此?

第1章
悄然替代：盲点的哲学起源

人类的危机

埃德蒙德·胡塞尔是20世纪的德国数学家和哲学家。他在第二次世界大战爆发前的几年里写下了这样一段文字："我们发现自己正处于巨大的危险之中，我们在怀疑论的洪流中沉沦，继而放弃了我们自身对于真理的坚持。"[1]这段文字引自胡塞尔的最后一部著作《欧洲科学的危机与超越论的现象学》。此书是胡塞尔基于他1935年首次在布拉格发表的演讲内容写就的。胡塞尔开创了影响深远的现象学运动，这一运动强调以经验为核心。1933年希特勒上台时，胡塞尔因他的"非雅利安"血统而被解除大学教职。他于1938年在孤立无援和饱受歧视中辞世，此时距离二战爆发只有几个月的时间。

胡塞尔认为，"西方"文明，尤其是欧洲文明，已经迷失了自己的方向。他将"欧洲人性危机"的深层根源，追溯到理性的失败以及对现代科学意义的根本性误解上。而这种混乱的出现已经酝酿了几个世纪。科学本身，也就是科学家的具体实践，其实并没有陷入危机。恰恰相反，科学取得了巨大的成功。科学的危机来自科学所附带的意义。有一种特殊的世界观被嫁接到了科学上，我们把这种世界观称为"盲点"。科学中存在着一种主流哲学观念，它让人们将数学抽象提升为真正实在，并由此贬低直接经验的世界，胡塞尔把这种世界称为"生活世界"。现代人忽略了这样一个事实，即实在和意义有着更加丰富的内涵，而这些内涵是那些附属于科学的主流物质主义哲学无法企及的。用马克斯·韦伯的话来说，这种哲学导致了人们"对世界的祛魅"。（韦伯和胡塞尔是同时代人。）反过来，祛魅的世界融入了文化、经济和政治，这引发了非理性和狂热思潮的反弹，导致人们开始对世界复魅，比如纳粹根据种族的观念定义了"日耳曼的家园"，并依据这一观念实行种族屠杀，这种行为正是复魅的缩影。

曾有学者指出，胡塞尔在《欧洲科学的危机与超越论的现象学》一书中采用了过于夸张的修辞。然而，在今天这个假新闻和假消息泛滥成灾、科学否定主义和种族主义兴风作浪、武装暴乱和侵略战争无休无止、威权主义大行其道的时代，我们可能需要重新评估胡塞尔的思想。我们不必接受胡塞尔关于"欧洲人性的目的"这种种族中心主义的叙事，也不必认同他提供的现象学版本就是解决危机的方案。但是，我们还是可以承认，胡塞尔指出了我们当前的科学文化所特有的深层问题。科学必胜主义和科学否定主义这两派之间存在着严重的立场分歧，再加上人类引起的气候变化给生活世界带来的生存威胁，这些都表明胡塞尔所说的危机在本世纪正愈演愈烈。胡塞尔所说的危机仍然是我们今天的危机。

因此，我们需要仔细思考胡塞尔的诊断。我们应该关注胡塞尔是如何分析我们对科学和生活世界的误解的，特别是当我们将抽象的数学实体提升到真正实在的高度，同时贬低了具体感性经验时，胡塞尔的哲学就显得尤为重要。另一位 20 世纪早期的数学家和哲学家怀特海也尖锐地批评了我们现在称为"盲点"的世界观。通过他们的著作，结合科学哲学中的最新观点，能帮助我们识别盲点世界观的关键要素，使我们理解为什么盲点是不可靠的。我们的第一步工作就是要描述这种世界观的哲学样貌。

我们呼吸的空气

盲点世界观就像空气一样看不见摸不着，但一直在我们身边。在高中的科学课上，我们获知了盲点的简单版本；在科学纪录片中，我们发现盲点是一个不言而喻的背景假设。如果你从事科研工作，那么盲点常常像一张看不见的地图，告诉你在学完物理学、化学和生物学的基础导论课之后应该如何继续你的科学旅程。虽然对于我们所说的盲点世界观究竟是什么的问题，已有许多非常复杂的哲学论述，但是对于大多数人而言，包括对于大多数科学家而言，这种世界观是如此普遍，以至于它看起来根本不像是一种哲学。相反，人们认为这种世界观就是"科学告诉我们的"。

然而，事实上，科学告诉我们的并不是这样的世界观。相反，我们现在所接受的盲点世界观是一种经过选择的形而上学，这种世界观与科学中的具体实践相关联，但又与之存在一定的差异。正如我们在本书中论述的，除了盲点，其实还有其他更好的方案可用来理解科学和世界之间的关系。

尽管盲点起源于一种特殊的哲学观点，并且对这种哲学观点进行了生动的展现，但盲点也不是一种单一的理论。例如，关于心灵和身体的关系究竟是什么的问题（心身问题），盲点中既包括物质主义或物理主义的观点，又包括二元论的观点。根据物质主义或物理主义，意识状态与大脑状态严格等同（二者是同一回事），而根据二元论，意识是一种特殊的精神属性，无法被还原为大脑的状态。此外，在科学哲学中，盲点既可以包括实在主义，也可以包括工具主义。所谓实在主义，指的是科学理论旨在对一种独立于心灵的实在给出一个真实的解释；而工具主义，指的是科学理论主要是对观察做出成功预测的工具。然而，尽管盲点内部存在这些立场上的差异，但我们还是可以用一般的哲学术语来概括盲点所涉及的内容。下面我们就列出盲点的主要观点。

1. **自然两分。颜色是一种幻觉，而不是实在世界中的一部分**。这种思想并非来源于物理学家实际的科学实践，也不基于物理学家对光的测量以及构造出的波动模型或粒子模型。这种思想其实来源于物理学家的理论反思。换言之，这就是物理学家的哲学思想。物理学家把自然分为两个部分，一部分存在于外在客观世界之中，另一部分则纯粹是主观的表象或仅仅存在于感知者头脑之中。光波具有振幅、频率和波长等数学属性，这些属性在自然界中确实存在于感知者之外，而颜色被认为只是一种主观的表象或感知到的幻觉。颜色的错觉最终要根据真实存在的东西进行解释或者辩护。这也就是说，红色要么是由特定波长的电磁辐射引起的主观感受，要么只不过是感知到的幻觉。温度也有类似的争议。被定义为原子或分子平均动能的温度确实存在，但冷热仅仅是感官的表象。换言之，如果我们把这种想法发挥到极限，粒子和力从根本上说确实是实在的，但可见和有形的物体则都是出于幻觉而感知到的结构。怀特海称这种思维方式为"自然两分"，因为这种思维方式将自然分为外部实在和主观表象。我们在后文中将会更深入地讨论这种思维方式。

2. **还原主义。基本粒子是物质的基本组成部分，宇宙中的一切都可以被还原为基本粒子。** 还原主义是一个复杂的思想体系。有一种还原主义的想法可以被称为**微小主义**（smallism），即微小的事物及其属性相比于其所组成的大型事物来说具有更基础的地位。个人比他们所组成的社会群体更基础，细胞比它们所组成的个人更基础，分子比它们所组成的细胞更基础，原子比它们所组成的分子更基础。到最后，基本粒子比其他任何东西都更基础。微小主义意味着自然界中真正的行动发生在最小的微观物理尺度上，因为人们认为在这一尺度上发生着最基本的因果过程。微小主义属于哲学家所说的本体论领域。所谓"本体论"，指的就是关于何种事物存在以及它们之间关系的理论。还原主义的另一部分则属于认识论的领域。所谓"认识论"，指的是关于知识和解释的理论。认识论的还原主义认为，要想解释一个系统，首选方法就是**微观还原**（microreduction），这种方法把一个系统分解成组成它的要素，并根据部分的性质来解释整体的性质。微小主义和微观还原意味着基本粒子物理学是一门卓越的科学，因为一旦你逐渐将社会学、心理学、生物学和化学中关于大事物或大系统的陈述，还原为基础物理学中关于最小事物的陈述，基本粒子物理学就成为唯一的科学。还原主义也可以用一句俏皮话来进行概括："生物学家听命于化学家，化学家听命于物理学家，物理学家听命于数学家，而数学家听命于上帝。"

3. **客观主义**。科学力求从上帝视角来看待整个实在世界。这种观点认为，科学，尤其是基础物理学，其目标在于提供一种摆脱人类视角的实在。科学发现真理，这些真理既有可观察和测量的方面，也有不可观察和测量的方面，但它们都是独立于心灵的实在。基本物理实体是实在的物体，它们独立于心灵，而它们的本质属性也独立于任何观察的过程。

4. **物理主义**。一切存在都是物理的。如果你把宇宙中所有存在的事物列一个清单，清单上的所有事物在本质上和构成上都完全是物理的。而且，如果你列出宇宙中所有的物理事实，那么你也就理所当然地确定了宇宙中的所有事态，包括所有化学的、生物的、心理的、社会的和文化的事态。因此，物理事实穷尽了实在。过去我们用"**物质主义**"这一术语来命名这种观点，但今天的哲学家则更喜欢用"**物理主义**"这个名称。因为物理学已经表明，并非所有东西都是经典意义上的物质，即具有外延属性的、无自动力的那种物质。例如，场和力是物理的，但它们却不是物质的。物理主义首先是一个普遍的形而上学论题，而不是一个科学论题。物理主义这一论题并不属于任何物理学理论。这一论题是对物理学和科学的哲学解释。今天，物理主义遇到的主要障碍是如何在物理主义的框架内解释心灵（特别是意识）的问题。

5. **数学实体的物化。数学是自然的语言。**这种想法说的是宇宙的真实结构属性是数学属性。科学模型、科学定律和科学理论中的数学实体存在于我们之外，只有它们构成了宇宙的实在结构。正如伽利略所述："宇宙'就在那里'……是用数学语言写成的。"[2] 这一观点与古典时代柏拉图和毕达哥拉斯的想法产生了共鸣。

6. **经验是副现象的。**意识是大脑的用户产生的错觉。用户错觉是一种视觉图像，就好像计算机屏幕上的桌面图标一样，是为了方便计算机用户而创建的。类似地，意识经验被认为是一种由大脑产生的表征，其目的是在控制身体与世界互动的过程中方便人们的操作。而意识经验并不比你电脑上的桌面图标更加真实。经验来自你大脑中正在进行的计算，但经验在这些计算中并没有起到关键作用。主观性，即自身存在的经验，是大脑中发生的物理事件所产生的衍生效应，并且主观性对这些物理事件有着非常深远的影响。

以上观点并不意味着穷尽或确定了盲点的所有组成部分。我们并不是说，其中的每个因素都是构成盲点的必要条件，这些因素组合在一起就构成了盲点的充分条件。几个世纪以来，科学家和哲学家以各种方式结合了这些盲点观点的各个方面或子集。我们需要再次强调，我们的目标是要确定，到底是一组什么样的观念塑造了我们当前的科学世界观。现在的许多人，包括许多科学家，都认为这些观念是理所当然的。

虽然我们是用哲学术语提出了这些观点，但盲点不仅仅是亟待学院派哲学家去辩论的一系列观点或理论。鉴于科学现有的无上权威和力量，任何成功地宣称自己是替科学发声的立场都将产生巨大的社会和环境影响。盲点世界观作为一种社会力量可以产生重大的影响，它迫使人们以某些既定方式思考科学是如何工作的，人类生活如何融入地球的生物圈，人类思维如何与宇宙发生关联。此外，在过去的400年间，科技的发展和部署与经济和军事实力的增强密不可分。无论是在资本主义国家还是在社会主义国家，情况都是如此。正如我们在后面所要讨论的，盲点世界观下的自然、能源和信息等概念体系，已经框定了我们对自然资源、能源生产、信息技术和人工智能的看法。出于这些原因，我们有必要牢记：盲点就像我们呼吸的空气，它不是一种深奥的哲学思想体系，而是一种无处不在的文化心态。

悄然替代

现在，让我们回到胡塞尔对盲点的批判。胡塞尔受过严格的数学训练，对我们如何在科学，尤其是在数学物理学中使用抽象法有着深刻的认识。胡塞尔把现代人将温度这样的数学构想提升到基础实在地位的做法称为"悄然替代"（surreptitious substitution）[*]。在胡

---

[*] "Surreptitious substitution" 这一说法来源于胡塞尔《欧洲科学的危机与超越论的现象学》一书第二部分第9节第h小节，德语原文为"Unterschiebung"，即"转嫁""替代""掉包""伪造"。中译本将其翻译为"暗中代替""偷偷摸摸地取代"等。为保证行文流畅，本书将"surreptitious substitution"统一翻译为"悄然替代"。——译者注

塞尔看来，这种替代是一个根本性的错误。

胡塞尔认为，现代的科学世界观肇始于伽利略。在现代科学世界观的发展过程中，数学物理学对自然的抽象和理想化表述悄悄地取代了具体的真实世界，即我们所感知到的世界。感知世界被贬低为纯粹的主观表象，而数学物理学的宇宙被提升到了客观实在的地位。因此，根据这种思维方式，作为原子或分子平均动能的温度是一种客观实在，而冷热的感觉仅仅是主观表象。

胡塞尔指出，这种悄然替代的做法是不合理的，因为它建立在对数学物理学的根本性误解之上。物理定律用数学术语说明了事物在理想状态下的表现。例如，伽利略的自由落体定律指出，在没有空气阻力的理想条件下，所有物体都以相同的加速度下落，而与其质量无关。伽利略用数学和实验都证明了自由落体的距离与下落时间的平方成正比。同样地，理想气体定律（也被称为一般气体方程）描述了理想气体的压力、体积和温度之间的关系。在这个方程中，分子之间不相互吸引或排斥，也不占据任何体积。相反，分子被表示为几何上的点，是一些"理想化的无结构的粒子"。

从这些例子我们可以看出，数学物理定律指的是理想化的物体及其属性——自由落体、无摩擦平面、假想的理想气体、完全弹性碰撞等等。这些理想化的物体及其属性在物理上其实并不是实在的。它们实际上并不真实存在于空间和时间之中，也不参与因果关系。因此，它们并不构成，也无法构成实在的自然世界。它们是一些虚构的实体，我们把它们当作工具使用。我们使用一些必要的概念工具，精准地刻画数学表达；我们还可以通过一系列越来越精确的近似方法，将这些数学表达应用于实在世界。这就是我们如何获得关于事物的预测性知识以及控制这些事物的方式。

理想化和近似化表达构成了一种数学方法，用于预测事物在各种条件下的表现。但是这种方法并没有告诉我们事物本身是什么，也没有告诉我们事物为什么会有这样的表现。因此，如果你认为理想化的数学物理定律描述了自然固有的存在，这从根本上就是一个错误的想法。这种想法无异于把地图（即理想化的有限的地域表征）与领土混为一谈。正如胡塞尔所说，这样想就是"把实际上是**方法**的东西当成了**真实的存在**"[3]。这就是一种悄然替代——用一种描述现象的工具替代自然本身，或者说混淆了预测事物的工具与事物本身。这是一种范畴错误。

用科学哲学的术语来说，就科学定律的问题而言，胡塞尔可以被视为一个**工具主义者**，或者在更一般的意义上，是一个**反实在论者**。（但这种对胡塞尔的解读不一定适用于胡塞尔对科学实体的想法，如胡塞尔关于电子的想法，我们将在后文对此进行讨论。）[4] 根据胡塞尔的观点，定律是精确的预测工具，定律中那些理想化的物体具有理想的数学地位，但它们并不是实在的物理存在。

拥有英国、美国双重国籍的科学哲学家南希·卡特赖特在其经典著作《物理定律是如何撒谎的》一书中，提出过一个类似的关于科学定律的反实在论观点。[5] 卡特赖特认为，数学物理定律不能描述实在，它们只能描述模型中理想化的物体。我们需要这些模型，这样我们就可以将数学物理的抽象理论应用到实在世界中。例如，在经典力学中，力的概念是抽象的，需要用重力等特定的力来替代性地描述大质量物体之间的引力。这种替代是用更加简单化和理想化的模型实现的。例如，在一个空无一物的空间中存在两个球体，这两个球体由两个质点来进行近似化表达。这种简单化的方式使运动方程更加易于处理。科学描述包括从抽象的概念出发，通过理想化模型转向具体的真实世界应用。卡特赖特将这种模型称为"解释模型"。[6]

伽利略的无摩擦平面模型、玻尔的原子模型（即致密原子核外环绕着量子化轨道上的电子）、完全孤立种群的进化生物学模型，这些都是存在于科学家头脑中的理想化表征。它们在本质上并不是具体的实在。我们不应该悄悄地用抽象的心灵表征来取代具体的实在，这就是在用地图来取代领土。正如我们接下来所讨论的，胡塞尔也认为我们不应该悄悄地用科学工作间来取代整个世界。

科学工作间

今天，我们理所当然地认为，科学只有在政府和私人机构资金的支持下，才能在大学和研究机构中专门的实验室内进行。这些实验室开展国际合作，促进技术创新，培养下一代科学家。然而，这种全球范围内普遍存在的科学基础设施（用罗伯特·克里斯的术语来说就是科学工作间）其实只有几百年的历史。[7]它是近代人类文明进程中出现的成就，在漫长的人类历史中只存在了非常短的一段时间。

科学工作间的理念可以追溯到16世纪。英国哲学家和政治家弗朗西斯·培根是第一个提出科学工作间构想的人。[8]他的想法是创建专门的设施，使用实验方法和专门工具，对自然进行系统的研究与操控。培根给我们留下了实验科学的想法：实验科学是一项集体事业，位于研究机构中，致力于造福全人类。

培根其实是一个非常复杂而且很难说得清楚的人物。历史学家卡洛琳·麦茜特在其经典之作《自然之死：妇女、生态和科学革命》中认为，尽管培根通过建立归纳法，使任何人在原则上都可以自己去验证科学的真理，从而推动了平等主义的发展，但同时培根通过支持"新兴的市场经济，打着进步的旗号剥削和改造自然，使更多的财富集中于商人、布商、企业冒险家和自耕农手中，从而拉大了上层社会和下层社会之间的差距"[9]，进而导致了集体农业社会的破坏。换句话说，培根所构想的基于归纳法的科学事业，完全是为新兴的资本主义世界体系和"自然本质上就是人类的资源"这一想法服务的。培根还用女性的意象来描述自然以及人类对自然的征服。正如麦茜特所说："当自然被赋予女性性别、被剥夺其能动性并化为被动存在时，自然就会被科学、技术和资本主义生产所主宰。弗朗西斯·培根倡导通过科学和技术从自然的怀抱中挖掘出'她'的秘密。将自然视为女性并加以征服……因此，科学方法作为支配自然的力量不可或缺。"[10] 我们将自然视为应该被科学技术所征服的东西，正是这种观念让人类亲手造成了全球变暖和气候危机。

在培根身上，我们看到了现代科学思想中另一种趋势的开端，而这种趋势正是胡塞尔极力反对的。我们指的不是剥夺性的性别意象——胡塞尔不太可能对性别议题感兴趣——我们这里指的是一种倾向，即完全根据应用于科学工作间内部的自然概念和程序来看待工作间外的自然。在工作间内，我们把现象隔离起来，保护它们免受外界的影响，使它们受制于我们专门研发出的装置，从而制造出更多新的现象。生活世界的其余部分则位于工作间之外，而这些部分才是工作间目的和意义的来源。胡塞尔强调，当我们在工作间里操纵现象时，我们扩大了实在的范畴，并获得了控制事物的新手段。但是，胡塞尔反对让工作间内的概念和实验工具成为实在事物的最终判决者。用克里斯的话来说，胡塞尔拒绝接受"实在等同于科学工作间中所显现的事物"这一观点，即反对"实在可以等同或通过工作间中客观测量的结果来定义"的看法。[11] 这个观点是悄然替代的另一个版本：用科学工作间取代世界。

你可能会对这种想法持怀疑态度。基础科学，尤其是基础物理，难道不是包罗万象的吗？为什么我们不能把科学理论从工作间转移到现实世界呢？

工作间中的世界与世界中的工作间

正如卡特赖特所讨论的，物理学的预测模型主要在"墙内"工作，包括实验室内部、粒子探测器内部、大型真空瓶内部、电池盒内部等等。[12] 换句话说，模型在我们可以控制和屏蔽外界影响的地方工作，在这些地方我们可以精确地操控条件使其与模型相匹配。有时，这些模型也可以在"墙外"的一些地方工作，因为墙外有些地方的自然条件与工作间内的模型非常相似。通常来说，这种情况会出现在我们为契合模型而构建的物体上，例如飞机和火箭。我们对它们进行设计，使它们符合经典力学或计算机中的模型；在计算机中，我们使用量子力学来设计能够精确实现数字逻辑运算的半导体元件。

然而，当我们假设某种物理或计算模型适用于自然的其他部分，包括人类的生活世界时，我们就超出了我们能够建模和成功预测的范围。这实际上是在进行悄然替代。例如，我们认为原则上存在一个关于风和水的力学模型,可以预测微风和波浪对掉落在海滩上的海鸥羽毛的作用。抑或,我们认为原则上存在一个计算模型,可以预测爵士乐五重奏中即兴演奏者大脑内部的交互活动,这也是一种悄然替代。当然,我们或许会承认,这些模型可能永远也无法构建出来,因为它们过于复杂。然而,我们可能会认为这些事件在原则上是可以被公式化的。

然而,我们应当对这种思维方式保持警惕。我们将在本书中批判其多种表现形式。这种思维方式建立在对世界本质的一个隐含且不必要的形而上学假设之上,即认为即使世界超出了我们构建和测试预测模型的能力范围,我们依然可以通过这些模型来理解世界。该假设暗示,事物在严格控制的人工环境中的表现,应该成为我们理解其在不受控制的非人工环境中表现的指南。换句话说,这种假设认为,科学工作间内严格控制下发生的事是工作间外的世界的典范。正如卡特赖特所指出的,这种思维方式相当于一种基要主义。它要求我们严格遵循工作间内的模型,将其作为一种字面上的真理,去理解工作间外的世界本质。[13]

这种基要主义的态度通常与这样一种观点密切相关,即工作间内的客观测量比我们通过身体感知对世界进行直接经验更为有效。但是,这种客观主义的想法是错误的,克里斯用冲浪者的例子说明了这一点,这个例子摘自威廉·芬尼根的回忆录《疯浪人生》[14]。对浪高的客观测量与冲浪者无关;对冲浪者来说,重要的是他们如何根据自己的身体和冲浪技巧,来判断海浪的大小和凶猛程度;也就是说,海浪与其直接经验有关。对冲浪者、水手和游泳者来说,如何通过直接经验与海浪互动至关重要,而在这种直接经验之外对海浪进行客观测量则毫无意义。

科学模型的基要主义与客观主义的结合，正是盲点的绝佳例证。它遮蔽了我们对科学工作间外的世界的直接经验，标榜自己就是"科学告诉我们的"。然而实际上，它只不过是一种哲学的思维模式，并不基于任何实际的科学实践。它将少数进行了成功预测的案例普遍化了。虽然在少数案例中我们能够提出可以进行成功预测的模型，但是在大多数案例中，我们并没有也不可能拥有这样的知识，因为科学工作间外的世界太过繁杂。正如日益发展的网络科学所揭示的那样，事物的行为方式，尤其是在工作间外的世界中，往往更多地取决于大环境内相互交织的复杂结构，而不是我们偶尔可以隔离出来、屏蔽外在影响的局部配置。因此，如果我们把世界看作工作间里所发生的事件的放大版，那么我们不仅在理论上会出大错，而且在实践和社会政策上也会陷入误区。

经验失忆症

悄然替代的背后是一种经验失忆症。我们借鉴了法国科学哲学家米歇尔·比特博尔的想法，而他的想法也来自胡塞尔的观点。[15] 比特博尔指出，我们通过两个主要的步骤产生客观的知识。第一步，我们逐渐抛弃了经验中任何无法达成绝对一致意见的东西，比如事物的感觉或外观，或者我们个人的偏好、品味和价值观。换句话说，我们逐渐从具体的经验中抽象出来。第二步，我们保留了经验的"结构残余"，我们可以将其转化为存在共识的对象，尤其是当我们在科学工作间中对其进行提炼时。这些结构残余包括分类方案（分类法）、模型、普遍命题和逻辑系统。最抽象的结构残余是数学的，比如量级。当我们忘记了直接经验在创造客观知识的过程中是一个隐含的起点和持续性的要求时，经验失忆症就发生了。

我们关于温度的故事（参见本书引言）就为此提供了一个例证。温度的出发点是冷热的经验。第一步，我们排除了任何我们不能完全达成一致意见的东西，比如在判断一碗水是冷还是热的时候，我们可以假设这碗水对于一只手来说是一种感觉，而对于另一只手来说是另一种感觉（这个例子来自洛克[16]）。通过这种方式，我们从具体可感知的性质中抽象出来。第二步，我们逐渐提炼出一些现象，这些现象是我们能够达成共识并值得关注的经验，比如我们观察到的冷热感觉与液体体积变化之间的相关性（液体受热膨胀），以及我们观察到的水结冰或沸腾的时间点。我们用这些相对稳定的点来构造带有数值刻度的温度计，这样我们现在就可以用一致的客观量级来描述这些现象。随着物理学理论（经典热力学和统计力学）的发展，这一过程最终产生了"热力学温度"（粒子的平均动能）这一抽象概念。这个抽象概念例示了经验经过高度凝练后的结构残余。比特博尔将相应的抽象对象（粒子运动产生的动能）称为经验的"结构不变量焦点"。

这个过程到目前为止还算顺利。问题发生在经验从我们的故事中消失之时。这种方法成功地把我们蛊惑了，以至于我们忘记了这种方法背后必要的经验维度。这叫作经验失忆症。这就是盲点。

经验失忆症最终会导致一种奇怪且荒谬的想法，这种想法在科学和哲学的某些领域非常普遍，即认为经验可以被还原为它的某种结构残余。一个经典的案例是，意识觉知可以被还原为大脑中信息或计算过程的结构残余。这种思维方式颠倒了客观知识产生的整个过程，它假定经验的抽象结构残余（如"信息"）可以解释为意识觉知的具体存在，或者为意识觉知的存在奠定基础。在这里，我们遇到了形式最极端的盲点。

胡塞尔（包括我们和怀特海）清楚地认识到，这种思维方式在原则上就是荒谬的。抽象的科学概念（热力学温度、信息、计算）来自具体经验，因此这些概念并不能解释经验或者成为经验的根基。抽象永远不能解释具体，也不能作为普遍原则的基础。然而，真实情况总是相反，而且必然相反。我们之所以会产生科学文化的危机，部分原因就在于我们忘记了这个基本真理。

不可观测的物体是实在的吗？

到目前为止，我们的讨论还集中在科学模型和定律上。我们在前面已经论证过，科学模型的理想对象及其属性，以及科学定律的理想化规则，在物理学上并不是实在的。因此，当我们把它们当作真正的实在，而把感知世界仅仅视为表象时，我们就是在进行悄然替代。我们还强调，现代物理学中的大多数现象都是在科学工作间里制造出来的，所以当我们用工作间取代世界时，就发生了另一种悄然替代的行为。

然而，模型和定律并不是科学的全部，科学中还有科学理论。根据标准教科书中关于科学的概念，模型和定律描述了世界中发生的事情，而理论则提供了一个总体的解释框架。例如，爱因斯坦的狭义相对论认为物理定律（描述或预测物理现象的陈述）在所有的惯性参照系（没有加速度的参照系）中是不变的，而光速则是一个宇宙常数。在生物学中，达尔文的进化论将物种的形成解释为自然选择的结果。或者以气体动力学理论为例,它解释了原子或分子的行为如何产生"玻意耳定律"。玻意耳定律指出,在恒定温度下气体的压力与其体积成反比。科学理论的一个重要特征是,它们假设原子、电子或基因这样的实体,可以通过因果关系相互作用产生可观测的行为,但我们无法直接观察到这些行为。而模型则使用这样的实体来描述观察到的数据。

假设存在像原子这样不可观测的实体给我们带来了一个问题,即我们应该赋予这些实体什么样的实在性呢?我们认为,假设某些不可观测的实体,并认为它们在物理上是实在的,这是完全合理的。不过,当我们忽略了这种科学程序背后的直接经验时,问题就出现了。这就是盲点的另一个例子。

我们首先需要认识到,虽然科学定律和科学理论都可能会涉及那些不可观测的物体,但在科学定律和科学理论中,这些物体的类别及其不可观测的原因是不同的。[17] 抽象的理想物体,如点粒子或理想气体,并不是感知的可能对象,因此数学物理定律所涉及的理想对象不可能被任何可能的感知者感知到(这里的感知者指的不仅仅是人类)。

然而,物理学理论所涉及的不可观测的实体,如特定种类的分子、原子和亚原子粒子,并不是理想物体;这些实体应该都是实在的。它们处在时空之中,参与因果关系。虽然我们不能用肉眼看到分子和原子,但好在显微镜技术在不断发展,我们可以对分子和原子进行成像。在20世纪,人们用云室(20世纪20年代至50年代粒子物理学家在科学工作间中使用的主要工具)和气泡室来探测带电的亚原子粒子。在这种情况下,物理学理论被用来解释我们用眼睛看到的东西。我们观察到的水滴凝结轨迹,表明了某种新型实体存在，例如一种像 μ 介子这样的特殊亚原子粒子的存在。换句话说，利用物理理论，我们可以学会将水滴的凝结轨迹视为这些粒子存在的标志或迹象。最后，尽管分子、原子和亚原子粒子对人类来说是无法感知的，但这并不意味着它们对任何逻辑上或概念上可能的感知者来说都是无法感知的。这个假设在逻辑上和概念上都不存在矛盾，因为可能会有一种感知者，比如有特殊感觉器官的外星人，能够感知到这些粒子。相比之下，像完美的球形电荷这样的理想物体，无论是在逻辑上还是在概念上都是不可能被感知的，因为它们不是实在的；它们不位于时空之中，也不参与因果互动，所以它们不可能被感官知觉捕捉到。

下一步我们需要认识到，引导我们对不可观测的实体提出假设的科学理论和实验并没有把我们带离经验，而是扩大和丰富了我们的经验。例如，20 世纪的物理学家利用云室发现了正电子、μ 介子和 K 介子。虽然我们不能直接看到这些基本粒子，但物理学家能够通过小液滴轨迹的曲率和方向观测到它们存在的迹象。基于粒子物理学的理论以及在高度受控的云室中进行的精确观测，我们可以假设这些粒子的真实存在是对实验数据的最佳解释，尤其是那些科学家可以在云室中直接观测到的数据。

这种推论形式通常被称为"最佳说明推理"，但我们还是更喜欢卡特赖特提供的术语——"对最可能原因的推理"。[18] 我们在日常生活中无时无刻不依赖这种推理。试想一下，你早上走进厨房，发现了一堆脏盘子，你昨天买的大部分食物都从冰箱里消失了。你马上就会得出结论，你的孩子给自己做了一顿丰盛的夜宵，却懒得打扫卫生。考虑到你所知道和观察到的其他事情，这就是最可能的原因；这当然比"你的房子被一群饥饿的人闯入，他们做了一顿丰盛的夜宵,然后没有打扫卫生就离开了"这样的事情更有可能发生。

虽然在科学工作间里对最可能原因的推理比这个例子更严格,但它们在本质上都是同一种推理过程。这种推理方式是我们如何经验世界并在其中找到出路的核心。因此,即使工作间中的物理学家使用对最可能原因的推理来推断超越人类感知范围的不可观测实体确实存在,这些推理过程仍然完全在人类经验的范围内运作。同样重要的一点是,当科学家通过对最可能原因的推理来确定这些粒子的存在时,他们在工作间中观察到的内容也会变得更加丰富。现在,我们可以把这些观察视作"感知符号的观察",就像我们在雪地里看到动物的足迹一样。事实上,物理学家将云室中微液滴所形成的各种形状的轨道也称为带电粒子的轨迹。这些轨迹属于人类感知到的实在世界。我们对轨迹的感知也可以用"视为"一词进行表达:我们将水滴的轨道视为粒子的轨迹。我们有充分的理由以这种方式看待它们,并推断它们是由粒子引起的。就好像我们可以通过观察鹿在雪地上留下的足迹来判断它爬上了一座小山坡,物理学家也可以从水滴凝结轨迹的形状和方向来判断一个粒子是正电子。用胡塞尔的话来说,轨迹的形状是粒子的"指号"(indicative sign)。这种将某物感知为另一物的符号,即"指号意识",就是我们感知世界的基础。[19]

当然,看到鹿的足迹和看到粒子的轨迹还是有区别的。我们可以沿着鹿的足迹看到鹿,但是我们跟随粒子的轨迹永远不会用肉眼看到粒子。然而,我们不应该据此认为粒子并不存在,也不应该认为粒子只是一个虚构的假设,我们不应该把粒子等同于理想化物理定律中虚构的数学对象。虽然我们看不到粒子,但我们可以操纵它们,就像物理学家用电子枪发射出电子一样。正如加拿大科学哲学家伊恩·哈金在40年前写的那样,"如果你能发射电子,那么电子就是实在的"[20]。(或者用卡特赖特更为谨慎的说法,"当你可以发射电子时,电子才是实在的"。因为电子只有在科学工作间精确控制的条件下才能被发射出来。[21])这标志着物理理论中不可观测的实体和物理定律中不可观测的对象之间的另一个区别:后者在原则上不仅是不可观测的,也是不可操纵的,因为它们不处于时空之中,也不参与因果互动。你不可能发射出理想气体。

我们一直在争论,我们可以有很好的理由来假设不可观测的实体存在,但是这些理由本质上取决于直接经验——我们的感知经验(看到粒子的轨迹)和我们的行动经验(发射电子)。然而,认为基本粒子和力场是实在的,并不意味着我们感知的世界在某种程度上不如这些实体实在。这根本就不符合逻辑。降低感知世界的实在性,并用粒子物理学中的实体来取代它,这又是一个悄然替代的例子。

悄然替代的问题在于,这种做法破坏了科学立足的根基。科学必须以感性世界中的具体实在为前提,尤其是我们在科学工作间中能够感知和操控的宏观事物。科学工作间只能在更大的生活世界中才能发挥作用,而生活世界是由具体事物、情境、人类社群及其价值观和项目组成的,我们可以直接确定这个世界。而科学本质上只是生活世界中的一个项目;它可以扩大和丰富我们关于实在的概念,但它不能脱离生活世界。

此外,质疑人类认知模式的有效性将使科学失去认知上的立足点。例如,对最可能原因的推理要求科学所基于的事态是可感知的。厨房确实很乱,所以你能得出你的孩子没有自己收拾干净的结论;确实有一条可观测到的具有特定形状的液滴轨迹,所以你可以得出正电子存在的结论。类似地，要使某物成为其他事物存在的指号，它必须是可感知的，就像雪中的动物足迹或云室中的液滴轨迹一样。更一般地说，我们具体的身体经验为科学提供了起点和证据的最终来源。因此，完全质疑身体经验的有效性，将其视为一种次要的副现象，就是在放弃科学真正的基础。

自然两分

是时候让阿尔弗雷德·诺思·怀特海出场了。怀特海清楚地认识到了我们所说的盲点，但他也在盲点之外描绘了一种新的科学和自然哲学。他赞成科学和抽象的重要性，但他拒绝让抽象取代具体，并坚持认为不能把自然划分为客观实在和主观表象。怀特海认识到，科学来源于直接经验，感知已经通过我们活生生的身体这一媒介将它所能获得的东西进行了抽象，科学严格地延展了这种抽象，却没有给经验留下位置。

在1920年出版的《自然的概念》一书中，怀特海开篇就指出，自然就是我们通过感官知觉觉知到的事物。[22] 然而，物理学家必须从感知中抽象出来，专注于自然的可数学化的方面，如时间、空间、运动、力和粒子。截至目前一切还算顺利。每当将这一抽象过程解释为自然由两种不同的事物构成，即实在中未被人感知的基本组成部分和被感知到的主观表象时，就会产生自然两分。当我们把自然分成"两个实在系统"时，我们就把自然分成了两个部分：在觉知中得到理解的自然和作为觉知原因的自然。[23]

科学上的自然两分出现在17世纪，表现为伽利略、笛卡儿和洛克对"第一性质"(大小、形状、坚固性、运动和数量)和"第二性质"(颜色、味道、气味、声音和冷热)的区分,前者被认为属于物质实体本身,而后者被认为只存在于头脑之中,是由第一性质撞击感觉器官,并由此产生感觉或心灵印象而引起的性质。

虽然我们对物质的理解在19世纪至20世纪发生了巨大的变化,但自然两分仍然持续存在。一个现代的例子是20世纪物理学家亚瑟·爱丁顿对"两种桌子"的解读,即平常的桌子和科学的桌子。平常的桌子有形状、颜色和坚固性,它属于普通的感知世界。在大部分情况下,科学的桌子处于空无一物的空间之中,其中充满了力场。根据爱丁顿的说法,现代物理学向我们保证,科学的桌子是唯一真实存在的桌子。[24]这就是盲点的问题所在:对具体经验的贬低和对抽象的抬升。

怀特海坚决拒绝接受自然两分,因为这种两分违背了自然哲学(过去人们对"科学"的称呼)的前提,并会带来不可接受的后果。自然哲学的前提是"一切被感知的事物都在自然中,我们不能挑选"[25]。对于怀特海思想中的经验主义传统来说,自然是"我们通过感官在感知过程中观察到的东西"[26]。更好的说法是,感官知觉是自然的试金石,因为自然也包括了我们使用逻辑、数学和控制实验从感知中严格抽象出来的东西。因此,我们通过周密的实验,推断出原子、电子和其他亚原子粒子的存在。但正如怀特海所说,日暮时的红霞就像科学家用来解释它的分子和光波一样,都是自然的一部分。[27]自然哲学的任务就是分析红色、分子、光波这些要素是如何组合到一个关联的系统中的。"在我们面前只有一个自然,即我们依靠感知获得的知识中呈现给我们的那个自然。"[28]然而,自然两分理论是盲点的一个基本方面,它将自然一分为二,使自然一部分是实在的,另一部分是表象的,实在部分是表象部分的原因。因此,温度(粒子的平均动能)和光(电磁波谱的一部分)是实在的,而冷热和颜色仅仅是表象。或者说,"科学的桌子"(桌子粒子以及充满力场的空间)真实存在,但平常的桌子只是一种感知的表象。这种二分法将感知世界与自然的其他部分区分开来,我们没有办法将它们重新组合到一起。一个隐藏起来的物理实在导致了我们头脑中的感知世界:"于是,就会有两种自然,一种是猜想,另一种是梦境。"[29] 梦境(冷热、颜色、感知到的普通物体)应该可以用猜想(粒子、电磁辐射)来解释,但这被证明是不可能的,因为猜想以梦境为前提。假设中隐藏的物理实在是从我们感官知觉呈现的具体自然元素中抽象出来的,因而不可能脱离这些具体元素而独立存在。

怀特海几乎不反对抽象(毕竟他是一个数学家)。但他反对在知识层级中将抽象置于具体经验之上,反对将抽象视为具体实在。我们关于温度的故事说明了这一点:原子运动产生的动能和作为原子运动量级的热力学温度,就是从冷热的具体实在中抽象出来的。怀特海的观点是,热力学温度是抽象的,而热和冷是具体的,抽象以具体为前提,所以我们不应该认为热力学温度比热和冷更加实在。正如科学哲学家伊莎贝尔·斯唐热在《与怀特海一起思考》一书中所说:"在最具体的经验和各种抽象之间,怀特海并没有给它们划分等级。他一直担心的问题是抽象的问题,更确切地说,现代人对抽象概念的狭隘统治缺乏抵抗力。这些抽象概念宣称,凡是脱离抽象的事物都是不成体统、无足轻重或者违背理性的。"[30]

怀特海在1925年出版的《科学与现代世界》中,把抽象对具体实在的悄然替代称为"具体性误置谬误"。[31] 这是一种"把抽象误认为具体的意外错误"。这里所说的"意外",指的是这种做法对于科学实践来说并不是必要的。[32]自然两分体现了具体性误置谬误,因为这种想法将物理学的数学抽象(原子或分子的平均动能)误认为具体的实在(热和冷),并鼓吹将具体还原为抽象的想法。这种还原荒谬地颠倒了因果关系(抽象总是以具体为前提)。

一旦我们接受了自然两分,我们就会不由自主地将心灵置于自然之外,还会发现自己被迫以一种神秘的方式调用这种想法,去对我们感知中出现的东西进行解释。如果我们认为光波和大脑活动导致我们看到了红色,基于自然两分理论,光波和大脑活动在物理上是实在的,而红色只是一种主观表象。但主观表象也是一种心理现象。因此,在我们说光和大脑导致红色时,我们使用了一种不正当的因果关系,一种从物质实体神秘地跳到外在精神实体的因果关系。我们假设一种因果关系不再局限于自然的某个领域,它跨越了自然到达心灵的异域。换句话说,一旦心灵被推到自然之外——随着自然两分这是不可避免的——任何身体与心灵的交互都不能算作自然内部的互动。然而,自然科学的前提是在解释中不涉及任何自然之外的东西。因此,在科学解释中涉及心灵,即使只把心灵作为因果链条上假定的终点,也是一件不可接受的事情。

正如怀特海观察到的,从自然科学的角度来看,当我们提到光线进入我们的眼睛和随后的大脑活动时,我们实际上并没有解释红色。[33]相反,我们预先假定了在我们的感知中有红色存在,并确定了红色的存在伴随着大脑对眼睛接收光线的反应。因此,我们应该说,自然中存在红色的感知是与进入我们眼睛的光线以及随之而来的大脑活动相互依存的,而不是说光线和大脑活动导致了红色在心灵中的出现。然而,第二种说法将自然分为两个部分(实在与表象、物理与心灵),而第一种说法则没有这样的划分(只存在一个相互依存的事件系统)。

用心灵或"心灵附加物"(怀特海提出的术语)来解释物理实在是如何导致感知的表象世界的,就会使得心灵孤立无援,变得与其他任何事物毫无关联。当我们试图将心灵放归自然,我们面临的一个棘手问题就是心身问题。当前,心身问题的一个版本是:在一个纯粹的物理宇宙中,意识是何以成为一种可能的?这个问题仍然是自然两分和盲点的产物。

神经科学的进步并没有解决这一问题,反倒扩大了这一问题的范围。与怀特海所处的时代相比,我们现在已经能够描绘出许多与意识感知相互依赖的物理事件和神经元事件。但是,物理性质和意识经验之间所谓的解释鸿沟给我们带来了阻碍。怀特海告诉我们,解释鸿沟是自然两分的结果,只要这种两分保持不变,就没有办法跨越鸿沟。认知神经科学无法弥合这一鸿沟,因为它预设了科学家对感知的第一人称经验这一前提。斯唐热指出了这一点:"从解释到解释,从实验情境到实验情境,'心灵'仍然在括号之中,因为实验关系的刻画并不包括对实验进行解释的人。声称能解释'感知到的红色',就是在声称会突然出现一个术语,就像魔术师从帽子里突然变出一只兔子一样。这个术语并不是指科学家成功感知到的东西,而是指他们所有预先成功设定出来的东西。"[34] 换句话说,尽管科学家正在实验被试者身上建立起神经元活动与意识知觉报告之间的相关性,而且这些相关性正变得越来越精确,但是这些成功预设了科学家自身的意识是整个科学事业的先决条件。如果认为用来研究大脑活动和意识经验主观报告之间相关性的方法,也可以反过来用于把意识设定为任何事物存在的前提条件(尤其是对科学而言),

那就好比你以为魔术师真的可以从空帽子里变出一只兔子一样。

过去我们有意把意识经验排除出物理性质，现在我们又要考虑如何把意识经验融入物理性质，这在形式上就存在很严重的问题。这就是盲点的症结所在。然而这并不意味着我们如果理解了大脑活动与我们在经验中觉知到的内容之间存在相互依存关系，就不会有任何问题了。怀特海也认识到"在同一个实体系统中，把火的红色与分子的扰动联系起来，确实存在必须面对的困难"[35]。面对这样的困难，怀特海仍然拒绝自然两分："就实在而言，我们所有的感官知觉都在同一条船上，我们必须用同样的原则来对待它们。"[36]

从我们的角度来看，我们需要认识到，将意识经验和物理自然整合到一个系统中是一个困难的工作。我们应该迎接这种困难给我们带来的挑战，而不应该忽视直接经验的优先性，也决不能诉诸悄然替代或具体性误置谬误来掩盖这些困难。几个世纪以来，我们在心身问题上几乎没有取得真正的进展，这就是盲点让我们付出的代价之一。虽然承认经验的不可还原性并不能解决这个难题，但它却为新的方法打开了大门，这些方法与直接经验中的科学来源保持着密切联系。这一点，我们将在后面详细讨论。

我们学到了什么？

我们通过确定盲点在形而上学方面的一组关键要素开启了本章的讨论。现在，我们可以通过以下这些环环相扣的误区，来总结直接经验是如何被遮蔽的：

1. **悄然替代**。这是用抽象和理想化的数学结构来代替具体的、有形的且可观察的存在。除了温度的故事,我们还将探讨其他案例中的悄然替代——用钟表时间代替绵延时间、用瞬间的自然代替过程的自然、用计算代替意义、用信息代替意识。悄然替代本质上是一种对存在的取代,存在变成了一种获取特定种类知识的方法。这也就是我们用科学工作间里制造出来的东西,取代了科学工作间外的生活世界和自然。
2. **具体性误置谬误**。这种谬误是把抽象误认为具体。这是悄然替代的基础。
3. **结构不变量的物化**。科学从科学工作间的经验中抽象出结构不变量。这些结构不变量包括分类方案、模型、一般命题、逻辑系统、数学定律和数学模型。它们包含了高度凝练的经验残余。当它们被认为是一种本质上非经验的事物或实体,并且这些事物或实体构成了实在的客观结构,物化的过程就发生了。
4. **经验失忆症**。当我们沉迷于悄然替代、具体性误置谬误、结构不变量的物化,以至经验彻底淡出我们的视野时,经验失忆症就会发生。现在,经验失忆症存在于因我们对科学方法的误解而造成的盲点之中。

这份清单以抽象的术语阐明了我们对全球科学世界观中出现意义危机的根本原因的诊断。我们认为,这些根本性的错误也与我们的科学文化现在所面临的生存危机有关。

让我们回到温度的故事来说明这一点。如果我们说某物感觉有多热或者有多冷是主观的、表面的，而热力学温度（原子运动的平均动能）是客观的、实在的，那么我们就是在根据自然两分来进行思考。我们悄悄地用一个抽象的概念——一个数学平均值，即用一个数字来代表许多组数字，以此取代一些具体的东西，即感官知觉的对象。我们犯了具体性误置谬误，把抽象当作具体的东西来对待。因此，我们也将经验的结构不变量当成了具体的实在。结果，我们忽略了直接经验才是科学的来源和支柱。我们已经忘记了从科学工作间的直接经验中提取结构不变量（如热力学温度）的整个过程，而这些结构不变量仍然是科学工作间中直接经验的残余。我们已经屈服于经验失忆症。我们已经完全陷入了盲点。

具有讽刺意味的是，由于人类引发的全球变暖，冷与热的存在从未如此真实可感。同时，如果没有热力学和统计力学，我们就不可能理解气候变化和地球系统。我们需要肯定身体经验和科学都是有效的，我们不应该在关于什么东西才是真实的这一问题上制造分裂，也不应该基于这种分裂来设定知识的等级。在我们知道如何对热量进行定量测量之前，我们就感觉到了热量。但是我们既要通过感觉又要通过测量来应对全球变暖的挑战。

如果我们拒绝让自然在我们的思维中发生两分，我们的世界观就会由此改变。冷与热都是实在的，这种实在性并不亚于粒子的平均动能。当我们在自然中发现热和冷时，我们也会发现粒子的动能范围非常大，而大多数粒子的能量接近中间值。冷热是具体的，温度是抽象的。更好的说法是，冷热相对而言更加具体，温度相对而言则更加抽象，因为从无数的感官知觉传递过程中挑出热和冷这两种感觉，已经是一种基于事件变化的抽象了。这就是为什么我们在日常生活中会说，你如果专注于热，你就会感到越来越热。科学的美妙之处和惊人力量就在于，科学使我们能够在科学工作间里使用逻辑、数学和控制实验的工具，强化、延展和提炼我们已经从感官知觉抽象出来的东西。不要让自然在我们的思想中发生两分，是我们超越盲点走向科学新视野的第一步。

在这个新的视野中，科学并没有失去其权威性；相反，这种权威性找到了恰当的立足点。科学之所以具备权威性，是因为它是一种高度凝练的经验形式。科学的客观性来自我们能够将直接经验进行抽象，并使我们抽象出来的东西成为公共知识的对象。从温度的故事中可以看出，这种强大的科学方法展示了抽象、理想化、实验和理论化的螺旋上升。我们通过这一过程创造出了稳定的公共知识，而科研共同体可以在此基础上对公共知识进行进一步的发展。这种知识丰富并扩大了人类经验。科学知识对于培育一个充满活力且生态友好的全球文明来说毫无疑问是必要的。但是，我们必须以正确的方式理解科学，只有这样才能避免自然的两分，才能防止生活世界被贬低。科学必须以一种恰当的方式嵌入科学工作间外的世界。我们需要将尊重自然作为我们的关注点，而不是将自然视为一种等待我们征服的对象。当我们要深入探讨科学史和现代科学典范中出现的盲点时，我们要时刻牢记这一点。

第 2 章
抽象的螺旋上升：盲点的科学起源

这在当时不无道理

盲点是随着科学的发展而历史性地出现的。从 17 世纪开始，科学的新方法给欧洲社会带来了巨大的成功，盲点的出现是一个很自然的反应。当时，欧洲各地的科研共同体开始以实验室、观察站和学术团体的形式建立起配置各异的科学工作间，为数据收集、数据分析、推理模式和数学论证制定规范。结果，在短短几个世纪的时间里，研究者在对一些关键问题的理解上取得了一系列显著的突破，逐渐掌握了运动、力、热和光的本质问题，甚至是生物发育的基础问题。这些知识是经验性的，同时也是理论性的。这些知识使科学能够迅速应用于农业、矿业、贸易与战争，甚至用于这些活动的概念框架和数学框架。这是一个科学取得了空前胜利的时代。在这样的成功之后，构成盲点的一系列要素似乎自然而然地就出现了，并且也自然而然地与科学取得胜利的根本原因相互关联。

16 世纪末至 19 世纪末是经典物理学的时代。在本章中，我们会将重点放在物理学上,因为物理学的进步比其他任何领域都更能定义科学所能达到的理想状态。17—19世纪,经典物理学的胜利使得盲点脱离实体的框架,盲点在此期间逐渐形成并站稳脚跟,并最终成为主导,以至于它现在隐藏于背景之中,人们只会听到"科学告诉我们的",而看不到盲点的存在。

因此,要理解盲点是如何对当今的科学文化带来限制的,我们必须首先理解盲点是如何自然地融入当时的科学文化之中的。我们要从科学的古希腊源头讲起。正是在这个非凡的时期,关键议题及其双方阵营得以确立。我们之所以要把科学的概念框架追溯到古希腊,是因为我们当前的科学形式是在欧洲社会形成的(尽管这种科学形式的产生在很大程度上还要归功于其他社会所创知识的全球传播),当时的经院哲学家和后来的文艺复兴经历了智识的觉醒,而这是以古希腊文献的重新发掘为基础的。[1]在此之后,我们将追踪经典物理学的演变过程,以及经典物理学中所有关于运动和力的重要概念,梳理从13—14世纪的经院哲学家到牛顿所取得的无与伦比的成就。正是牛顿设定了关于实在的成功描述,以此确立了"自然律"(laws of nature)的地位。最后,我们探讨了约瑟夫-路易·拉格朗日和威廉·哈密顿对牛顿力学工作的完善和拓展。他们开发的"分析力学"代表了经典物理学的最高成就。分析力学运用了一定程度的抽象,似乎提供了令人信服的证据,证明了宇宙确实是用数学语言书写的。

我们开启这次历史之旅的目的在于说明盲点的哲学要素,即自然两分、还原主义、客观主义、物理主义、数学实体的物化,以及作为衍生品的经验概念,都源于经典物理学的成就,并与经典物理学的成就相互呼应。我们还需要留意经验失忆症是如何成为盲点及其设定的科学形而上学中的一部分的。在接下来的章节中，我们探讨了盲点的形而上学如何限制并扭曲了今天包括物理学在内的各个科学领域中的科学思维和实践。但是，在本章中，我们会将重点放在盲点的科学起源上，揭示随着经典物理学与盲点的形而上学等同起来，悄然替代、具体性误置谬误、从经验中抽象出的结构不变量的物化以及经验失忆症是如何发生的。

古希腊的自然观

"每一种哲学都被一种无形的思想背景所濡染，但这种背景却从未在它的推理过程中显现。"[2] 阿尔弗雷德·诺思·怀特海如是说。怀特海特别提到了古希腊及其在建立现代科学根基的过程中所扮演的角色。盲点的思想背景及其暗含的形而上学概念，可以追溯到古希腊和亚伯拉罕传统的一神教文化。正是希腊人对理性世界模型的信仰，以及一神论中关于理性上帝作为终极客观参照系的观点，为经典物理学发展出机械宇宙观提供了土壤。[3] 因此，为了探究关于物质和运动的经典世界观从何处起源（这将成为盲点的基础），我们从苏格拉底之前的古希腊哲学家开始讲起，然后跨越15个世纪的思想史来考察科学的中世纪根源。[4]

在简述希腊哲学在科学和盲点形而上学中留下的遗产时，我们需要强调希腊哲学中的三个关键问题：（1）世界是由什么组成的？（2）世界是如何变化的（或者说，如果变化不存在，那么世界又是如何保持不变的）？（3）数学在世界结构中扮演了什么样的角色？我们举了几个例子，以说明古希腊人是如何解决这些问题的，他们解决这些问题的方式对于物理学的兴起至关重要。

世界是由原初且不变的实体构成的,这一观点定义了古希腊哲学的起源。该观点认为自然事物(与人工事物相反)构成了一个单一的"自然界",所有自然事物的共同之处在于它们都是由单一实体构成的。[5]这样的观念是公元前6世纪爱奥尼亚思想家的核心。

第一位爱奥尼亚哲学家——米利都的泰勒斯(Thales)认为,水是构成万物的基础物质。然而,泰勒斯的米利都同胞阿那克西曼德(Anaximander)则认为,基础的物质并不是水,水只是诸多自然物质中的一种;构成万物的基质是某种无差别的、质量不确定的、在时空中无限的东西,他称之为"无定"(the Boundless)。在公元前6世纪末,阿那克西美尼(Anaximenes)结合了这两种理论中的某些方面。和阿那克西曼德一样,阿那克西美尼认为原始物质在三维空间中无限延伸,但他不认为这些物质是一种不确定的质。相反,他回到了泰勒斯的立场,认为这种物质是一种特定的自然物质。但与泰勒斯不同的是,阿那克西美尼认为这种物质是气或水汽。不久之后,赫拉克利特(Heraclitus)声称火是万物的基础。

这些古希腊哲学家都强调有一种特殊物质构成了世间的一切,这为我们打开了一扇探索之门,而这样的探索一直持续到今天。古希腊哲学家们的主张是一种本体论的主张,认为自然的所有方面都存在一个根本的基质。

泰勒斯死后大约一个世纪,居住在阿克拉加斯(一座位于西西里岛的希腊城邦)的恩培多克勒(Empedocles)写了一首诗——《论自然》。这首诗不仅包含了自然的本体论,还包含了宇宙起源论、生成论与毁灭论。[6]恩培多克勒认为,万物不是由单一物质组成的,而是由四种基本元素(他称之为万物的"根")组成,这四种元素分别是火、土、气和水，它们是爱与恨这两种力量相互作用的结果，这两种力量将这四种元素进行混合或分离。

亚里士多德在他的《形而上学》中说，恩培多克勒是第一个确定四种元素的哲学家。[7]然而，对四元素说最有影响力的阐发来自亚里士多德本人。[8]他将四元素纳入了一个宏大的宇宙学计划，这一计划不仅解释了元素在世界各种物质形式中的组合，还阐明了物质的变化与运动。

亚里士多德主张地心说，认为地球由嵌套的水晶球所环绕，每个水晶球都在运动，并各自携带一个天体（太阳、月亮、地球和恒星）进行运动。为了解释人们观测到的天体运动——其中包括天空的日自转和年自转（实际上是地球的日自转和年自转）——亚里士多德提出存在不少于56个共同旋转的嵌套球体，并想象出了一个相当复杂的系统。然而，这不是一个机械系统，而是一个有机系统，因为对亚里士多德来说，自然界是自我运动的，就像在他之前的爱奥尼亚思想家认为的那样。[9]四元素——火、土、气、水——属于月下区域，在这里生成、变化和衰退都是有可能发生的。而不受月光覆照的区域是完美的、不变的，所有天体都由一种不朽的"第五元素"（也被称为"精质"或"第五精华"）组成。然而，这四种地球元素本身并不是自然的全部。"可感知的特性"（热、冷、湿、干）被添加到世界最终的构件中。当它们成对组合时，就会进一步巩固四元素的行为，例如，水又湿又冷，而火又热又干。亚里士多德提出的是一个宇宙学模型，一个关于自然界中存在的、不依赖于人类感知的本体论清单，并描述了清单上的各个项目之间如何相互作用。

每个哲学体系都需要对手。对于亚里士多德的物质观来说，它的对手是以原子论的形式出现的。泰勒斯之后一个世纪，米利都的留基伯（Leucippus）和阿布德拉的德谟克里特（Democritus）认为，宇宙是由无限微小且不可分割的物质微粒——原子——在虚空中随机运动而组成的。虽然原子本身是不变的，但它们的运动和碰撞产生了我们所感知到的宏观世界的瞬间结构。这些最早的原子论者提供了巧妙的解释，说明了经验世界是如何在原子运动中建立起来的。很重要的一点是，在我们看来，原子论者的观点在现代意义上就是还原主义、物质主义和机械论。[10] 所有事物之间质的差异，都归因于假想中的原子在形状、大小、排列和运动上的差异，而人们感知到的物体所经历的所有本质与性质的变化，都归结为原子的运动及其不同组合。此外，原子相互影响的唯一方式是通过原子相互接触时产生的效应。没有引力或斥力可以远距离发生作用。宇宙是一个没有生命的机械系统，由惰性原子的运动所构成，这些原子按照规则运动，与生命、心灵或目的无关。是偶然和机械运动统治着世界，而不是上帝。

一个多世纪后，原子论被伊壁鸠鲁哲学赋予了新的面貌。在伊壁鸠鲁看来，宇宙也是一个永恒的无限虚空，充满了持续运动的原子团。因为伊壁鸠鲁主要对如何过上美好生活的相关伦理问题感兴趣，所以他的原子论通过向人们展示世界及其特征可以根据内在属性来进行理解，而无需意图或能动性，从而把人们从迷信的恐惧中解放出来。这意味着我们现在所说的"第二性质"，如味道和颜色，根本就是不存在的。最终只有原子和虚空是实在的，它们具有相应的形状、大小和重量。正如戴维·林德伯格在描述科学的古希腊根源时写的那样，对于原子论者来说，可能"没有受支配的心灵、没有神圣的天意、没有命运，也没有来生"。[11]

然而，伊壁鸠鲁确实想把人类的能动性（即自由意志）从纯粹的决定论这一宇宙观中拯救出来。因此，他将原子的"偏斜"（swerve）运动引进他的原子论版本。[12]当每个原子运动时，它会以"尽可能少的量"移动，这给原子的运动添加了一种非因果性。没有强加的原因驱动偏斜的发生。我们无法预测原子偏斜的方向。虽然这种随机性的增加会给伊壁鸠鲁版本的原子论哲学带来困扰，但这种想法却预示了之后量子现象中出现的非因果性。

在通往经典物理学的漫长道路上，还有一个问题对于古希腊人来说非常重要，这一问题平行于自然构成要素的本体论问题。这个问题就是：数学在描述世界的过程中究竟起到了什么样的作用？抽象在经典力学中的胜利也起源于前苏格拉底时期的古希腊思想。

公元前530年，毕达哥拉斯在西西里岛的克罗顿建立起了他的学派，这是一个数学神秘主义者的社群组织，致力于寻找实在背后隐藏的数字和地理测量学蓝图。亚里士多德这样描述他们的观点（亚里士多德本人并不支持这个观点）："（毕达哥拉斯学派）以'数'为万物之本，以'数'为天界之本。"[13]

R. G. 柯林伍德在《自然的观念》一书中评价道："毕达哥拉斯开辟了一个新天地，得出了重要的结论。"[14]毕达哥拉斯认为，自然中性质差异的基础在于几何结构或模式的差异，而不是物质的差异。物质是能够以几何方式塑造形状的东西。为了解释事物的本质，我们必须求助于可数学化的属性，特别是其各自具有的几何结构。

声学和音乐理论为这一新观点提供了证明。一个音符和另一个音符之间的性质差异并不取决于产生音符的琴弦材料，而是取决于琴弦的振动频率。毕达哥拉斯还发现，音调悦耳或"和谐"

(harmonic，毕达哥拉斯发明的一个词)的音阶，其长度是七弦琴琴弦长度的整数分数。例如五度音阶（3∶2）和八度音阶（2∶1）就呈现了这样的关系，这样的发现说明了数字关系是如何通过感官体验被人们所辨别出来的。

毕达哥拉斯学派的突破在于将事物的形式看作使其成为自身的原因。形式是必要的，而非物质，物质只不过是能够呈现形式的东西。用柯林伍德的话说，"相对于它所存在的事物的行为，形式才是本质或者本性；相对于研究形式的人类心灵来说，形式是不可感的，就像构成自然界的事物一样，它是可知的"[15]。

柏拉图将这种可知形式的概念提升为真实存在的原则，因此亚里士多德认为柏拉图也是毕达哥拉斯学派的一员。一个数学上的圆是完美的圆，但是一个圆形的盘子只是一种近似的圆和不完美的圆。任何有形的或物质的东西就其形式而言只能是近似完美。一个物质的东西本质上是短暂的，它总是会失去或脱离其形式，最终消失或者变成其他东西。但是，可知形式本身就是完全的、唯一的，它永远不会改变或消亡。形式的存在是绝对的。此外，柏拉图认为形式是超越的，它的存在不属于自然的可感世界，而属于一个独立的、可知的、纯粹形式的世界。[16]

在柏拉图的宇宙观中，数学的形式是至高无上的。物质是能够被赋予几何形式的东西，而物质世界是对可知形式世界的不完美模仿。这些元素（火、土、气、水）在数学上被确定为不同的结构，特别是被确定为五种正多面体（在相同的三维角度上相交且每一个面都完全相同的多面体）中的四种：火是正四面体，土是正六面体，气是正八面体，水是正二十面体。第五元素是正十二面体，它被用于代表整个宇宙，因为它最接近球体的形状。这五种正多面体构成了所谓的"柏拉图立体"。此外，空间仅仅是形式的容器，因此它与物质没有什么不同，空间与可知形式世界中的任何事物都无法对应。然而，时间是可知世界中某种东西的副本，这种东西就是永恒。正如柏拉图在其对话录《蒂迈欧篇》中所说的那样：时间是运动着的永恒的影像。[17] 永恒并不意味着永无止境的无限时间。永恒指的是没有时间或者在时间之外。永恒意味着完全没有变化和流逝（循环的事物来来往往，但数学循环并不存在于时间之中，也不会发生变化）。时间（及其变化和流逝）属于自然世界，而不属于可知形式世界。时间是随着自然的创造而产生的。创造是一个神圣的工匠或"造物主"的行为，自然是它的杰作。因此，在创造之前没有时间，创造也不是时间当中的事件。创造是一种永恒的行为。[18]

柏拉图和毕达哥拉斯的思想可以概括如下：物质只是可知的数学形式的容器，而数学是实在的无形骨架；时间是一个没有变化或流逝的领域，是一个运动着的欺骗性图像；自然完全是对更高和完美的可知秩序的模仿，是一个完全可以从外部的神圣视点来把握的系统。这些想法将对我们现在所说的理论物理学的发展产生深远影响。精细的数学抽象能够最准确地描述世界，这成了经典物理学取得胜利的基石。这将有助于我们把具体的感知经验推到幕后，正如柏拉图所支持的那样。林德伯格写道："柏拉图把他的形式等同于根本的实在，同时把衍生的或次要的存在视为物质世界的可感存在。"[19]

值得注意的是，古希腊哲学家在努力超越关于世界及其秩序的多神论主流叙事时，正面临着历史与文化的特殊节点。他们试图用理性、观察和实验来理解世界。然而，他们所创造的技术，例如原子论的还原和数学的进步，将超越这些偶然的事件，并为建立一种强大且被普遍接受的探索性语言奠定基础，这种语言就是我们现在所说的科学。因此，我们有充分的理由去庆祝古希腊人所取得的创新。然而，把思考与盲点结合在一起的习惯，在古希腊哲学中也是一个新生事物；在那个时代，人们出于特殊原因利用了盲点。在经典物理学兴起的过程中，盲点将被用来服务于新的目的。

走向力学：中世纪对数学的运动的探索

西罗马帝国衰落后，由古希腊人创立的"自然哲学"传统（尽管当时并不如此称呼）被阿拉伯的伊斯兰文明所继承。在伊斯兰文明中，对亚里士多德所提问题的激烈讨论仍在持续。数学和天文学的进步也建立在托勒密的工作及其地心说宇宙模型的基础上。尽管在中世纪的欧洲，关于自然世界的讨论在一定程度上仍在继续，但直到12世纪出现了从拉丁文翻译过来的阿拉伯文和希腊文的关键文献，人们才重新开始对自然的问题进行认真研究。由于我们最感兴趣的话题是17—19世纪经典力学的发展过程，所以我们首先需要关注中世纪晚期的学者为了理解运动而进行的努力，而运动是所有物理学的基础。他们的工作为伽利略、牛顿和之后其他人带来的革命性进步奠定了基础。

然而，这些学者在12—16世纪所做的工作，不能仅仅用后世的视角来看待。正如林德伯格所说，"我们决不能屈服于这样一种诱惑，以为当我们找出中世纪物理学中被后世采用的部分时，我们就弄清了中世纪物理学家自己认为是物理学学科本质特征的东西"[20]。经院哲学家们在一种尚未出现第一性质（"就在那里"的外部世界的性质）和第二性质（感知的性质）划分的世界观中工作，这种世界观已为现代科学家所熟知。经典力学的革命性发展将促使未来出现自然两分。

中世纪学者从亚里士多德那里继承了"自然运动"（natural motion）的思想。自然运动发生在月球和月球以外的区域时，物体沿着完美的圆形轨迹不断移动。然而在月下区域，当物体到达其自然位置时，运动可能会停止（要么像下落的石头一样向下朝向地球，要么像火一样向上朝向天空）。根据亚里士多德学派的观点，当一个力作用在物体上时（就像扔出的石头），物体可以进入"剧烈运动"的状态。但是，一旦该力停止作用，运动就会停止。

对亚里士多德及其追随者来说，这种运动只是众多变化中的一种，而且还是最不重要的一种。但这种运动却成为之后伽利略和牛顿物理学的核心关切，主导了物理学研究。亚里士多德学派所认为的其他三种变化的范畴分别是：产生和消亡、改变、增加和减少。这些变化与"位置运动"（local motion）一起，成为中世纪经院哲学家努力理解变化问题的哲学焦点。在我们的故事中，特别有趣的一点是，只有少数学者看到了用数学表达位置运动的可能性。在两百年的时间里，这些学者努力将"快速""有力""阻抗"等直观的概念转化为数学的量，并对此进行操作和分析。

布鲁塞尔的杰拉德在其简短的著作《论运动》（写于12世纪末至13世纪中叶）中，首次尝试对运动进行这样的分析。[21]他认识到运动学和动力学之间应该有一个适当的界限。动力学研究的是运动的原因（我们现在称之为力），而运动学是对运动本身所进行的纯粹描述。将运动学中的距离、时间、速度和加速度等关系，与理解运动原因所需的概念工具分开，被证明是一个富有成果的领域。然而，尽管杰拉德看到了运动学和动力学之间的区别，但他并没有对运动学的发展做出更多精细化的贡献。运动学的成就是由牛津大学默顿学院的一群学者在13世纪中叶完成的。

默顿学派是包括托马斯·布雷德沃丁、黑茨伯里的威廉、理查德·斯万斯海德等人的团体，他们开发了一套至关重要的技术词汇，使得动力学中的关键要素得以识别、概念化和分析，其中包括区分匀速运动和非匀速运动。匀速运动指的是速度恒定的运动。速度本身是一个很难理解的概念，默顿学派的创新之处在于将速度视为在一定时间内物体运动的距离。他们还发现非匀速运动意味着加速度，即速度随时间发生变化。他们甚至能够描述匀加速运动，即速度在相同的时间单位内改变相同的量。通过仔细阐述这些概念的含义和相互关系，他们创造了一种语言，将运动分解为其组成部分和实例。

随着默顿学派的技术成果被传播到欧洲各地的大学，其他学者也提高了用量化的术语表达变化的能力。在法国，尼科尔·奥雷姆开发出了一种几何表示方法，预示着笛卡儿及其解析几何在其两百年之后的发展。

奥雷姆发现，他可以用一种类似于现代制图方法的二维绘图法来表示物体某种属性（比如热量）的"强度"。"主题行"或"延伸线"（在现代图形中我们称之为 x 轴）代表了物体长度。在延伸线的每一点上都有一条垂直的线，它表示的是这一点上的强度属性（我们称之为 y 轴）。因此，奥雷姆可以通过这种图示的方法来表示一端冷而另一端热的铁棒：他先用一条水平线表示铁棒，然后再用一条从一端开始上升的对角线表示热量的强度（我们现在称之为温度)。

在阅读了默顿学派的运动学著作后,奥雷姆发现可以用同样的方式来表示运动。通过让延伸线代表时间,垂直线代表距离,奥雷姆发现了一种适合应用数学分析的关于运动的几何表示法。利用这种表示法,他和后来的其他学者能够得出复杂的运动学结论。今天,这些研究结论会在现代物理学导论课程的第一讲中进行介绍。然而,在中世纪,这些成果代表了对运动基本要素的最为前沿的理解,来之不易。没有这些进步,经典物理学是不可能出现的。

尽管默顿学派和其他学者也对动力学(运动的原因)感兴趣,但他们认识到这个问题的基础是模糊的。亚里士多德的自然运动定律,以及他坚持认为力必须持续作用于物体、否则物体就会停止运动的观点,给我们带来了巨大的障碍。困难在于要弄清楚哪种运动量的组合与力的施加有关。中世纪的学者历尽艰辛找到了关于这个问题的不同答案。在巴黎,让·布里丹创造了"**动力**"(impetus)一词,用来描述一种性质,"其本质是去移动被其影响的物体"[22]。首先,布里丹定义了一个动力的量化表达式:动力的强度取决于速度(v)和物体的质量(m)。然后,他试图将其动力理论应用于抛体运动(这是一个困扰着很多中世纪学者的问题)以及行星轨道的问题。值得注意的是,布里丹所说的动力和我们现在所说的动量(momentum,即质量乘以速度,或者用符号表示为mv)是一样的,"动量"这一概念后来又出现在笛卡儿的著作中,并在牛顿的动力学中起到了核心作用。同样值得我们关注的是,布里丹推测出了我们后来称之为惯性定律的理论,而惯性定律通常被认为是由伽利略提出的。布里丹写道:"如果这种动力没有被相反的阻力或倾向于做相反运动的物体所削弱并破坏,那么它将会持续无限长的时间。"[23] 虽然在牛顿对力和运动的解释中，布里丹所提出的动力的作用方式与动量的作用方式完全不同，但它们拥有相同的数学形式，这说明中世纪晚期发生了一种转变，这种转变与两千年前毕达哥拉斯学派的工作相呼应：数字和可数学化的量成为表征世界及其变化的主要语言。

物质、运动和经典物理学的诞生

从古希腊到中世纪经院哲学家，西方花了近两千年的时间才对运动进行了初步的量化描述。这一过程十分缓慢，有多方面原因，其中有两个原因尤为突出。第一，亚里士多德及其追随者把宇宙划分为两个领域，每个领域都各自遵循不同的规则。天体在永恒的宇宙中做着圆周运动，而亚里士多德将地上运动分为"自然"运动和"受迫"运动，这样就模糊了惯性的概念。第二，尽管默顿学派和其他一些中世纪的学者通过他们的运动学研究迈出了剖析运动的第一步，但他们仍然没有对运动的原因进行基于力的描述。

随着伽利略、笛卡儿和牛顿的出现，这一切在17世纪开始发生变化。从17世纪起，通过莱昂哈德·欧拉、拉格朗日、哈密顿等人的工作，物理学进步的速度越来越快。到19世纪末，亨利·庞加莱的工作使得物理学在复杂性和数学抽象性方面达到了惊人的程度。经典力学将天体物理学和地球物理学统一为一个单一且连贯的知识体系，使其牢牢植根于数学并以坚实的经验验证为基础。

在《科学与现代世界》中，怀特海提醒我们，在经典力学诞生的那个时代，最激进的地方不是对理性的前呼后拥，而是对理性异乎寻常的回避和对原始事实的诉求。[24] 这种说法可能乍看起来很奇怪，毕竟是高度复杂的数学让经典物理学成为可能。然而，怀特海的观点是，经典物理学的创造者，尤其是伽利略，实际上摒弃了一种将世界视为一个有序整体的形而上学，这种形而上学认为造物主的心灵赋予了世界目的。这些自然哲学家坚持"不可还原且顽固的事实"，而不是让自己的发明屈从于亚里士多德和中世纪神学秩序的理性要求。他们致力于开发出一种对物质和运动的有效解释，解释事情是如何发生的，而非为什么会发生，并将观察和实验相匹配。在他们看来，一个解释事情为什么会发生的总体哲学框架是毫无必要的。在缺失这一框架的前提下，盲点形而上学——一种假设的可数学化的物质在虚空中盲目运动的客观本体论——最终会成为事实上的自然形而上学和科学哲学。

正如我们将要看到的，盲点在经典物理学中的表现建立在古希腊的主题之上。特别是数学，它作为物理世界的形式和变化背后的无形脚手架，是经典物理学进步的核心，有着极为重要的作用。经典物理学中数学抽象的复杂性和适用性逐渐增加，这似乎与柏拉图的可知形式学说相呼应。从牛顿的几何微积分到哈密顿动力学中的多维相空间，经典物理学就是一个由数学构造的故事，它成功地以生活经验为基础并超越了生活经验，最后遗忘了生活经验。经典物理学也是悄然替代的故事，因为人们认为那些新制定的数学定律比它们统治的现实世界更为根本。

伽利略要求所有的"自然哲学"都要通过具体的实验方法直接关注自然本身，从而为物理学的新纪元定下了基调。伽利略使用了新的仪器，并精心制作了新的实验装置，这些工作为其考察自然并从中获取答案制定了一个新的标准。例如，伽利略发明了望远镜去观察夜空，制造了沿斜面下滑的木块装置去研究运动，对钟摆运动进行了仔细考察，等等。通过实验研究，伽利略使力学走上了一条新的道路。这些实验有的是他在年轻时开始做的，还有的是他在被软禁的最后几年内进行的。尤其值得一提的是，伽利略能够看见其他所有人看不见的东西，尽管他可能知道布里丹的发现，包括惯性定律。匀速运动——物体以恒定速度运动——是不需要力的运动。在没有阻力的情况下，一个匀速运动的物体将会永远以这个速度运动下去，只有施加一个力，才能中断匀速运动，才能带来变化。伽利略（重新）发现了惯性定律，并给它提供了一个适当的运动学背景。

伽利略的实验工作体现了科学工作间的创建过程。[25] 他的洞见主要不是来自在集市上观看拉车的马匹或铁匠的铁砧上反弹的锤子。尽管这些普通的环境可能是洞见的来源，但作为从经验中提取结构不变量的环境来说，这样的环境太过"嘈杂"了。相反，伽利略的洞见出现在一个新的、特定的、人为的场所。他创建了一个物理学实验室，在实验室中自然可以"受到束缚和侵扰"（这种说法来自弗朗西斯·培根，他的表达有点问题）。[26] 通过使用木块和斜面，伽利略将他想要关注的经验与环境隔离开来。这样一来，伽利略为新的量化动力学研究确立了第一个环节。就像我们关于温度的发明最终促成了热力学和统计物理学的诞生一样，伽利略在运动学方面的实验工作标志着经典物理学诞生的最初几个步骤。

牛顿将以他的力学三定律迈出划时代的下一步。但是在伽利略和牛顿之间，勒内·笛卡儿通过发展解析几何提供了一把关键的数学之钥。笛卡儿创造了一种形式体系来表示运动发生的空间。在他的方案中，空间被划分为三个正交的方向，这些方向可以被认为是长度、宽度和高度。每个方向都可以用一条线来表示，这就是一个轴，我们用坐标对其进行标记：x 表示长度，y 表示宽度，z 表示高度。因此，空间中的每一点都可以用三个数字进行标记 (x, y, z)，这就给出了一个点的坐标。

这是一个强有力的抽象过程。借助这一空间定位系统，笛卡儿提供了用坐标函数表示几何构造（直线、曲线、曲面、立体）的方法：$f(x, y, z)$。经典力学的所有后续进展都建立在这一表征空间及其变化的抽象方法之上。通过将日常生活经验到的空间与关于位置系统的抽象空间紧密联系起来，笛卡儿的方法为数学的物化建立了一个基本的形象。这是一种数学形式体系，它将我们日常生活中的房间、道路、盒子和球体提升到一个更高、更完美的纯粹抽象的实在中。但是，数学也是一种具有实际力量的抽象概念，它能使工作间的构造（力与运动理论）以强大的新技术形式（如轨道更精确的大炮）在工作间之外的世界发挥作用。

笛卡儿也对力学做出了重要贡献，他认识到了动量或"运动量"的重要性。他认为动量在数学上应该被描述为质量乘以速度（mv）。在此过程中，笛卡儿确定了在动力学描述中哪些量应该受到关注。举例来说，在物体间的相互作用中，就好像两个台球之间的碰撞，运动球体的总动量（球体 1 的动量加上球体 2 的动量）在碰撞前后一定是一样的。总动量是不变的。动量在相互作用中是守恒的。守恒定律将会在经典物理学的发展过程中发挥关键作用（实际上在所有理论物理学的发展中也是如此）。

牛顿对科学的贡献是巨大的。他的贡献涵盖了从光学和万有引力定律的开创性研究，到微积分的独立发明（微积分的另一个独立发明者是威廉·莱布尼茨）。对于我们的故事来说，最重要的环节是牛顿对力的作用进行了明确的定义。基于伽利略的惯性原理和笛卡儿的动量概念，牛顿最终明确地理解了力的作用在于改变运动状态。力通过改变物体的动量来改变物体的运动，用符号来表示就是：$F = d(mv)/dt$（这是莱布尼茨提出的标记法，d指的是导数，表示一个量变化的程度）。因此，这个公式说明了力（F）在时间上改变物体的动量。如果物体的质量不变，那么力只能改变物体的速度，产生加速度，这就推出了著名的公式：$F = ma = m(dv/dt)$。这个"力定律"是普遍适用的，这意味着这一定律描述了施加在任何位置的任何物体上的任何力的效果，不论这一物体是在宇宙中还是在地球上。最后，牛顿还注意到，在施加力的物体和产生反作用力的物体之间，力总是成对存在的。

惯性定律、力定律（质量、速度和加速度定律）和反作用力定律共同构成了牛顿力学的三大运动定律。它们成功地描述了世界，为科学新纪元的开启绘制了蓝图。牛顿力学帮助科学家描述行星和彗星的路径，建造更坚固的桥梁，制作更精密的武器。

牛顿称他提出的原理为"公理"和"定律"。公理是一个基本且确定的原理。牛顿使用这一术语的目的，在于提示人们过去有大量的研究成果揭示了冲击力（强迫力）作用下的运动原理。自17世纪末以来，"**运动定律**"（laws of motion）这一术语一直用于描述这些原理。笛卡儿早先曾使用"**自然律**"（laws of nature）这一术语来表示运动的原理。对笛卡儿和牛顿而言，这些原理并不仅仅是关于规律性的陈述，而且是治理世界的原则。自然界"遵从"自然律。上帝将自然律施加于物质世界（也将道德律施加于人类）。上帝是第一因；上帝的律则是第二因。[27] 当牛顿使用"定律"一词时，实际是在暗示他提出的运动定律是上帝创造的真正统摄性结构。

经典力学和有神论在早期出现的这种联系不应该被我们忽略。即使在科学放弃了上帝（特别是自然神论的上帝）的概念之后，上帝的概念仍然会在无意识中通过强调客观主义本体论来塑造盲点，亦即从上帝的外部视角客观地把握世界。正如爱因斯坦在几个世纪后所说："我想知道上帝是如何创造这个世界的。我想知道他的思想，其余的都是细节。"[28]

在牛顿的案例中，经典力学和有神论之间的联系在其使用数学描述运动概念的过程中变得十分明显。牛顿需要为自然现象的展开阶段创造一个新的概念框架。由于运动将空间和时间联系在一起，牛顿需要对时间和空间进行定义。因此，他将"绝对时间"定义为在宇宙中均匀流动、不受任何事物或任何人影响的时间。正如我们将在下一章看到的，牛顿时间是一个关于变化的稳定标记，它服从于严格的数学描述。一个统一的"绝对空间"对于牛顿方程（牛顿定律）来说意义重大且至关重要。在《自然哲学的数学原理》一书的附录中，牛顿提出了他关于绝对空间的论点。绝对空间是一个纯粹的虚空，稳定地标记了点与点之间的距离。绝对空间像绝对时间一样，也服从于严格的数学描述。附录中的大部分内容依赖于动力学证明。然而，在这些证明的基础上，我们发现牛顿的本体论框架将绝对空间和绝对时间等同于上帝的属性。[29]在牛顿的早期作品《光学》中，牛顿就认为绝对空间是上帝的"感官"或"感觉中枢"，因此上帝的心灵能够立刻感知空间中的所有物体："有一个内在的、有生命的、智慧的、无所不在的存在，他在无限的空间里，就像他的感官一样，密切地关注着事物本身，彻底地感知它们，并通过它们直接存在于自己的面前而完全理解它们。"[30]虽然后来我们将上帝赶出了这种对空间的描述，但牛顿设定的上帝绝对视角及其"无源之见"，或者更确切地说"无处不在的视角"以及"世界的绝对概念"，将成为物理学家头脑中不容置疑的假设。[31] 它将形成一个理想的、完全客观的制高点来观察世界本身，而这一制高点只有科学才能提供给我们。这将成为盲点的一部分。

从力到相空间：抽象在经典物理学中的胜利

尽管牛顿定律很强大，但用牛顿定律去解决问题却很麻烦。举一个所有物理学专业的学生都熟悉的问题。一个小滑块从无摩擦的楔形物上滑下，而楔子本身沿着旋转转盘的表面移动。解决这个问题，我们需要知道滑块在三维空间中的初始位置（标记为 x_O、y_O、z_O），然后确定在每个坐标方向上作用在它上面的所有力。最后，必须对由牛顿定律确定的微分方程进行积分（求解），以得到每个方向上的运动随时间的变化，即 $x(t)$、$y(t)$、$z(t)$。要正确解决这个问题，必须确定楔形物和滑块在每个方向上受到的力，包括来自旋转转盘的"非惯性"力。大多数物理学专业学生都会承认，正确分解这些力并且对所得方程进行积分需要相当多的经验和技巧。此外，如果对物体进一步施加约束条件，例如，将一系列滑块用一组柔性杆连接起来，那么对力的描述也需要包括这些约束条件。更进一步来说，当我们考虑大量物体的集合，比如一个装满原子（如气体）的盒子时，牛顿定律需要求解每个原子的方程。我们必须从所有原子的初始位置和速度开始，并在三个方向上解析它们之间的所有力。哪怕是计算一个很小的气体盒的未来状态，我们也需要求解数万亿个方程。因此，虽然牛顿定律在定义运动时可以在原则上适用于任何物体的集合，但实践中的很多情况都太复杂了，我们无法解决甚至无法深入了解这些问题。此外，正如我们将在下一章中所要看到的，这种无法直接求解大型且复杂的牛顿方程的情况，对于我们关于时间的理解有着深远的影响。

随着一代又一代物理学家对力学的不断探索，他们开始寻找其他更深层的原理，正是这些原理塑造了质量和运动。这些原理将在一系列惊人的进步中被人们发现，极大延展了力学的范围，同时将自身塑造为更高层次的数学抽象。

当时人们产生了这样一种观念，那就是自然在某种意义上是经济的，这在当时是最重要的进步。当系统经历变化时，系统试图将自身运动的某些方面保持在最低限度。过去，人们曾经多次以非常有限的方式表达过这种"极值"概念。例如，在公元 60 年，古希腊数学家、力学家海伦发现，光线在被一个表面反射时，总是会"选择"走最短的路径。在近 1600 年后，皮埃尔·费马重新思考了海伦的发现，指出这实际上是说在什么情况下光从光源经过镜子再到观测者所需时间最短。此外，在牛顿的时代，许多物理学家和数学家都致力于解决著名的"最速降线"（brachistochrone）问题，试图找到最合适的吊索形状，以尽可能减少小球沿线下落所需的时间。这些案例都提示我们，大自然似乎会选择"极值"路径，这也就是说，大自然会使运动的某些属性保持最小值或最大值状态。反过来，这意味着一些普遍的组织原则在起作用，与人们所说的运动的经济性有关。

第一个提出力学领域广义极值原理新表述的人是皮埃尔·路易·莫佩尔蒂，他是一个富有的私掠船长的儿子。在 18 世纪 40 年代,莫佩尔蒂发现了"最小作用量原理"(principle of least action)。"作用量"是他引入力学的一个新的物理量。作用量是物体的质量(m)、速度(v)以及运动距离(d)的乘积。他还用最简单的语言表达了他所提出的新原理:"每当自然界发生变化,这种变化所消耗的作用量总是尽可能小。"[32] 莫佩尔蒂找到了一个正确的物理量(作用量),提出了一个正确的想法(作用量的最小化),由此将物理学引向了一个超越牛顿的更烦琐的力学版本。但是,莫佩尔蒂还不够熟练,无法将一个关于普遍原理的新陈述转化为一个具有普适性的、在数学上易于处理的形式。这需要一批杰出的数学物理学家,包括达朗贝尔、莱昂哈德·欧拉和欧拉的继任者、柏林普鲁士科学院的数学主任拉格朗日。

拉格朗日等人找到了一种数学上优雅的方式,来表达一个物体的系统在其整个发展过程中的作用量。在这个新的力学纲领中,物理学家先设定了一个路径的初始坐标(x_o, y_o, z_o)和最终坐标(x_f, y_f, z_f),来表示运动的开始和结束。总作用量就是沿路径运动的所有作用量的总和。换句话说,总作用量是运动距离上质量乘以速度的积分。最后,通过使用"变分法",可以检查两个固定端点之间所有可能路径的作用量。值得注意的是,大自然选择的路径将是作用量"静止"的路径。换言之,作用量要么是最小值,要么是最大值。这是多么美妙啊!实际上,力学中的极值往往是最小值,因此人们说自然在其组织中体现了一种经济性的原则。

为了呈现上述过程,拉格朗日创造了一个新的数学对象,它将重塑物理学中的所有领域,包括经典力学和量子力学,从电磁场到爱因斯坦广义相对论,每一个物理学领域都适用这一数学对象。我们现在把这个数学对象称为**拉格朗日量**,它是一个单值函数

（一个"标量"），因此，与牛顿在三个运动方向上进行解析的方程（每个方程都适用于系统中的每个物体）相比，拉格朗日量更易于使用和计算。同样重要的一点是，拉格朗日量是用系统中的能量来表达的。

在 18 世纪末，"能量"对物理学家来说也是一个全新的概念。就像之前的动量和力一样，对能量下一个具体且恰当的数学定义需要耗费物理学家大量的时间。其中遇到的困难部分在于系统中的能量有不同的形式。首先，能量被锁定在系统的运动过程中，这就是所谓的"**动能**"。"动能"中的"动"（kinetic）来源于希腊语中表示"运动"的单词"kínsi"，英文的"电影院"（cinema）一词中也有这个词根。对于单个粒子来说，其动能可以表示为质量乘以速度的平方（或 ½ × m × v^2）。另外，能量还可以被锁定在组成系统的物体的空间排列或构型中。这种能量就是势能，它取决于物体之间相互作用（或力）的性质（如通过引力场或电场作用）。势能可以表示为一个函数 $U(x, y, z)$。必须在此具体说明的是，不同类型的相互作用可能会产生不同的势能。例如，一个物体悬挂在距离地面某一高度的 H 上，这个物体就有一个重力势能，它线性地依赖于 H。如果放开这个物体，物体就会落到地面上，这种转换可以描述为势能转化为动能。

事实上，还有很重要的一点是，拉格朗日量对于不同形式的能量组合有不同的表达方式，是一个系统范围的描述。拉格朗日量将物体的集合作为一个整体，可以将这些物体表示为一个单一的数学对象。作用量的极值也是一个系统范围的描述，它来自在系统从初始位置到最终位置的过程中对拉格朗日量的最小化。

要使拉格朗日量有效，我们需要从一个不同的角度理解坐标的含义。回想一下，在牛顿物理学中，一个物体在物理空间中存在一个用笛卡儿坐标来描述的位置（x, y, z）。作用于物体上的力在每个方向上都被写下来，这样在这些方向上的牛顿运动方程就可以求解了。因为拉格朗日的方法是一个系统层面的方法，它拓展了坐标的含义。拉格朗日的广义坐标是相对于特定的系统来说的，它可以表示出任何给定系统的约束条件。举一个例子，考虑一个由三个重物组成的复摆，每个重物通过一根刚性杆连接，并且在重物的位置上连接有铰链。每个重物都会像单摆一样来回摆动，但是铰链点本身也在摆动。在这个问题上，拉格朗日的广义坐标由每根杆与垂直方向的夹角组成。这个问题的拉格朗日量也可以用这些角度来表示系统的动能和势能，使得这个公式更易于解析。在我们的故事中，至关重要的一点是，拉格朗日的广义坐标从系统本身的角度对空间进行了重新想象，空间不再是一个在宇宙中（或上帝视角下）固定不变的参照系。这样一来，它们就表示了坐标的含义和空间的抽象。因此，拉格朗日的方法从笛卡儿的框架中迈出了一步。当然，笛卡儿的框架已经是对空间的身体经验进行抽象后的结果了。

我们应该注意到，拉格朗日的形式体系总是能推导出一组符合牛顿定律的动力学方程，因为牛顿定律在经典力学中总是成立的。然而，拉格朗日的方法以其优雅和简洁超越了牛顿的原始框架，大大增强了经典力学的适用性和洞察力。

经典力学的下一个进步出现在 1833 年，爱尔兰人哈密顿通过进一步抽象坐标和空间的表达，重新表述了最小作用量原理。哈密顿将"动量"本身作为一种新的坐标，并让其与"位置"处于同等地位。

在牛顿力学中，力改变了物体的动量。例如，当一个物体具有恒定的质量时,意味着力的作用会改变物体的速度,并产生加速度 a,数学上表示为 $a = dv/dt$(回想一下,加速度是速度随时间变化的量)。然而,速度只不过是位置随时间变化的量($v = dx/dt$),这意味着动量并不是一个与位置无关的量。

然而,在哈密顿的力学表述中,物体的动量被视为一个独立的坐标,就像位置一样。对于单个粒子来说,这意味着系统"生活"的空间不再是通常意义上的笛卡儿三维空间。相反,哈密顿的动力学版本发生在六个维度,这就定义了后来我们所称的"相空间",即位置有三个维度(x、y、z),动量也有三个维度(mv_x、mv_y、mv_z)。对于比单个粒子更复杂的系统来说,动量坐标和位置(构型)坐标都可以进一步推广,以捕捉系统内的约束条件,就像在拉格朗日的框架中所做的工作一样。然而,系统的动力学表示总是存在于三维空间以上的"超维空间"中。

随着时间的推移,那些用来分析哈密顿力学的工具,在数学上变得越来越复杂,特别是庞加莱于19世纪末至20世纪初所做的工作,使力学的复杂性大大加强了。正如庞加莱等人所理解的那样,即使最终的动力学方程因其复杂性而无法求解,哈密顿根据相空间对质量和运动的重塑,仍然能帮助我们对所研究系统的行为获得深刻见解。例如,随着时间的推移,系统会在其广义动量和广义坐标的多维相空间中描绘出一条轨迹。该轨迹随时间变化的形状为动力学提供了重要的线索,例如这一轨迹揭示了哪些量是不随时间发生变化的(即守恒的)。通过这种方式,这些超三维物体的数学可以被直接转化为对行星、粒子或抛体在真实世界中运动的理解。

经典力学的拉格朗日量和哈密顿表述的成果,在适用范围和效力方面都给人以深刻的印象。当迈克尔·法拉第和詹姆斯·克拉克·麦克斯韦在19世纪中叶将延伸到整个空间的电磁场引入物理学语言时，这些实体对牛顿关于宇宙仅由粒子和力所构成的观点提出了挑战。场是能在时空中发生连续变化的物理量。法拉第在研究磁学时意识到了场的重要性；他确信电场和磁场决定了粒子的运动并携带能量，所以它们一定有相应的物理实在。麦克斯韦随后提供了一个统一的场论，其方程构成了经典电磁学的基础。人们最终发现，这些场可以优雅地包含在拉格朗日框架中，就像弹性表面这样的连续介质一样。通过这种方式，麦克斯韦发现的与光相关的各种电磁波现象都被纳入了经典物理学的全面分析工具箱中。此外，正如我们将在下面章节中看到的，到19世纪末，通过路德维希·玻尔兹曼和约西亚·吉布斯在统计力学中广泛使用相空间，原子得以在物理学中成功再现。因此，拉格朗日和哈密顿的形式体系又一次发挥了决定性作用，使物理学能够接受一种系统观点，即世界是由数万亿相互作用的原子组成的。

经典物理学的胜利

20世纪伊始，经典分析力学中那些轻如薄纱的超维抽象概念似乎囊括了自然的一切，小到原子大到弥漫空间的无形的场。物理学这项非凡事业的巨大力量和影响，是对人类理性的一次精彩的证明。经典物理学成了科学胜利的典范。

我们勾勒了经典物理学的历史，以揭示物理学是如何与前一章概述的盲点世界观联系在一起的，并说明了根据盲点世界观我们是如何理解物理学的。在本章的最后，我们将经典物理学与盲点的以下内容联系起来：自然两分、还原主义、客观主义和数学实体的物化。我们将对这些要点进行逐一考察。

自然两分。这种观点认为，微观物理实体（原子、光波）客观地存在于外部世界，而像颜色或冷热这样感知的质是主观表象，存在于人的心灵中。当然，经典物理学是这一世界观的主要推动力，现代早期的物理学家（伽利略、笛卡儿、牛顿）是这一世界观的主要缔造者。然而，正如怀特海所说，自然两分这一形而上学在逻辑上并不是从经典物理学中得出的解释框架。[33] 相反，形而上学被叠加到物理学上。结果，心灵被逐出了自然。然而，正如我们在接下来的章节中将看到的那样，在20—21世纪，当物理学在努力解决时间、物质和宇宙学问题时，心灵又重新给物理学带来了困扰。

还原主义。还原方法，即将现象还原为其组成部分，在经典物理学中被广泛运用，并取得了相当大的成功，以至于在许多人的心目中，还原从一种方法上升到了存在的基本原则。根据这个我们可以称之为"微小主义"的原理，微小的事物及其属性相较于其所组成的大型事物来说具有更基础的地位。这与一个叫作"微观还原"的知识原理密切相关：理解一个系统的最佳方法是将其分解为各个要素，并用各个部分的属性来解释整体的属性。简而言之，还原作为一种在特定与境下用于特定目的方法，它确实有用且功能强大，进而变成了一种普遍化的"主义"，即"还原主义"。这种主义已经产生了许多哲学和伦理方面的后果，并且相应的影响还将一直持续。我们将在整本书中呈现这一点，特别是在最后一章关于地球气候危机的讨论中。

客观主义。牛顿需要设想一个基本的参照系来区分惯性运动和非惯性运动，于是他引入了绝对空间和绝对时间的概念。这些概念对牛顿来说都有神学内涵。这些概念还建立了一种客观主义的观点，根据这种观点，科学应该提供一种上帝视角的宇宙观。"客观"并不是简单地指独立于个人的主观性，也不仅仅意味着可被公开检验或者在视角的转换中保持不变，客观意味着上帝视角，不在具体的空间和时间中。

数学实体的物化。拉格朗日表述和哈密顿表述的非凡力量有助于推动数学实体的物化，这成为盲点形而上学的关键要素。这些关于天体力学或粒子动力学的表述具有一种令人着迷的简洁和美感，其效果几乎是超自然的。[34] 这样的效果被认为支持了柏拉图的数学实体概念，或者被理解为真正实在的数学实体。数学被认为是世界的理想骨架，而不是我们人类认知能力的创造，也不是从科学工作间和生活经验中抽象出来的产物。

考虑到这种强大的世界观，我们很容易看出经典物理学是如何成为科学理解世界的原型的：科学在理想情况下应该是完全客观且普遍的，并且完全不会受到人类经验的污染。这种思维方式使人们在研究经典物理学适合解决的问题时取得了快速的进展。但是这一类问题忽略了自然和人类经验中的很大一部分内容。随着科学不断攀登数学抽象的高峰，这种悄然替代的做法逐渐占据上风，以至于人们遗忘了攀登过程中所需的直接经验这一永恒的立足点。这种遗忘就是我们在第一章中提到的经验失忆症。

为了从失忆症中恢复过来，我们需要意识到在经典物理学发展的整个过程中，经典物理学的成功总是建立在生活经验的基础上。虽然这种悄然替代在不知不觉中会导致科学家和哲学家忘记了他们研究的基础,但科学家和哲学家们却始终不得不依赖直接经验这一基础。

例如,中世纪学者在对运动进行量化的运动学探索中不懈努力,最终提出了运动的概念,这就说明了从具身经验中提取结构不变量的道路是相当艰难的。人类通过身体在世界中生活,对运动进行经验。在经典物理学出现之前的时代,这些经验就是直观的背景,例如"迅速"、"快速"或"急速"等概念,我们从这些不太明确的概念中找到了关于速度的恰当的数学定义。

随着自然哲学家们提出并探索惯性、动量和力的形式化的、数学上可操作的定义,经典物理学随后取得的进展将与这些努力相呼应。在牛顿之后,随着后几代物理学家重新定义了一些数学量,如能量和作用量,它们的意义离具体的经验越来越远,但它们却能够提供越来越强的预测能力,一个新的抽象螺旋开始了。这种抽象的力量是如此强大,以至于随着时间的推移,我们忽视和遗忘了它们仍然是经验残余这一事实。在本章中,我们沿着这个螺旋上升的过程,看到了鼎盛时期的经典物理学所使用的数学抽象是如何为盲点这一形而上学特权提供理由的,而我们却把盲点当作常识接受了下来。

正如自然两分、还原主义、客观主义和数学的物化所发生的那样,盲点形而上学的其他要素(物理主义和经验副现象论)也被嫁接到了关于科学是什么以及科学说了什么的假设上。这一切看起来不无道理,尽管一路上不乏重要的批评者和反对者,有些批评甚至来自科学界内部。尽管如此,许多科学家,尤其是物理学家,开始梦想大自然的一切尽在他们的掌握之中。但是,借用怀特海的话来说,"作为我们经验的对象",大自然却有着不同的想法,我们将会看到这一点。

第二部分
和谐有序的宇宙

第 3 章
时间

人类时间

闹钟响了。你不情愿地慢慢挣脱了残存的睡意,开始迎接新的一天。你整装待发,让你的感官接纳世界。从梦中醒来就是告别梦境中的虚幻时光,重返清醒时间这一势不可当的洪流之中。

随着新一天的开始,一个以你为主角,以你的第一人称视角和你对世界的主观感觉为中心的内在叙事随之展开。你看着镜子里的自己,和昨天一样,但又不一样。你每天都会有点不一样的地方。你、这个世界和你的经验总是当下的,但也总在变化之中,因为你的未来在不断出现,你的过去也在不断远去。

作为人类就要与经验的流逝和变化做斗争,这种经验是我们所说的时间的核心。我们既经历了当下(我们对当下的感觉),也经历了它的变化(它势不可当的流逝)。我们经历的流逝和变化是不可逆转的:我们在变老,而不是变年轻,我们无法重拾旧日的时光,也无法让它们在此刻重现。与我们可以随意前后移动的空间不同的是，我们无法控制时间的流动。我们在衰老，我们周围的环境也发生了变化，这些变化要么是自然发生的，要么是我们行为的结果。在某种程度上，我们能控制的就是随着时间的推移我们对待自己存在的方式。

作为人类，不仅要经历不可逆转的流逝和变化，而且要记住过去、预测未来，并在思维和行动、言语和行为中根据它们来解析时间。我们按照时间顺序来安排我们的生活：出生、童年、成年、老年、死亡，以及对逝者的追忆。日历对我们来说是必要的。我们标记生命中那些重要的日子和事件，常常庆祝这些日子的周期性重复：生日、毕业纪念日、结婚纪念日。基于重大天文事件（例如月相或地球绕太阳公转的周期，即太阳年）的历法是我们人类的工具，这些工具可以帮助我们从数量上感知时间的流逝，确定哪些事件是过去发生的，我们离过去有多远，哪些事件是未来会发生的，我们离未来有多远。

因此，人类时间是双面的：一面向内看，感受不可挽回的流逝；另一面向外看，观察亚里士多德口中"作为变化和运动的尺度"的时间。[1]自从我们第一次意识到自己的死亡是不可避免的，注意到月亮的相位和太阳、星星有规律的运动以来，人类可能一直都是以这样的方式来认识时间的。

生活时间和时钟时间

盲点出现在这两种相互对立的思考时间的方式之中：把时间作为生活时间（来自经验的时间）和把时间作为时钟时间（时钟测量

的时间）。第一个指出这一点的思想家是法国哲学家亨利·柏格森。

柏格森的第一本书《时间与自由意志》来自他的博士论文，出版于 1889 年，当时他 30 岁。[2] 这本书的核心思想是时间而不是空间。当我们把时间看作一系列相互外在的点时，我们就把时间空间化了。更准确地说，我们使用几何中的点和线这种通过数学语言表达的空间属性来表征心灵中的时间。我们将时间概念化为一系列离散、同质且相同的单元*（如秒）。这就是时钟时间。但我们从来没有这样经验过时间。在牙科诊疗椅上的一个小时和与朋友共酌的一个小时是非常不同的。一群跑者可能会在两小时内跑完 21 公里的半程马拉松，但这两小时的流逝对于每个跑者来说有着很大的不同。这就是生活时间。对柏格森来说，生活时间是真实的时间，而时钟时间只是一个抽象概念。生活时间就是"生成"（becoming），它是连续的、不可逆的、非对称的（孩子会成长为成年人，而不是相反）。空间化的时间（即时钟时间）缺乏生成。在同质且相同的单元（直线上的点、时钟上的秒）的离散连续中不存在生成。一旦我们将时间空间化，或者更准确地说是将时间几何化，我们就失去了生成。我们失去了连续性（时间是由重叠和变化的阶段，而非离散的单元组成的）、异质性（每个阶段在质上都是独特的）和相互渗透性（过去、现在和未来的阶段相互渗透）。总之，我们失去了柏格森所说的"绵延"。

音乐和舞蹈是理解绵延的好例子。旋律和舞蹈只存在于绵延中。它们既不存在于某一瞬间，也不存在于一系列离散的时刻。旋律中的每一个音符都有它自己独特的个体特征，同时又与前后的其

---

* 原文为 unit，为了行文流畅，译文中将使用两种译法：单元和单位。——译者注

他音符和无声处相融合。舞蹈中的每一个手势和舞步都格外突出，同时也与其他手势和舞步合为一体。前面的音符和舞步在当下的音符和舞步中留存，后面的音符和舞步已经渗透到当下的音符和舞步中。即使是模仿离散的序列性的旋律和舞蹈，也无法避免将其独特的元素融入其间的无声处和停顿中，从而也融入彼此。旋律和舞蹈从根本上看都是绵延的。

柏格森并不反对时钟和测量。他反对的是用时钟时间悄然替代绵延，用空间量代替时间性。他反对那种认为用时钟测量的时间是客观实在的，而绵延仅仅是心理上的想法。相反，就像怀特海认为的那样，自然作为流逝，作为一种纯粹的生成，是在绵延中被赋予的，而绵延是用时钟构建时间系统的源泉。[3]认为时钟时间在物理上是实在的，而绵延只存在于心灵中，这是自然两分，也就是将自然分为外部物理实在和内部主观表象的一个例子。事实上，正如伊莎贝尔·斯唐热所指出的，瞬间的物理自然被认为是客观实在的，而关于流逝和绵延的生活经验被认为仅仅是主观的，这两者之间的划分提供了"自然两分的最完备的例子"。[4]这种思维方式也展示出了具体性误置谬误，即把抽象（时钟时间）误认为是具体实在（生成）的谬误。对于柏格森和怀特海来说，具体实在的东西是在给定的绵延中自然的流逝，而时钟时间是从事件的流逝中抽象出来的结果。

当我们将时钟时间客观化，并将其视为唯一真实的时间，却忘记了它在流逝的具体实在中的必要来源时，盲点就出现了。时间作为流逝，是在绵延的经验中赋予我们的。柏格森清楚地看到了这一点。我们需要意识到柏格森论证的力量，即测量以绵延为前提，而绵延则回避测量。我们现在来讨论这个论证。

柏格森论绵延

柏格森坚持认为,"所谓的绵延很可能是无法测量的",而且"一旦我们试图测量它,我们就会不知不觉地用空间代替它"。[5] 要理解他的意思,关键是要理解测量是如何进行的。

为了测量某样东西,我们需要用标准来规定计量单位。例如,标准米曾经被规定为保存在巴黎的一根特定铂金棒的长度。现在它被定义为"原子钟在极短的时间间隔(1/299792458 秒)内测量出的光在真空中行进的长度"。但请注意,用于测量长度的标准米本身就有一个长度(铂金棒的长度、光行进的长度)。也就是说,我们用长度来测量长度,用体积来测量体积。因此,标准单位本身就是它所测量的属性的例示。

让我们将其应用于时间上。正如亚里士多德所见,我们用时间来测量时间,但是随后我们却把时间转化为空间。假设我们想测量一个物体从一个地方运动到另一个地方所需的时间。古希腊人(以及古希腊之前的许多其他文化)意识到,我们可以使用一个运动来测量另一个并行的运动,比如用日晷上影子的运动(或者水钟里水的流动)来测量物体的运动。随着物体的运动,物体的影子也在运动,我们可以感知和记录这两种运动和位置变化的相关性。如果我们对日晷上影子的位置进行编号,我们就可以按照前后顺序来排列它们,尽管它们同时存在。因此,我们说位置 5 在位置 6 之前、在位置 4 之后。这样一来,我们把时间——从并行运动之前到并行运动之后——转换为空间中同时存在的已被编号的相对位置。正如亚里士多德在其《物理学》一书中所说:"但是,不论何时,只要有一个前和后,那么我们就说这是有时间的,因为时间就是吻合前后顺序的关于运动的数字。"[6]前和后是由日晷上影子的运动给定的，运动的数字是由相对位置给出的。需要注意的关键是，为了测量时间，我们必须使用时间，但在构建时间标准（即时钟时间）的过程中，我们将时间空间化了。

柏格森想要我们看到的是，这个过程并不对绵延起效。如果要用时钟来测量绵延，那么时钟本身必须具有绵延。它必须是一个持久的时间实体。它必须是其所要测量的属性的例示。当然，我们认为时钟是持久的时间性事物。但柏格森要求我们仔细观察。时钟的任何状态——在他的例子中钟摆摆动的任何位置——都是外在于其他状态的，就像一条直线上的点或钟表上的数字一样。[7]时钟可以被描述为一个拥有有限状态的机器，其中的每个状态都是外在于其他状态的。每个状态都是空间中一个位置与另一个位置的并列。每个状态都只是现在，没有任何过去的痕迹。过去的状态不能在现在的状态中持续。过去钟摆的摆动或时钟的报时并不与现在钟摆的摆动联系在一起，而是被理解为与之相关的过去。**我们**在记忆中把它们结合在一起，但**时钟**本身做不到这一点。然而，如果没有这种过去和现在的结合，绵延就不能被记录下来。所有能被记录的是一个又一个不与其他状态重叠的状态，但是这样的顺序本身是不能被记录的，因为这需要我们记忆的参与。然而，从过往一经逝去就立即保留的意义上来说，记忆是绵延的一部分。每一个绵延在它的现在中都包含着最近过往的线索。胡塞尔称这种记忆为"原初记忆"或"滞留"，而且他把"现在"理解为彗星的头部，"滞留"则是彗星的尾巴。[8]然而，时钟没有记忆。它缺乏绵延，因此无法测量绵延。

柏格森并不否认我们可以测量时间。相反，他的观点是时钟不测量时间，而我们会测量时间。一个钟表显示10∶59，然后显示11∶00，这不是在测量时间。测量要求我们看着时钟，读取钟表上的数字，并注意到出现了变化。我们必须把时钟的先前状态保存在我们的记忆中，保存在我们绵延的意识中。若拿走测量者的记忆，你就不再拥有对时间的测量。时钟时间以生活时间为前提。

柏格森意识到，我们测量时间的精确度越来越高。但他坚持认为，我们无法在测量中确定绵延。绵延没有也不可能有标准单位。当我们测量时间时，我们不会测量绵延。相反，我们从绵延中抽象出一些东西，并以此构建一个时间序列。

即使我们测量心理学家和神经科学家所说的"主观绵延"，也就是与感知者有关的刺激的时间长度，上面的论点仍然是成立的。主观绵延是应用于感知的时钟时间，而不是柏格森意义上的绵延。事实上，将柏格森提出的关于绵延的概念等同于与物理时间相对的心理时间是一种错误的想法。柏格森并不是说绵延是一种心理现象，而时钟时间在物理上是实在的。相反，柏格森断言物理学中定义的时间（时钟时间）不能脱离作为流逝的时间，就像在对绵延的经验中体会到的那样。时钟需要读钟者，读钟需要意识，而意识本质上是绵延的。在本书之后的论述中，我们会再次探讨那场柏格森和爱因斯坦关于时间本质的著名辩论，那时我们还会发现这些观点的重要性。

计时

从日晷和水钟，到沙漏和重量驱动的机械钟，计时设备有着悠久而迷人的历史，推动其发展的主要动力是人们对更高精度的不懈追求。但是，我们应该记住，任何计时装置的有用性取决于我们通过自身的感官收集到的信息，而这些信息通常是通过观察得来的，比如观察日晷上投射的影子的位置、时钟指针的位置、石英晶体振动频率的读数，因此计时装置与我们的生活经验直接相关。计时装置将无法形容的流逝经验转译成数字语言。这样一来，计时装置似乎将时间物化，使时间具有与物理测量（如距离、重量、速度或压力）相当的数学精度。时钟越精确，时钟时间似乎就离生成、流逝和绵延越远。

如今的计时标准使用的是特定电子的原子跃迁频率。原子的优点在于可以绕过天文运动中的不规则性，而这种不规则性需要我们不断重新校准时钟。例如，瑞士原子钟FOCS-1依赖于铯-133冷原子中的电子在能级之间跃迁的频率，只要时钟保持在同一地理位置并且与地面保持相对静止，这个频率就会保持在非常高的精度上。在这些条件下，1秒的时间间隔目前被定义为9192631770个轨道振荡周期所需的时间。FOCS-1钟在3000万年中才会出现1秒的误差，这样的精度令人震撼。[9]时钟的精度取决于实验装置的细节，实验装置包括一个微波腔，被实验者调谐到与电子跃迁保持频率共振，就像父母推着孩子荡秋千一样，保持着相同的周期。

然而，任何物理测量都不可能绝对精确。每一种工具或装置的精度都是由其设计所决定。如果一个时钟的精度为纳秒（十亿分之一秒），那么就不能相信它能捕捉到皮秒（万亿分之一秒）尺度上发生的现象的细节。因此，对于特定尺度的测量而言，每一层的实在都存在一个难以把握的更底层的实在。即使在数学上，我们可以把时间分成越来越小的块，我们也不能期望无限地测量这种不断缩小的时间间隔。无限可分的物理时间是一种数学抽象概念，它起源于中世纪晚期的时间轴,即一条标上了实数的直线,它是一种用于模拟时变现象的有用工具(详见第 2 章)。然而,时间轴和时钟表盘一样,都不应该被认为表征了时间的实在。

时钟并不能揭示时间的真正本质;它是一种工具,人们发明时钟是用它来抽象经验中时间流动的某些方面,并以一种系统的方式测量时间。现代时钟是科学工作间的产物,是科学家和工程师们共同努力的结果,他们将经验的各个方面分离出来,并从中构建出可测量的不变量。但是,不管工作间中出现的钟表有多精确,我们对时间的理解仍然植根于绵延,这是一种关于生成的不可还原的经验。

盲点中的时间

把物理学中的时间——时钟所测量的东西——视为唯一实在的时间,是导致盲点思维链的一个明显的案例。首先,我们用数学时间悄然替代了生活时间。接下来,我们通过宣称抽象的数学时间是实在的时间而犯下了具体性误置谬误。最后,我们忘记了,在绵延里所给予的关于流逝的具体存在,是时间概念意义的初始来源和条件。这种遗忘就是经验失忆症。

盲点的时间观给我们带来了困扰。在数学方面,当我们考虑更短的时间间隔时,我们所谓的对现在的经验就会消失而变成无绵延。无绵延不仅与我们对时间流逝的当下经验和它永远流动的本质相冲突,而且还将数学奇点上升成了谜题和矛盾。持续的东西怎么可能是由被定义为无绵延瞬间的点状时刻构成的?我们应该如何对待以无限接近于零的时间间隔为基础的关于物理实在本质的科学陈述？正如我们将在讨论宇宙学时（详见第5章）看到的，当我们试图理解宇宙的起源时，当我们试图在物理学和宇宙学的框架内回答莱布尼茨的著名问题"为什么有物存在而不是一切皆空"时，这些问题就会变得尖锐起来。

我们需要将特定时间概念的目的与由于经验失忆症而认为这一时间概念拥有本体论上的优先性的冲动区分开来。为了描述自然现象，科学叙事需要最大程度地从人类对绵延的经验中抽象出时间的流逝。在科学中，时间的流逝必须是有序而精确的，对于所有拥有相同时钟时间的观察者来说都是一样的，至少对于那些处于同一参照系的观察者来说是一样的（根据相对论，时钟时间随相对运动的参照系不同而有所差异，但相对论也教会我们如何修补这些差异）。物理时间必须有一个普遍的标准，这一要求导致了牛顿绝对时间的上帝视角。然而，科学需要使用一个数学上的精确的时间定义，但这并不意味着该定义具有任何本体论上的优先性。坚持认为关于时间的定义具有本体论上的优先性，是导致经典物理学盲点的一个主要因素。

人类时间包括生活时间和抽象的数学时间线，后者产生于前者。如果最初没有时间流逝的经验，我们就不可能建立一个抽象的物理时间概念。时间的数学化——表现为由无绵延的多个瞬间组成的连续线——构成了一幅地图，自然的流变是地图上的风景，我们对时间的流动拥有的难以言喻的经验——柏格森所说的绵延——是我们穿越风景之旅的载体。这份地图有一个清晰的目标：以尽可能高的精度对自然现象进行数学描述。但如果你不懂地图绘制的是什么，你就不能成为一个地图绘制者。地图绘制者不应该忘记那些无法在地图上显示出来的东西——在土地上行走的经验、山顶刺骨的寒冷、穿过森林树木的斑驳光线。哪些细节对哪些特定目的而言是至关重要的？如果地图绘制者不理解地图的目标，就会让地图的使用者迷失方向。

粗粒化

在进入下一步的讨论之前，我们需要先处理一个反对意见。这种意见认为，我们在绵延中感知到流逝，这本身不就是一个产生于可测量物理系统（即大脑）的认知建构吗？绵延不就是大脑进行一些物理学家所说的"粗粒化"（coarse-graining）的结果吗？绵延难道不是通过简化和整合精细和粗糙的细节来调和其中差异的结果吗？绵延不就是给粗糙的时钟时间涂上润滑油的结果吗？

我们经常把时间的流逝比作一条流淌的河。从宏观的长尺度上看，这条河是平稳流淌的。然而，从微观上我们看到的是消失在有序集体运动的分子集合中的一个流体。这种运动在短尺度上当然是不平稳的。"流体"的概念在分子尺度上是不适用的。从分子的角度来看，将某物描述为流体是一种粗粒化的描述。从足够远的距离观察到的粗糙系统看起来是流动的或连续的，就好比从远处看到的沙丘一样。短尺度的波动被平均化成一个平稳的连续体。这就是时间长河如此强大的一个原因：它映照了我们的感知所表现的时间的粗粒化，因此我们经验了威廉·詹姆斯所说的"似是而非的当下"（the specious present），这一观点继承了 E. R. 克莱的学说。[10] 这就是我们感知为"现在"的绵延块，但它又包含了一种过去瞬逝、未来迫近的感觉。

最近认知神经科学的研究强化了这一观点,即大脑通过仔细整合非同步的感觉和运动活动,构建了对当下绵延的感知。由于声音和光线等感觉刺激的传播速度不同,就像神经通路上的外感受信号和内感受信号一样,所以我们感知到的"现在"发生的每一件事都反映了大脑的认知表现(尽管人们对这个过程究竟是如何发生的几乎没有共识)。[11] 正如詹姆斯所认为的那样,使用时钟时间来测量"似是而非的当下"会产生高度多变的结果,而这取决于许多因素,比如情感、心情、动机、兴奋度、身体的感觉状态、持续的内源性神经节律,以及正在工作的感觉系统。[12] 在任何情况下,可变的"似是而非的当下"反映了大脑在多个尺度上对分布在时空中的神经元活动的粗粒化。

尽管这项研究很引人注目,但重要的是我们要认识到,它是通过将时钟时间应用于外在可观察的神经生理和行为伴随现象来推进的,而这些现象与内心感受到的绵延有关。该研究调查了关于绵延的有意识经验的"神经关联"。尽管它提供了关于大脑如何解析时间的宝贵信息,但它并没有解释绵延,即通过展示大脑活动(严格地从外部以第三人称来描述大脑活动)如何能够充分地解释关于绵延的主观经验。如果认为神经科学确实给出了这样的解释,即我们可以完全根据大脑粗粒化的活动来理解绵延,这就意味着神经科学已经解决了意识难题,但是很显然事实并非如此(详见第8章)。

真正的情况是,科学家依靠自己对绵延的第一人称经验,将时钟时间应用于可观察的生物过程和行为过程,然后推断出绵延的各个方面,并将这些方面提取并稳定为思考和注意的对象,以主体间一致的方式进行描述。他们从不超越绵延或用别的东西来解释它。

事实上，认为自己可以跳出绵延的范围，并将绵延解释为由极小的、粗糙的时钟时间单位粗粒化的结果，这种想法是不连贯的，因为没有绵延的时钟时间是没有意义的。

正如怀特海清楚地意识到，不可能有对流逝的解释，因为每一种解释，尤其是依据时钟时间的解释，都以绵延中关于自然的流逝为前提："自然是一个过程。正如在感知意识中直接展现出来的一切事物一样，自然的这种特性是无法解释的。我们能做的就是使用语言来辩证地证明它（即，指向它，所以我们看到它），同时表达这个因素在自然中与其他因素的关系。"[13] 换句话说，绵延中的流逝是原初的（基础的和非衍生的）。我们能够以惊人的技术精度抽象出流逝，但我们永远无法从这些抽象概念中重构它，或者用抽象概念代替它。我们将在本章的其余部分（以及在第 5 章中）反复看到关于这一点的说明。

牛顿的绝对时间

现在我们转向物理学中的时间的数学化，讨论这如何导致我们所面临的关于时间本质的一些悖论。在上一章中，我们追溯了从默顿学派到牛顿再到哈密顿的理论发展，展现了数学的运动定律中螺旋上升的抽象过程。在此，我们强调时间在这一发展过程中所起的必要作用。提取适当的抽象概念来创造运动定律，意味着为时间本身创造一个适当的或者至少是有用的抽象概念。

回想一下，如果我们假设数学是自然的语言，就像伽利略曾经说的那样，我们必须首先将时间普适化，以便描绘出一个或多个物体的运动状态的变化（运动是自然系统中变化的体现）。这意味着，即使我们不能直接感觉到，时间也必须在宇宙中的每个地方流逝。这个看似显而易见的说法其实是在最近才被提出的。对于亚里士多德和他之后两千多年间的自然哲学家来说，天在本质上是永恒的。宇宙不是被创造出来的，天体（天上的恒星）在水晶球（即宇宙）的包裹下绕地球旋转。天空中有运动，因为行星是相对于星座运动的，但这是一种没有变化的运动。天体不处于时间之中，因为它们的运动没有"之前"和"之后"的概念，即便它们与月下区域的事物有某种时间关系，比如同时性（当天体围绕地球运转时，地球上有事情在发生），它们的总运动也无法用时间来衡量。[14] 亚里士多德和他的追随者把宇宙分成两个区域——天体的和地球的，而每个区域都遵循一套不同的规则。特别是变化只允许在地球上或月下区域发生。这种二分法很好地满足了教会的目的：变化和衰败被归于地球和生命（"生成"的领域），不变的幸福则归于天（"存在"的领域）。16世纪，第谷·布拉赫观测到了超新星（1572年）和大彗星（1577年），他确定它们都位于月球的天体之外，从而暴露出了亚里士多德世界观的第一道裂缝。从这些观察中我们能清楚地认识到，变化和时间也在天际间流淌。天空有着自己的历史。

我们已经看到，在14世纪，牛津大学默顿学院的学者将时间的概念作为衡量变化的尺度来研究运动。经过缓慢的萌芽阶段，他们对时间的开创性数学表征最终在17世纪早期站稳了脚跟。开普勒关于行星运动的三大定律中，有两条明确地提到了时间。开普勒第二定律指出，太阳和一个在轨道上运动的行星之间的连线在相等的时间内扫过的面积相等。开普勒第三定律指出，行星轨道周期的平方等于行星与太阳平均距离的立方。大约在同一时间，伽利略在意大利得出了钟摆运动定律，该定律将钟摆的振动周期与其长度的平方根联系起来。伽利略还认识到，自由落体的物体经过的距离与时间的平方成正比，从而得出了自由落体定律。就这样，通过开普勒和伽利略的工作，时间在最早描述地球和天体的自然现象的数学定律中发挥了核心作用。[15] 大约半个世纪后，牛顿将伽利略的自由落体定律和开普勒的行星运动定律统一为同一个原理的不同应用，这个原理即万有引力定律。牛顿意识到，时间是那根把地球物理学和天体物理学编织成一张挂毯的线。[16] 这一意义深远的创新使得关于自然现象的科学叙事得以发展，这种叙事涵盖了整个宇宙，使其完全为人类的心灵所理解。

牛顿将地球物理学和天体物理学统一起来，这要求存在一个时间，它能在辽阔的空间中自然发生。说明苹果如何落地或月球如何绕地球运动的方程都使用了相同的时间变量 t。这促使牛顿提出了绝对时间的定义，绝对时间是他制定运动定律的基石，也是我们对时间的生活经验（从过去到未来的连续流动）与严格的数学框架之间的妥协：

绝对的、真实的、数学的时间，就其本身而言，并从其本质出发，是与任何外在事物无关的匀速流动。它的另一个名称叫作"绵延"：相对的、表象的、普通的时间，是某种感性的、外在的（不管是精确的还是不精确的）、通过运动来测量的尺度。它通常被用来替代真正的时间，例如一个小时、一天、一个月、一年。[17]

沿着伽利略的脚步，牛顿意识到处于惯性运动（匀速直线运动）状态的观察者无法区分运动和静止。我们从经验中知道这一点。想象一下，你闭上眼睛，塞住耳朵，坐在一辆以每小时90余公里的速度直线行驶的汽车里。除非你睁开眼睛看看外面，否则你就无法判断自己是处在运动状还是在静止状。运动总是与其他事物相关联。因此，对运动的研究不仅仅关注从A点到B点的位置变化。毕竟，我们不能以恒定的速度做到这一点。（为了达到一个恒定速度，你需要从静止状态或从另一个速度开始加速。）的确，这种惯性运动实际上是一种抽象概念，而不是一个具体的实在（它是第1章讨论过的非实在的理想化事物之一）。牛顿明白，秘诀在于改变物体运动状态的行动者，也就是赋予物体加速度的行动者。正如我们在上一章所讨论的，这个行动者是一种力，它能够改变物体的动量，即 $F=d(mv)/dt$。

牛顿第二定律告诉了我们经典物理学中关于时间的一些值得注意的地方。既然速度是物体在一段时间内的位置变化（$v=dx/dt$），那么运动状态的变化——由力引起的加速度——就是速度在时间上的变化（为了简单起见，只考虑质量保持不变的情况）：$a=dv/dt=d(dx/dt)/dt=d^2x/dt^2$。加速度是（位置）变化的变化，因此是位置对时间的二阶导数，或者说是时间的平方函数。这就是为什么我们看到速度以 km/h 为单位，加速度以 km/h^2 为单位。（更常见的是，时间以秒为单位，而不是以小时为单位。）

这里值得注意的是，由于时间在方程中是以平方的形式出现，如果我们把时间流动的方向倒过来，即如果我们从现在到过去（只是把方程中时间变量的符号改为 $-t$），方程仍保持不变。[回想一下，负数的平方是正数：$(-1)^2 = -1 \times -1 = 1$。] 换句话说，牛顿力学中的时间是可逆的。它不区分时间的向前和向后。即使是对于基于上一章讨论的作用原理的更复杂的后牛顿经典物理公式来说，时间的这个特点也是成立的。

想象一下一个球在空间中从左向右移动的电影画面。当然，这是一种高度理想化的情况，记住这一点很重要。不过，如果将电影倒放，也就是反转时间的方向，你会看到这个球从右向左沿着它的运动轨迹移动。时间反演对称性（time-reversal invariance）仅仅意味着，如果你不知道最初的运动方向，你就无法分辨在时间上哪个方向是向前的，哪个方向是向后的。

换句话说，虽然牛顿的绝对时间是流动的，但它可以平等地流向未来或过去。因此，它一点也不像一条河。由于重力的作用，河流总是向低处流动的。在高度理想化的物理学情境中，不存在因非弹性碰撞（摩擦）而造成的能量损失，作为抽象的物理定律核心的抽象的时间，可以向前或向后流动。从这个意义上说，物理学中的时间与我们生活经验中的时间完全不同。

初始条件和表征：物理学如何讲故事

描述运动的方程怎么能不区分过去和未来呢？这个想法不仅令人困惑，甚至可能令人失望。在我们的经验中，时间的流动、什么是过去、什么是未来，都是显而易见的。如果描述运动的方程无法区分过去和未来，那么这些地位崇高的物理方程怎么可能用来描述这样的实在呢？

在这里，我们必须暂停一下，讨论这些方程表征什么，以及它们是如何被使用的。物理学中的方程模拟的是理想化的情况。它们描述的不是事物本身，无论如何，对事物本身的描述是不可能的，因为我们无法了解事物本身。这些方程通过我们的观察和测量来描绘现象，通过简化来忽略那些被认为是无关紧要的影响因素。换句话说，方程是抽象的构造物，是从感知世界到理性世界的转译：它们起源于经验，但存在于思维中。

"我们必须观察当时的情况，并运用理性得出对其本质的一般描述。"怀特海这样写道（这也是他的核心观点）。[18]方程试图概括出一个物理系统的特征，目的是描述其观察到的行为，这种行为通常随时间发生演变。这种概括确定了可观察行为的结构不变量，而这些不变量构成了自然科学存在的基础。因此，一个成功的物理模型一旦完成求解，就可以描述这个系统在不同时间内观察到的结果。例如，我们可以用牛顿的万有引力定律来精确预测何时何地将会发生下一次日全食。请注意，对于行星动力学的特殊情况，天体是顺时针运动还是逆时针运动并不重要。行星系在本质上是无摩擦的，这使它们成为牛顿力学或其他基于作用的经典力学表述建模的理想对象。然而，只有当我们忽略这些系统早期形成历史中的混乱，以及潮汐摩擦的影响时，这个模型才有效。[19]摩擦也被称为"耗散"，它破坏了时间流向过去或流向未来的对称性。只有在无摩擦模型能有效映射的极少数自然现象中，预测和回溯才是有可能的，这两者之间才是无法区分的。这就是为什么关于天体轨道的描述是数学在自然现象中的首批应用之一，这种应用还影响了物理学后来约两个世纪的演变。然而，历史偶然性不应成为普遍有效性的标准。科学的形成往往取决于它能回答什么样的问题，而不是它应该回答什么样的问题。

为了求解一个表示物理系统的方程，我们需要指定开始时（即 $t=0$ 时）组成系统的各个物体的位置和速度。这些被称为初始条件。拉格朗日和哈密顿关于经典力学的作用表述也是如此，在运动发生的初始时间和最终时间之间的时间间隔被加上了括号，归为一类。每个方程都在讲述一个故事，而这个故事必须有一个开端。在这里，"开端"只是一个瞬间，表示模型应该开始跟踪正在研究的运动或实验开始的时间。它是抽象时间线上的一个抽象的点。

通常被理想化为质量为 m 的点粒子（point particles）的"物体"，可以是绕太阳运行的行星、沿着电线流动的理想化的电子、被限制在房间里的气体分子、在斜面上滚下的球、钟摆的摆动——无论模型试图描述的是什么系统。通过将物体理想化为无结构的粒子，建模者假设它们的形状或大小与动力学无关。[20] 例如，在用牛顿力学模拟木星绕太阳运行的轨道时，我们不需要知道木星气态成分的细节，也不需要知道为太阳提供燃料的核反应。我们只需要知道它们的质量和相互距离。物理学是一门高效建模的艺术。只要近似值成立，模型就具有可靠的预测性。牛顿在他的时代能够描述如此多的东西，如岁差、潮汐、地球呈现略扁的形状，以及行星、卫星和彗星的轨道，证明牛顿研究运动的方法取得了惊人的成功。不可避免的是，这一成功意味着启蒙运动对自然的理性化，巩固了把时间当作物理实在的必要方面的盲点世界观。

经典物理学的世界观是对实在的理想化，它依赖于一种数学的、抽象的时间概念，这种时间概念以绝对的精度流逝。因果关系成了一种隐含的假设：时间是有序的。方程追踪由特定原因导致的影响。为了求解一个模拟特定系统如何随时间演化的方程，必须输入初始条件。例如，运动开始时粒子在哪里？它们移动的速度和方向是什么？为了讲述运动的故事，建模者需要知道表示初始位置和速度的数字，这一点至关重要。

但是这些数字是如何被知道的？它们为人所知的原因是它们被测量过。谁来测量这些数字？观察者要么直接观察，要么通过设备观察。设备是科学工作间的必要产物，它被理解为向观察者提供感官信息的测量装置：点击声、刻度盘和屏幕上的数字、光点、图形和视觉样式。经验是我们所讲述的每一个关于运动的故事的核心，这是显而易见的。因为我们人类是讲述这个故事并进行测量的人，所以我们只能以一定的精度知道代表初始条件的数字。

当我们说在 $t=0$ 时，球静止在离地面1米的地方，我们知道这个事实的精度是多少？我们知道球的初始高度 H 的小数点后几位？$H = 1.00001$ 米？$H = 1.001$ 米？$H = 0.999999$ 米？高精度重要吗？并非总是如此，这也是为什么这种理想化的方法在许多应用中如此成功的原因。尤其是对于线性系统来说，初始条件下的高精度并不重要。线性系统被定义为对推动力的响应与推动力的强度成正比的系统。在没有摩擦的情况下，线性系统在时间上是可逆的。在这些系统中，时间可以朝任何一个方向流动，而且其行动轨迹看起来是一样的。遗憾的是，这样的系统世间难寻。

自然界中的大多数物理系统都是非线性的。这意味着它们可以展现出混沌的行为，其结果对初始条件极其敏感。在这些数字的精度上做一点微小的改变，方程讲述的就会是一个完全不同的故事。对于混沌的非线性系统，未来成为大量不可测的可能性，它从描述初始条件的微小的——通常是不可知的——数字的差异中产生。在这种情况下，物理学家乔治·埃利斯强调，人不能逆着时间讲故事。[21] 复杂性导致时间反演对称性的丧失，对于这一点我们将在后面进行细致的讨论。更一般地说，线性和非线性系统都有一个无可置疑的假设，即每个物理量，包括表示初始条件的数字，都有一个无限精确的"实在的"数值，从而错误地将物理实在归于表示这些量的数字。[22] 这个假设是一个幻想：人类所能知道的任何东西都不可能被无限精确地掌握。在所有实际应用的过程中，表示物理量的数字总是会被截断到小数点后若干位。因此，鉴于经验在关于世界的科学叙事中具有不可还原的中心地位，认识论就制定了本体论的框架：我们对世界的了解决定了我们对其物理本质的看法。这就是在经典物理学的盲点中消失的东西。

无穷是另一个案例。无穷大或无穷小是一个概念，而不是一个数字。它在数学上非常有用，并且在许多关键的证明中被当成工具，其中最著名的是"无穷小增量"，这个概念是微积分的核心，当无穷小增量是时间时，它就是物理学中所有运动方程的核心。但我们永远无法确定物理实在中的任何事物在任何方面都是无穷的，因为无穷小和无穷大永远超出了我们的测量范围。正如数学家大卫·希尔伯特曾经说过的那样："无论诉诸何种经验、观察和知识，在实在中都找不到无穷。"[23]

经验处于所有物理模型和所有我们关于感知实在的陈述的核心，它将一个楔子放置在了我们对世界的认识和对科学的错误预期之间，这个错误预期认为科学能像上帝之眼般为我们提供客观看待物理实在的视角。被经验过的时间在物理学方程中被模型化为数学时间。但是时间不是由数字构成的，当然也不是由无限精确的数字构成的。时间是由流逝构成的，而流逝只有通过经验，通过关于绵延的经验才能知道。被经验过的时间是我们唯一知道的时间。数学时间的物化是一种从模型到实在的不当推断，是把地图和领土混为一谈的危险盲点。

热力学和时间之矢

我们对时间流逝的经验，与无摩擦、理想化的牛顿力学和后牛顿力学的时间可逆性截然不同。东西掉落破碎，糖溶化在咖啡里，海浪冲击着海岸线，雨滴从云中下落，毛毛虫变成蝴蝶，我们衰老，我们死亡。这些事件都不是反向发生的。我们对实在的经验在时间上有一个明确的方向：从过去到未来。这就是我们存在于世的经验表现它自身的方式。即使当我们试图切断与外部世界的联系时，无论是在深度冥想中还是在一个剥夺感官的容器中，我们的心脏仍在跳动，我们的血液仍在血管中流淌，我们的心灵仍然感觉到一股持续不断的思维洪流，从某个未知的源头奔涌而来，且方向一致。这个源头是我们活着的源泉的一部分，它存在于时间中：过去的记忆随着我们经验现在而积累。但我们无法记忆未来。很明显，我们对时间的经验与科学叙事中的数学时间是不一致的。

19世纪晚期的物理学家知道，他们需要一个关于时间如何向前运动的解释。他们需要展示时间的方向是如何从动力学方程中的无方向变量 t 中产生的。正如我们现在将要探索的那样，他们试图找到这种调和所选择的道路，不是始于一些崇高的理论框架或形而上学的见解，而是（至少在最初）实际工程中提高机械燃料效率，以更好地利用热量产生运动的做法。抽象和解释的螺旋再一次始于工作间。

在19世纪的大部分时间里，工业革命令人们对用于运输、采矿和农业的蒸汽机的工作原理产生兴趣。发动机效率高，就能利用更少的燃料完成更有用的工作：高效率的发动机增加了资本的积累，为科学与工业经济之间相互纠缠的重要联系之一提供了一种形式，对此我们将在最后一章进行探讨。这种经济上的动机为物理学开辟了一个新的竞技场：热与热传递的研究。在18世纪末、19世纪初，热的本质发生了转变，人们最初认为热是一种可以从热物体流向冷物体的神秘物质（首先是"燃素"，然后是"卡路里"），后来人们认识到热根本不是一种物质，而是一种运动。它是通常肉眼不可见的物质微粒的热扰动。[24]

随着对热的研究，物质的原子性质在经历了一段时间的沉寂后重新进入物理学的视野。丹尼尔·伯努利、约翰·詹姆斯·沃特森和克拉克·麦克斯韦都展示了如何将气体分子模型化为弹性球体（在碰撞中不损失能量）。通过这种方法，他们获得了气体的宏观属性（如压强和温度）的数学表达式，而这两者分别与平均分子速度及其平方相关。

我们从经验中知道，如果我们把一桶热水倒进一个装满冷水的浴缸里，浴缸里的水会达到某个中间的温度。热水与冷水的体积比越高，浴缸里的水最终达到的平衡温度越高。从微观上看，由于热（快）水分子与冷（慢）水分子在碰撞时传递能量，令浴缸中的平均分子速度提高，从而导致了整体水温的升高。我们也从经验知道，除非有热源加热，否则冷水不会再次变热。从微观上看，这意味着平均而言，分子不能只靠自己就更快地移动。因此，时间的方向隐藏在像水的冷却这样简单的现象中。

请注意，我们在上文描述分子速度时是如何使用"平均"这个词的。原子论思想在描述气体（当然包括蒸汽）宏观属性时出现，并为物理模型引入了一种新的数学元素：统计分析。尽管粒子相互碰撞的微观力学仍然是符合决定论的，但通过联合求解每个粒子的运动方程来描述由许多粒子组成的气体的行为，就变得不切实际，甚至在原则上是不可能的。

回想一下，为了求解每个方程，我们需要以一定的精度知道每个分子的初始位置和动量。例如，1摩尔的物质含有大约 6×10^{23} 个粒子，这些粒子可以是原子、分子、离子或电子。6×10^{23} 这个数字意味着6后面跟着23个0。（举例来说，1摩尔水的平均质量是18.02克。）为了求解每个水分子的方程，需要指定三个数字表示初始位置，三个数字表示初始动量，即一个粒子在相空间（phase space）中运动的六个"自由度"。[25] 所以，对于 N 个粒子，我们需要解 $6N$ 个方程。目前在超级计算机上可以解决的最大的数值模拟包括大约100亿个粒子，即 $N = 10^{10}$。虽然这个数字令人印象深刻，但它比真实情况小了13个数量级。显然，我们需要统计方法和近似方法。

回想一下一桶热水被倒进装满冷水的浴缸的画面。宏观上，我们可以用温度计测量水温的变化。倒入的热水越多，平均温度就越高。这是我们凭直觉就知道的，温度计的读数也将证实这种直觉，因为如我们所见，温度本身就是由这些经验建立起来的。我们还知道，如果我们将水混合，最终整个浴缸将达到比初始值更高的温度，然后保持稳定（忽略水温随空气冷却的情况）。这种水温保持恒定的近似静止的状态是一种热力学平衡状态。如果浴缸是一个完美的封闭系统，无法与外界交换能量，那么水温将永远保持恒定。从宏观上看，热力学平衡是永恒的。

从微观上看情况则非常不同。水分子快速移动，以不同的速度相互碰撞，在浴缸的各个局域发生了很多活动。统计平均（statistical averaging）的美妙之处在于它验证了 $N = 10^{23}$ 个粒子在其 $6N$ 维相空间中的数学表示。平均可以使相空间的抽象"地图"与我们实际经验到的冰融化以及浴缸装满热水的"领土"联系起来。在绘制准确地图的过程中，它让我们能够专注于自己认为在经验中重要的东西（它的结构不变量）。一旦我们把所有的分子加起来，并把可能的速度变化取平均值，这个非常复杂的、局域的、不可见的、抽象的微观动力学的各个细节就被消除掉了。对处于热力学平衡状态的气体中的单个分子来说，时间是真实存在的。但对外部的宏观观察者来说，情况则并非如此。

在这个例子中，我们也看到了诸如压力和温度之类的宏观属性是如何成为涌现行为的：只有当我们从整体上看待一个系统，或者系统中足够大的一部分时，它们才有意义。我们不能就一个或几个分子来谈论温度。

这一涌现方法对于时间之矢的热力学解释是必要的。1872年，玻尔兹曼提出了著名的"H定理"，证明了刻画热力学系统行为的有效方法是识别其特定状态如何随时间演变。根据这一观点，系统状态是其各个组成部分的位置和动量的直方图。分子（或原子、离子，或系统的任何成分）根据它们在空间中的位置和动量的值，也就是我们前面提到的六个自由度被分组。随着系统在时间上的演化，分子会发生碰撞，并改变位置和动量，其分组也会发生变化。一些快速运动的分子可能变成慢速运动，反之亦然。因此，我们可以把系统的演化看作一系列关于位置和动量在时间中的相应分组的表现，即我们在前一章中描述的相空间。

在我们的例子中，将一桶热水倒入浴缸冷水中，初始状态的直方图上会有两个主导的组别。一个组别代表桶中的热分子（高温意味着高平均速度），另一个组别代表浴缸冷水中的低速（低温）分子。由于第二个组别表征了更多的水，也就是第二个组别的分子数量多于第一个组别的分子数量。随着时间的推移，热分子和冷分子之间的碰撞会降低相对速度，直到最终大多数分子都具有大致相同的热速度，只在平均值附近有微小的波动。[26]这就是热平衡状态。在相空间中，单个组别将主导整个分布，其特征是"能量均分"（equipartition of energy），这意味着在这种状态下，找到一个分子具有（或非常接近）平均速度的概率是最高的。

因此，能量均分就是分子的终极民主，也等同于热力学平衡：浴缸里水的最终温度是温的。之后至少对于一个封闭系统来说，不会再发生显著的宏观变化。尤其是我们不会看到系统自发地恢复到初始状态，即热水和冷水在空间中相分离。

玻尔兹曼著名的 H 定理试图提供一个可逆微观力学（分子相互碰撞）如何解释宏观行为（水最终达到平衡温度）的量化表示。在系统随时间演化的过程中，玻尔兹曼证明了一个量 H（我们称之为系统熵的倒数）会趋向于热平衡的最小值。要使一个已经达到平衡的系统恢复到其初始的非平衡状态，就必须进行大量的碰撞，而这在特定的条件下才会发生，这相当于相空间的演化，其发生概率可以忽略不计。根据玻尔兹曼的 H 定理，对于有许多构成部分而因此拥有大量可能状态的系统来说，回到过去不是绝对不可能的，而是可能性极小。在概率的帮助下，玻尔兹曼得出结论，时间之矢指向能量均分的方向，即熵最大的状态。

当时，玻尔兹曼认为他解决了时间之矢的问题，认为自己已经把微观状态的物理学转化为经验时间，即从过去到未来的运动。但其他物理学家很快对玻尔兹曼的方法提出了质疑。两种观点的冲突揭示了物理学中盲点的另一种表现。

可逆性悖论

就在玻尔兹曼提出 H 定理几年后,他来自维也纳的同事约瑟夫·洛希米特认为,人们无法从时间可逆的方程出发确证时间不可逆性。这种"可逆性异议"(reversibility objection)被称为"洛希米特悖论"(也称为"可逆性悖论")。这一理论的关键在于,原则上有可能出现一种罕见的状态,在这种状态下,分子运动的速度在它们演化的某个时刻被逆转,从而迫使系统回到其更有序的初始状态。这意味着熵会向着未来的方向减少。即使这类状态在短时间内极不可能出现,但在足够长的时间内,它们的出现并非绝无可能。

洛希米特悖论的根源被隐藏在盲点中,即我们坚持认为,至少在理论上,我们可以无限地获取关于时间和其他物理变量的测量信息和测量细节。物理学家、哲学家汉斯·赖欣巴哈在他的经典著作《时间的方向》中论证,即使我们考虑的是一个具有非决定论方程的系统,或者一个并非严格封闭的系统,洛希米特的"可逆性异议"仍然成立:"然而,用这种方式可以证明的只是逆向过程变得更加不可能,而不是逆向过程被排除了。"[27] 换句话说,我们总是可以在任意长的时间尺度上观察系统,并且在这段时间里会出现一种状态,这种状态可以有效地减少熵,甚至使系统恢复到初始的低熵状态。1896 年,在恩斯特·策梅洛将庞加莱关于相空间轨迹递归的研究成果应用于 H 定理后,这种关于洛希米特悖论的观点通常被称为"策梅洛的递归异议"(Zermelo's recurrence objection)。

然而,洛希米特悖论和策梅洛的递归异议都有一个问题,这个问题不仅困扰着他们自己的工作,也困扰着玻尔兹曼从时间可逆的微观运动中拯救时间之矢的整个项目。这个问题在于**系统状态**的定义。如上所述，当描述具有许多粒子的系统的行为时，我们必须使用相空间进行描述，凭借它将位置 x 和速度 v（或同等的动量 p）足够接近的粒子组合在一起（给字母加粗表示这些量每个都有三条信息，因为它们是矢量而且粒子在三维空间中运动）。对于 N 个粒子，相空间的一个小区域（或"相格"）的体积为 $(\Delta x)^N(\Delta p)^N$。这些相格有多大？这取决于测量设备的分辨率，而测量设备的分辨率总是有限的。这个实际的精度限制与无限精度测量的假设直接冲突。因此，我们与自然系统交互的方式（总是粗粒化的）和我们的一些模型所假定的无限精度之间存在着一种张力。

要理解为什么这是一个问题，请想象两个粒子碰撞的场景，就像台球一样。我们假设在碰撞之前，它们从不同的位置独立移动，这表示我们所说的不相关的初始状态。但是，一旦它们相互碰撞，碰撞的细节就会在它们随后的行为中表露出来。如果这是一次擦身而过的碰撞，两个粒子的行为将与它们正面碰撞时截然不同。这意味着在碰撞之后，两个粒子是**有关系的**，或者用物理学术语来说，它们是相关的。纯粹从力学角度重建恢复系统状态（从而降低熵）所需的运动，需要相空间任意高的分辨率，也就是在位置和动量上任意小的相格。但是我们能测量的东西总是有精度限制的，这个精度决定了较小的相格的大小。因此，相空间必然是粗粒化的。（我们甚至不讨论量子不确定性，它设定了一个最终的粗粒化限度，我们将在下一章讨论。[28]）

在这里就出现了一个关键的问题。由于相空间相格的有限性，一些关于碰撞的信息总是会丢失，这样就不可能重建所有细节的相关性。换句话说，每个相空间的描述都会导致记忆损失。相空间的粗粒化保证了系统表现出所谓的**分子混沌**（molecular chaos），这意味着初态和末态保持不相关。只有这样，封闭的热力学系统才能满足玻尔兹曼的 H 定理，从而区分过去和未来。

因此，正是在相空间的粗粒化描述中隐含的时间不对称性，把玻尔兹曼关于时间之矢的论证从洛希米特和策梅洛那里拯救出来。这个想法是，在由少量粒子组成的微观世界深处，时间没有明确的方向。随着物体数量的增加，碰撞的复杂性也在增加，相空间中的相格也会粗化，加之熵的增加，时间的方向就会出现。现在，时间的方向似乎是我们对实在的模糊感知的结果，卡洛·罗韦利也提出了这一点。[29]

然而，这次对时间之矢的拯救，却让关于宇宙的盲点观付出了沉重的代价。如果我们的物理理论、模型和与自然之间的相互作用**必须**一直是粗粒度的，且时间之矢是从粗粒化中产生的，那么时间的方向现在就会又重新出现在物理学中，这是物理学依赖于我们对实在的持续感知和叙述的必然结果。我们又回到了不可能把物理时间和生活时间分开的情况。也就是说，我们回到了人类时间之中。

从微观物理学的角度看，时间之矢的问题揭示了经典物理学中全知全能的上帝视角只是一个有用的抽象概念。它只是一张"地图"，这张"地图"甚至在原则上都不能复原关于生活经验的"领土"。

但是，在物理学中，微观世界并不是关于时间的盲点问题的唯一舞台。用碰撞的弹性硬球作为模型来模拟封闭热力学系统的设置过于严格，以至于无法包含时间向前流动的各种方式，而且这些方式与我们的模型和观测无关。想想数十亿年前在气体星云中诞生的恒星，原始地球上出现的生命，拍打无人海滩的海浪，蜂鸟跳动的心脏，向食物移动的细菌，这些都是什么呢？自然对相空间和粗粒化一无所知。自然对我们理想化的抽象概念一无所知。然而，自从宇宙大爆炸以来，时间一直在向前推进。怎么会这样呢？

为了回答这个问题，我们必须探索爱因斯坦的相对论是如何将时间流动局域化从而消除了牛顿式的普适性的。正如我们将看到的，空间的每一小块领域都有自己的时间，它根据周围的引力场和观察者的运动状态嘀嗒流逝。这个讨论也将把我们带回到柏格森与爱因斯坦关于时间本质的辩论，这场辩论发生在1922年的巴黎。

但在我们探索宇宙的早期历史之前，关于空间和时间的物理学与关于极小事物的物理学之间发生了剧烈的冲突，我们必须首先探索我们目前在亚原子水平上对物质的描述。在那里我们会看到，一些物理学上的发现使得盲点的局限性更加强烈地显现在我们面前，并迫使我们为维护盲点的特权付出了高昂的代价，而这些代价本身是许多人所不愿承受的。

第4章
物质

哲学的开端

前文我们已经回顾了从古希腊哲学到经典物理学取得巅峰成就的旅程,以及思考了时间在物理学中的作用,现在我们停下来反思一下科学附带的形而上学视角,也就是我们所说的盲点。为此,我们将借鉴怀特海的观点,他对现代科学发展早期的几个世纪中所出现的哲学世界观展开了经典的批判。[1]

这种科学世界观的核心是伽利略、笛卡儿、玻意耳和洛克对第一性质和第二性质的区分。第一性质是物质的微小粒子(微粒)的基本性质,它们在空间和时间上的关系构成了自然的秩序。对于洛克来说,这些性质是大小、形状、运动、数量和不可穿透性。[2]第二性质(颜色、味道、声音、气味、冷热)只作为物质的第一性质所引发的影响而存在于心灵当中。(严格地说,第二性质是物质对象完全基于它们的第一性质而产生的力量,它能引起与第一性质不"相似"的心灵感觉。)第一性质与第二性质的区分开创了怀特海所说的自然两分。以下是他对这一两分的结果所进行的描述：

因此，我们感知到的物体被认为具有实际上不属于自身的性质，这些性质实际上纯粹是心灵的产物。因此，自然得到了实际上应该属于我们自己的赞誉：玫瑰因其芬芳，夜莺因其歌声，太阳因其光辉。诗人们完全错了。他们应该把诗文献给自己，应该把诗文变成赞美人类心灵的卓越的赞歌。自然是一个无声、无味、无色的无趣存在；它只是物质上的匆匆奔流，没完没了，毫无意义。[3]

尽管在19世纪末，关于自然的第一性质的概念已经逐渐发生了变化，但经典物理学的胜利仍然逐渐向集体的科学文化灌输自然两分的观念。人们认为，世界只是由运动中的物质和场（如电和磁）构成的。所有物质的宏观排列都可以还原为微小原子的排列，这些原子既是引力场和电磁场的来源，也对引力场和电磁场的存在做出反应。在许多情况下，这些原子的行为（它们的运动和集体构造）可以用高度抽象的数学结构和为操纵它们而开发的技术（包括必要时的近似值）来描述。在其最强大和最具预测性的形式中，这些数学结构将物质和相关场的行为投射到超维空间（即相空间）中，运动和构造在这些空间中表现为物体的几何形状。

人类及其经验处于自然两分的另一端。在经典力学所附带的形而上学中，经验被贬低为"虚无"的表象世界。太阳的光辉、玫瑰的芬芳、夜莺的歌声都不过是副现象。这些现象即使不能在实践中得到解释，原则上也可以通过将其还原为大脑中原子的行为来解释（尽管如何从大脑过渡到心灵仍然是一个难题）。这种行为完全属于经典物理学的管辖范围。最重要的是，就这种形而上学的审美诉求而言，所有的原子行为都可以用拉格朗日精细的柏拉图式数学构造或哈密顿相空间（Hamiltonian phase space）中多维环面的性质来进行优雅而完备的表达。

把经验还原或减损为数学抽象概念的做法，在怀特海看来完全是一个巨大错误，这也是我们所认为的盲点的一个特征。但是怀特海并没有反对抽象概念。他是数学家，也是逻辑学家，他深知拉格朗日和哈密顿所取得的成果具有无比的荣光和力量。不过，他的哲学工作仍旧试图在对自然的全面描述中为这些强大的抽象概念找到合适的位置，而且他的这种全面描述将我们的经验作为自然不可分割的一部分。对我们来说尤为重要的是，怀特海在解释盲点世界观的局限性时对他人使用抽象概念的批判。正如他在《科学与现代世界》一书开篇所写："哲学的功能之一，就是对宇宙学的批判。"[4] 怀特海所说的宇宙学指的是关于实在以及构成自然的事物的形而上学观点，尤其是那些附属于现代科学的观点。哲学可以而且应该批判科学中常常未被言明的哲学背景。因此，当怀特海呼吁人们注意具体性误置谬误，即误把抽象当作具体的错误时，他是要强调数学抽象概念是如何被物化，并被错误地视为对我们经验的替代和解释的。

到了 20 世纪初，经典物理学的巨大成功似乎证明，有理由让物理学的抽象概念在关于世界的描述中占据首要位置。在这个世界中，生活经验只能用"仅仅是"这样的词语来表达——仅仅是感觉、仅仅是心理状态、仅仅是副现象。经典物理学提供了宇宙学、世界观，其中自然的基础本体论最为重要。经典物理学描述了宇宙中人们习以为常的事物。它的任务在于用精确的细节告诉我们，"就在那里"的外部世界中到底存在着什么，而不需要依赖我们人类以及我们基于生物学和由心理学介导的经验,尽管这些经验都是杂乱无章的。物理学将揭示世界的基本结构及其关系。这样,它就能解释现在存在和永远存在的一切。它的领域是从外部的上帝视角来看待实在。

经典物理学的成功使人们相信,这些基础结构及其关系(现在由原子、场及其数学定律所表示)已经被充分列举和阐明。其余的一切,包括经验在内,都可以通过将世界的表面复杂性还原为这些基本形式的适当步骤来复现。物理学为我们提供了关于自然的终极本体论。

然而,正如怀特海和胡塞尔所见,这种理解物理学成就的方式是错误的。它将抽象的被理想化的事物与具体的存在及身体经验中的"试金石"混为一谈。正如怀特海所写:"思维是抽象的,而对抽象概念的偏执运用是智力的主要缺陷。"[5] 在胡塞尔看来,这种偏执运用就是悄然替代,即用抽象替代具体。

我们对经典物理学的回溯和对时间问题的分析展示了经典物理学的建构,就像温度的发明一样,代表了抽象概念的上升螺旋,但是仍然依赖具身经验作为其来源和支撑。然而,这个上升螺旋基于的是毕达哥拉斯和柏拉图传统中对数学的重视,但只有当默顿学派找到一种方法,从经验中提取时间和运动,并用速度和加速度的抽象概念来重新表述它们时,经典物理学才真正迈出了第一步。后来,在伽利略之后,科学工作间及其集体活动成为物理学进步得以积累的全新社会结构。在科学工作间中,人们进行集体劳动,以准确地分离经验中适合作为抽象和理想化事物的结构不变量。抽象上升螺旋由此得到了加速,它把我们从牛顿定律带到了更普遍的拉格朗日力学和哈密顿力学的坐标上。

然而，具身经验的作用从未消失。考虑"最小作用量原理"（或称"平稳作用量原理"）：当一个能量固定的粒子从一点运动到另一点时，其运动轨迹使得相应的作用量具有最小的可能值。尽管该原理的数学推导和陈述似乎达到了抽象的顶峰，但任何徒步攀登过重重阻碍的陡峭山路的人，很快都将亲身体会到，自然在其表达方式中会采取某种最小化的形式。例如，经过一两个小时的努力，身体会进入一种节奏。就像跳舞一样，舞者选择踏出的每一步都是为了在省力的同时保持向上的运动。换句话说，身体知道该怎么做。正如默顿学派必须将"迅速""快速""急速"这样的具身经验转化为可用的数学形式（速度和加速度）一样，最小作用量原理也不是突然形成的，就像雅典娜从宙斯的头颅中诞生那样。如果没有生活世界中那些先前发生的具体经验，我们就不可能发现最小作用量原理。在将世界概念化之前，我们必须先亲自体验这个世界。

因此，我们就得出了怀特海关于经验（他称之为"具体"）与科学抽象概念之间关系的见解，这一观点将哲学视为抽象概念的批判者：

> 哲学解释的目的常常被人们误解。它的任务是解释具体的事物如何产生抽象的事物。追问具体的特定事实如何从共相中建立起来是完全错误的，这个问题的答案就是"不可能"。真正的哲学问题是：具体事实如何从自身抽象出来，并且通过自身的本质参与了抽象过程？
>
> 换句话说，哲学是对抽象的解释，而不是对具体的解释。[6]

因此，盲点形而上学误解了自己的目的。它将具体经验还原为科学抽象概念，或者用科学抽象概念取而代之。我们认为，这是一个严重的错误。它将科学带入了错误的问题之中，并将科学的文化根基带入了事关生存的危险境地。我们在上一章中讨论了有关时间的问题，在下一章有关宇宙学的章节中我们将再次讨论这些问题。当我们讨论人工智能（详见第7章）和气候危机（详见第9章）时，我们所处的危险境地将会更加突出。在本章中，我们将在物理学的体系内继续讨论，因为没有什么比20世纪前30年量子物理学的出现更能说明盲点了。就是在那时，物理学家们时常怀着绝望的心情，眼睁睁地看着强大的经典物理学世界观陷入了难以避免的崩塌。

大获全胜的工作间：量子物理学的诞生

没人想要量子力学。从某种意义上说，当量子力学到来之时，也没有人真正想要这样一门学科。物理学领域中"量子"一词背后的世界，是科学工作间的直接结果，它迫使物理学家们不得不面对和接受。

在19世纪末和20世纪初，以新机器（新设备）形式出现的技术进步，使物理学家们能够探测比以前小得多的长度尺度和时间尺度。从某种意义上说，这些探测是间接的，因为机器本身是宏观物体，其尺度与建造并部署它们的物理学家相似。它们能够探测"纳米世界"（十亿分之一米）——量子物理学由此被发现——的原因是，机器的精度和它们对实验室中捕捉到的新效应的处理能力有了显著提高。

在这些新机械中，一个有说服力的例子是光谱仪，一种可以分解光束并测量其各波长能量含量的装置。尽管人们从牛顿开始就知道太阳光可以用三棱镜散射成彩虹的各种颜色，但光谱仪可以高精度地测量每种颜色（波长）的光强度（能量）。这样一来，物理学家和天文学家就开始对他们所能接触到的一切事物的光谱（能量以及与之相对的波长）进行编目。当来自发光固体（如加热的铁棒）的光通过光谱仪时，会发现一条平滑的曲线。光谱显示能量从较短的波长开始上升，达到峰值，然后在较长的波长处消失。这条曲线的形状具有普适性，无论是铁、钢、煤、木炭都可以适用。只要被加热的物体是固体，光谱总是显示出相同的基本形状，科学家把这种形状称为"黑体曲线"。然而，当电流通过充满氢气或氧气等稀薄气体的腔室时，只会出现几条明亮的"发射谱线"，而不是平滑、连续的黑体曲线。除了这几条谱线，高温气体不会发出任何波长的光。每种化学元素都会发出一组独特的发射谱线，也就是它的光谱指纹。

当物理学家试图用经典力学来解释光谱仪上的这些数据时，量子带来的第一次冲击出现了。这要从黑体曲线说起。到19世纪末，物理学家们（通过麦克斯韦）对光有了有力的理解，即光是由不断加速的带电粒子发射出的电磁波。但是，所有试图利用这种理解来重现黑体曲线的尝试都失败了。物理学背后的数学给出的只是一个错误的答案。直到马克斯·普朗克放弃了麦克斯韦电动力学的一个基本假设，他的新理论才复原了相关数据。普朗克不得不放弃麦克斯韦关于物质可以在连续的能量范围内发射和吸收光波的想法，而假设振动的原子只能以离散的小能量束或能量的"量子"形式发射和吸收光。而且这些能量束无法进一步分割。对于给定频率的光，不存在一半或四分之一的量子能量。利用离散能量的假设，普朗克的理论出色地复原了黑体数据曲线的形状。一个额外的好处是,这个想法还启发了爱因斯坦,他在1905年提出光可以同时被描述为波和粒子。光的波粒二象性与普朗克的离散能量束一起,直接冲击了经典世界观的纯粹客观性。

当尼尔斯·玻尔在1913年用量子来解释气体的发射谱线光谱时,量子又出现了。当时,一些物理学家试图将原子模型化为一个微型太阳系,电子围绕原子核运行,就像行星围绕太阳运行一样。遗憾的是,当经典电磁学应用于这样的模型时,电子会发出辐射,损失掉它们的能量,并朝着原子核螺旋向下,坍缩到原子核里。因此,经典物理学预言原子是不稳定的。这个类似太阳系的原子模型在玻尔提出一个激进的建议——电子在离散的、量子化的轨道上围绕原子核运行,就像楼梯上的台阶一样——之后才开始发挥作用。就像一个人不可能像幽灵一样在台阶之间徘徊,电子也不可能在不同的轨道之间徘徊。玻尔的模型引发了有关微观世界的根本问题。是什么迫使电子只能在离散的玻尔轨道上绕原子核运动?更糟糕的是,在玻尔的模型中,当电子从一个轨道跳到另一个轨道时,光量子被发射(或吸收)。没有人知道电子是如何从一个轨道消失并在另一个轨道上重新出现的。它在数学上是可行的,但作为原子实在的物理图景却没有多大意义。

工作间里的其他机器表明,量子在纳米世界无处不在。新技术的一个重要组成部分是我们现在所说的电子学日益成熟。在19世纪末和20世纪初,科学家已经学会了如何制作电路,并以更高的精度和准确度控制电场和磁场。这样一来,虽然机器是宏观物体,但我们却可以敏锐地操纵亚原子带电粒子的集合,并用它们来探测世界,在这个世界里,物理学现象发生的尺度比人体的尺度小数十亿倍。

这种控制带来了像奥托·斯特恩和瓦尔特·格拉赫在20世纪20年代早期所做的实验。在他们的实验中，一束银离子（带电的银原子）穿过一个特殊形状的垂直磁场。银离子中的电子被认为像带电的旋转陀螺，使它们像微小的磁铁一样起作用。[7]由于磁铁与磁铁相互作用，当电子穿过垂直磁场时，它们会发生角度的偏转，偏转角度的大小主要取决于它们旋转的速度。经典物理学认为电子束中的电子具有连续的自旋速度和自旋方向。如果是这样的话，斯特恩和格拉赫就应该观察到一个平滑的偏转范围。但实际情况与预想不同，进入磁场的银离子束在穿过垂直磁场后被均分为两半。这很自然地带来一个冲击性的结论：旋转的电子根本不像经典的陀螺模型。它们的自旋被量子化了。数据显示，电子只有两种可能的自旋值：一种与磁场方向一致（自旋向上），另一种与磁场方向相反（自旋向下）。这并非宏观世界的运行方式。你可以随心所欲地旋转陀螺，而且它应该能够指向任意方向。为什么原子世界如此不同？经典物理学无法回答这个问题。

这些例子表明，技术（机器）如何提供了现有理论无法复原的结果。经典物理学无法通过与世界的具身接触而形成的抽象概念，预测或解释这些机器提供的新数据。为了回应这个问题，物理学家发展了一个新的理论体系——一套新的抽象概念。和经典物理学一样，新的量子力学是一个胜利。量子力学做出的预测可以以惊人的准确性得到证实。然而，与经典力学不同的是，量子力学的诞生并没有伴随着一个简单的形而上学，相反，它的数学机制引发了一些基本问题，这些问题直接冲击了盲点世界观的核心，即有一个对物理实在完全可知、完全客观、上帝视角般的观点，以及我们拥有获取物理实在的能力。

重要的奇怪之处(一)：叠加

量子力学中有许多奇怪之处，每一种都与关于世界如何运行的经典预期相悖。例如，纳米世界中单个量子事件是不可预测的，它们只是在没有任何（已知的，以及可能是可知的）具体原因的情况下发生。在目前的量子力学形式体系中，放射性原子核的衰变或电子从一个轨道跳到另一个轨道的量子跃迁基本上是概率性的。量子力学虽然可以预测大量原子核衰变的平均时间，但不能精确预测这个或那个特定的镭原子何时会衰变。

然而，量子物理学中出现的所有奇怪之处并非都是一样的。关于盲点的形而上学假设与量子物理学的新科学之间的冲突，有几个重要结果十分显眼，其中最重要的是与量子叠加相关的问题和测量问题。为了理解它们的重要性，我们必须简要介绍量子力学的整体机制，即驱动这一理论的基本抽象概念。

正如我们之前在讨论经典物理学和时间之矢时所看到的，系统的"状态"是物理学中的一个关键概念。状态代表了对系统的完备描述，是预测其未来（系统的未来状态）所需的内容。回想一下，在经典力学中一个简单系统的状态——比如一个不带电、不自旋的粒子——是由它本身的位置和动量给出的，可以用六维相空间中的一个点来表示。如果粒子带电荷，这个属性也会添加到它的状态中。

在经典力学中，系统状态的演化是由动力学定律决定的。它们以各种方程的形式呈现出来，方程通常描述系统在空间和时间上的行为变化，反映系统对不同相互作用的反应。对于一个物质粒子来说，这些方程无论碰巧披着什么外衣（即拉格朗日或哈密顿公式），它们都来自牛顿定律。对于电磁波来说，动力学定律来自麦克斯韦方程组。动力学定律的重要性在于，我们如果知道一个系统在某个初始时刻的状态，就可以用它来预测系统未来的所有状态，而且不会有任何不确定性。

至少，这是人们在原则上的期望。在实践中（正如我们在上一章所探讨的那样），没有任何向前或向后的预测是绝对确定的，因为我们只能以有限的精度知道系统在相空间中的坐标（通常是它的位置和动量）。特别是对于非线性系统来说，初始条件的微小差异会导致系统未来行为的巨大变化，正如气候研究中著名的蝴蝶效应。然而，这个系统本身被认为是完全确定的（它的先前状态完全决定了它后来的状态），尽管我们预测其确切未来进程的能力有限。

从盲点的形而上学角度来看，最重要的一点在于对系统状态的动态描述表示了系统内以及系统本身的属性。盲点形而上学的核心是存在一个关于系统的上帝视角，一个完全客观的本体论观点，它独立于我们关于系统的知识。系统的属性（用它的状态来表示）是实在的且存在的。换句话说，即使人们从未进行测量，关于粒子的属性（也就是它的状态）仍然是一个独立的事实。

量子力学既改变了对状态的描述及其与动力学定律的关系，也瓦解了物理学与盲点之间的简单关系，并在之后给我们留下了重重疑虑。

为了更好地解释 20 世纪早期物理学实验中发现的关键特征，包括随机性、量子化属性和物质的波粒二象性，物理学家必须重建状态的数学公式。为了了解这是如何做到的，让我们考虑一个简单的系统，它只有两个可能的属性值，这很像斯特恩和格拉赫发现的电子旋转只有"向上"和"向下"两种可能的情况。根据戴维·阿尔伯特在《量子力学与经验》一书中的描述，我们将这种性质称为"**颜色**"。[8] 如果一个粒子（称其为 P）的颜色可以是黑色或白色，那么在进行测量之前，量子形式体系要求将系统 P 的状态写成：

$$|P\rangle = a|\text{White}\rangle + b|\text{Black}\rangle \tag{1}$$

换句话说，粒子 P 的状态（通过符号 |P> 表示）等于数字 a 乘以粒子 P 的白色状态（通过符号 |White> 表示）加上数字 b 乘以粒子 P 的黑色状态（通过符号 |Black> 表示）。数字 a 和 b 与粒子 P 被测量为白色或黑色的概率有关。这个方程告诉我们，在进行测量之前，粒子 P 处于黑色和白色的叠加态。你如果不明白这是什么意思，也不用太焦虑，因为很多人也都不理解叠加态的含义是什么。本章接下来的大部分内容都将围绕着这个问题展开。

回想一下，在经典力学中，我们既了解系统的状态，也有可以告诉我们系统状态如何演变的动力学定律。量子力学也有一个动力学定律，叫薛定谔方程（Schrödinger equation）。这个方程为我们提供了两方面的信息。首先，它给出了一个通过测量可以发现的所有可能状态的列表。在我们的例子中，这些结果由两个状态 |Black> 和 |White> 表示。薛定谔方程还告诉我们系统的时间演化——系数 a 和 b 如何随着时间的推移而变化（或不变）。实际上，它们的值决定了属性颜色的测量结果是白色还是黑色的概率（实际上是它们值的平方）。换句话说，粒子颜色为白色（状态为 |White>）或黑色（状态

为 |Black>）的概率可以随时间发生变化［$a=a(t)$ 和 $b=b(t)$］。[9] 薛定谔方程的作用就是指明这些变化。只要不进行测量，粒子就会一直处于叠加态，其动态［$a(t)$ 和 $b(t)$ 的演化值］由动力学定律（即薛定谔方程）设定。

现在我们可以开始探索，对于粒子来说，有一个由方程 1 给出的颜色意味着什么。如果我们问"关于粒子颜色的事实是什么"，那么方程 1 就会出现问题。这是因为方程 1 显然不意味着粒子的颜色是黑色的，也不意味着粒子的颜色是白色的，更不意味着颜色既黑又白，或者不黑不白。真相是方程 1 并没有说明任何关于粒子颜色的事实。为此，我们需要进行测量。在我们进行测量之前，不存在事实。

与经典力学不同，量子力学中的动力学定律不是绝对的。它并不适用于（或似乎不适用于）所有时间和所有地点。特别是当我们对量子系统进行测量时，它的权威似乎被完全推翻了。此时，由方程 1 表示的叠加态被终止，一个新的状态产生了。这个新的状态要么是：

|P> = |White>

要么是：

|P> = |Black>

请注意，系数 a 和 b 现已不在，可能性也消失了。人们对系统进行测量，并记录下一个特定的结果：要么是 |White>，要么是

第 4 章 物质　　　　　　　　　　　　　　　　　　　　121

|Black>。测量行为（无论我们如何定义它的含义）已经中断了薛定谔方程对系统的控制，并迫使方程1给出的叠加态坍缩成组成它的两个可能性之一。

尽管以上文字对量子理论机制的描述是高度简化的，但它抓住了盲点的两个根本性困境。首先，所有量子力学计算所基于的抽象，都要求在系统被测量之前，系统要处于在形而上学方面有问题的叠加态。叠加之所以奇怪，是因为它们与我们对世界的实际经验中的任何东西都不同。我们从未遇到同时具有多重相互排斥的属性（如黑与白、上与下、死与活）的物体。从表面上看，叠加挑战了我们的观念，即世界上的事物必须具有明确定义的物理属性。既然如此，我们如何理解由叠加构成的世界的本体论基质呢？

同样具有挑战性的是测量问题。物理学家热爱他们的动力学定律。回想一下这些定律的预测能力，以及它们用纯粹抽象的柏拉图领域重塑我们混乱世界的能力，这些能力是经典物理学取得诸多胜利的核心所在。然而，在量子物理学中，测量一个系统的属性这一行为本身就搁置了极其重要的动力学定律。为什么状态与动力学定律之间的连接恰恰在测量时被切断？这是否意味着"测量者"介入了状态与动力学定律？量子物理学迫使我们重新思考测量和测量者的含义，以及是否存在触发描述系统状态的函数（态函数）坍缩所需的最低要求。这些问题对于经典物理学来说完全是陌生的。

经过一个多世纪的发展，叠加的本质和测量问题仍然是对盲点形而上学的深刻挑战。因此，人们对量子物理学提出了各种各样的诠释，试图挽救或放弃这种形而上学。接下来，我们将探讨与经验中心性相关的一些诠释。但在我们开始这项任务之前，我们必须简要地探讨另一个奇怪之处，即可分离性（separability）和非局域性

（nonlocality）的相关问题，爱因斯坦给这种奇怪的量子属性起了一个广为流传的名字——"幽灵般的超距作用"（spooky action-at-a-distance）。

重要的奇怪之处(二)：纠缠

态函数可以做的不仅仅是描述单个粒子，还适用于粒子集合，这大大增加了它们的适用性和奇怪之处。早在 1935 年，爱因斯坦和他的合作者鲍里斯·波多尔斯基、纳森·罗森就注意到，即使是最简单的多粒子态函数的行为也很奇怪。他们的工作（现在被称为 EPR）为量子描述下的实在增添了一层新的奇怪之处。[10]

考虑两种粒子，每种粒子都有一对特定的属性，我们称之为颜色和硬度。这里我们再次借用了戴维·阿尔伯特的研究成果。[11] 颜色可以是黑或白，而硬度可以是软或硬。正如可以在两种状态下创建单个粒子的叠加一样，我们也可以创建两种粒子状态的叠加。下面是一个例子：

$|P_1P_2> = a|White_1>|Hard_2> + b|Black_1>|Soft_2>$

也就是说，粒子 P_1 和 P_2 的状态（用符号 $|P_1P_2>$ 表示）等于数字 a 乘以颜色为**白色**的粒子 P_1、硬度值为**硬**的粒子 P_2 的状态（用符号 $|White_1>|Hard_2>$ 表示）加上数字 b 乘以颜色为**黑色**的粒子 P_1、硬度值为**软**的粒子 P_2 的状态（用符号 $|Black_1>|Soft_2>$ 表示）。数字 a 和 b 再次与粒子 P_1 和 P_2 的组合状态 $|White_1>|Hard_2>$

或 $|Black_1\rangle|Soft_2\rangle$ 的概率有关。

起初，这种组合状态可能看起来像方程 1 的一个更复杂的版本。然而，仔细观察就可以发现，它表达了两个粒子可能的奇怪行为。假设我们对粒子 P_1 进行颜色测量，发现它是白色的。这意味着在测量之后，新的状态必须是：

$|P_1P_2\rangle = |White_1\rangle|Hard_2\rangle$

请注意，在这种情况下，状态函数的坍缩意味着粒子 P_2 一定处于硬度值为**硬**的状态。即使不对粒子 P_2 进行测量，我们也能知道这一点。对 P_2 的了解是建立在对粒子 P_1 进行测量之前的波函数状态的了解之上的。同样，如果我们测量到粒子 P_1 是黑色的，那么之后的状态一定是：

$|P_1P_2\rangle = |Black_1\rangle|Soft_2\rangle$

再一次，对粒子 P_1 进行测量会迫使粒子 P_2 取一个特定的值。那么这里的问题是什么呢？正如奥利弗·莫什指出的，我们从来没有说过这两个粒子在空间中的位置。[12] 当我们测量粒子 P_1 时，粒子 P_2 可能在星系的另一边。尽管距离如此遥远，但在测量显示粒子 P_1 为白色的瞬间，粒子 P_2 必须立即具有**硬**的属性。上面描述的双粒子量子系统就处于所谓的"纠缠"中。粒子及其属性是不可分离的。不知何故，它们形成了一个整体，其演化是紧密耦合的，即使它们之间的距离远远大于进行测量所需的时间内光所能传播的距离。

这种"幽灵般的超距作用"深深地困扰着爱因斯坦。鉴于他在相对论中所做的工作，即让引力成为一种与时空曲率相关的局域现象，他确信自然界必须是局域的，这意味着任何物体和信息的传播速度都不可能超过光速。这就是为什么爱因斯坦、波多尔斯基和罗森都认为，在上面的例子中，可以用双粒子状态函数来证明量子力学是不完备的。他们认为，在量子力学的常用公式之下，一定潜伏着一些"隐变量"，这些变量解释了为何相距甚远的粒子能够表现得像是互相联系的，好像有一个看不见的指挥者在告诉粒子该做什么。

20世纪60年代初，爱尔兰物理学家约翰·贝尔发现了一个公式，展示了如何将量子力学及其非局域纠缠与EPR的观点区分开来。根据EPR的观点，量子物理学之下一定有一个经典的、局域的、有隐变量的进路（与非局域的隐变量相反，我们将在下文讨论），这个方法比量子物理学更加完备。虽然贝尔的公式花了近20年的时间才在实验室中得到验证，但当时的结果和现在的结果都确凿无疑地站在了非局域量子纠缠的一边。显然，实在是一个奇怪的东西。

面向诠释

人们并没有围绕经典力学的诠释进行长期的争论。尽管哲学家们确实找到了对细节进行哲学思考的理由，但对于物理学家以及感兴趣的公众来说，经典力学的诠释已经足够清楚。世界是由微小的物质组成的，这些物质根据数学物理学的定律在时空中运动。这就是故事的全部。

量子力学则不同。量子理论中的原子与希腊人的原子在形而上学上没有相似之处。虽然量子力学的形式体系提供了科学上迄今为止最精确的答案，但要简单地描绘出这种形式体系所表征的东西是不可能的。态函数指什么？就世界上实在的事物而言，什么是叠加？纠缠对世界上那些实在的东西意味着什么？最重要的是，为什么测量很重要？

与经典力学不同，量子力学并没有针对这些奇怪现象的现成诠释，这就像在形而上学领域中玩一场把尾巴钉在驴身上的游戏。这样的结果是，一百多年来，物理学家和哲学家们提出了一系列相互矛盾的诠释。每种诠释都试图解释叠加、纠缠和测量问题的含义。在本章的剩余部分，我们将从盲点的角度回顾这些诠释中最受欢迎的几种。我们的目的不是为了提倡一种诠释来凌驾于另一种诠释之上，相反，我们想通过关注这些诠释赋予什么以特权，来了解这些诠释是如何应对量子力学带来的挑战的。每种诠释背后都有一种世界观——科学中什么是重要的，为什么重要。

大多数量子诠释根据其特权可分为两类。这种分类取决于态函数的含义，态函数通常由希腊字母 Ψ（Psi）表示。那些希望态函数是存在于这个世界上"就在那里"的"自在之物"（thing in-itself）的诠释，被诙谐地称为"psi-本体论"（psi-ontological）。与之相对的是将态函数视为衡量我们对世界了解程度的一种诠释，这被称为"psi-认识论"（psi-epistemological）。本体论以及与之相对的认识论，在长达百年的量子诠释之战中从未有过定论。

在我们讨论相互冲突的诠释与盲点的关系之前，需要注意的是，量子力学的科学应用并不需要一个诠释。这可能看起来很奇怪，但我们完全可以忽略关于叠加、纠缠和测量的含义的问题，只用形式体系来设计和分析实验。这种被物理学家戴维·默明称为"闭上嘴去计算"的方法非常有效。[13] 实际上，多年来对"量子力学基础"（如何解释其深层次含义）的关注已成为年轻物理学家的职业杀手。然而，在过去几十年里，量子信息理论和量子计算的诱人的可能性已使之成为前沿研究领域。在这些领域，保存和操纵单独的叠加（称为 q-bits）是人们关注的核心问题。正如 19 世纪发生的那样，当与工业革命相关的技术应用带来了热力学、熵和时间之矢的讨论，新的量子技术正将那些被上一代人回避的根本问题重新推到人们关注的前沿。

Psi-本体论(一)：随机坍缩和GRW诠释

理解测量问题的一种方式是关注测量时出现的动力学定律的突然中断。那么有没有一种能够理解叠加态函数的坍缩而不需要放弃薛定谔方程的方式？换句话说，对于那些支持 psi- 本体论观点的人来说，其努力的目标是保全本体论，而不是解释测量；目标是找到一种量子力学的诠释，以确保世界上的事物（包括波函数）本身具有固有属性。其中一种尝试是遵循所谓的"动态约化程序"（dynamical reduction program），也被称为"自发坍缩理论"（spontaneous collapse theory）。该理论寻求一种纯粹的本体论动力学机制，将多个状态的叠加强制转变为单一值，即可以通过测量记录下来但绝不依赖测量的被观测状态。

在这方面，最受欢迎的方法是由贾恩卡洛·吉拉尔迪、阿尔贝托·里米尼和图利奥·韦伯在1986年发表的一篇论文中提出的。[14] 他们的GRW理论在薛定谔方程中添加了新项。这些新项模拟了与环境（测量装置）的相互作用，自发地将叠加的量子系统推动到坍缩状态。这种"波包缩编"由新项中的参数控制，至少在原则上，这些参数将具有新的自然常数的地位（类似于牛顿的引力常数G或光速c）。

GRW最重要的特点之一是，添加到动力学定律中的新项是随机的。这意味着，叠加的量子系统与测量装置里的大量原子之一，发生的每一次相互作用都有可能导致叠加的坍缩（即缩编）。这种方法有其优点，因为从原理上讲，任何原子与叠加的量子系统之间的单次相互作用都有可能引发坍缩。随着相互作用次数的增加，其中一次触发状态坍缩的概率就会接近绝对确定。GRW的这一特征也解释了从纳米领域的长寿叠加（the long-lived superpositions）到日常经验中的宏观领域的行为转变，在宏观领域中系统从来不会被观测到处于叠加态。由少量原子组成的孤立纳米系统可以保持叠加态，而由数十亿个原子构成的耦合宏观系统则不能。

GRW模型面临的技术问题是如何提供一个完整的数学解释，说明量子系统与环境之间的相互作用如何、何地、何时触发量子系统态函数的变化。最初的关于GRW的论文发表之后，学界又提出了各种各样的方案，并取得了不同程度的成功。不论细节如何，重要的是GRW模型构成了量子力学的一个另类版本，其特征是对薛定谔原来的动力学定律进行了修改。

从盲点形而上学的角度来看，特别是其坚持基础物理学能够独立于任何人类视角来接触实在的想法，GRW大多数版本最显著的特征是：它们从未真正解释过叠加态本身。系统处于没有明确物理属性的状态意味着什么,这一基本问题仍然没有得到回答。相反,物理学家们只是声称相对于人类这样的宏观物体,叠加存在的时间足够短,而没有尝试去阐明量子叠加的意义。尽管添加的项和常数允许从本体论的角度看待波函数,但基本的本体论问题并未得到解决。更笼统地说,从我们阐述盲点的角度来看,GRW以及所有的psi-本体论诠释显然都在使用一种悄然替代的方式,用描述物理数据的数学量(波函数)替代世界中的实在事物,而没有任何经验证据证明这种悄然替代是合理的。在这样做的过程中,它将控制波函数坍缩的假设参数提升为(未被观察到的)新的自然常数,就像光速一样。

Psi-本体论(二):导航波理论

在20世纪20年代,路易·德布罗意提出了另一种解决量子力学不确定性的方法,30年后,戴维·玻姆重新发现了它并进一步完善了这一方法。[15] 德布罗意–玻姆理论也被称为玻姆力学,主张增加一个隐变量,以恢复量子力学的确定性。与1935年的爱因斯坦、波多尔斯基和罗森一样,德布罗意和玻姆认为最初的量子形式体系并不完备。他们呼吁引入量子动力学的其他隐藏面,以在不涉及测量和观察者的情况下,提供对原子现象的完备描述。

德布罗意–玻姆理论始于量子理论中著名的波粒二象性。薛定谔方程确实描述了波在空间中的传播,并用波函数 Ψ 表示。然而,与水波或电磁场波不同的是,薛定谔方程所描述的是系统获得具有这个或那个值的属性(比如粒子的位置)的概率波。这就是方程1

的态函数中系数 a 和 b 所指的内容。马克斯·玻恩最先看到这些系数的平方（a^2 和 b^2）给出了态函数的不同物理属性在测量中被发现的概率（例如，方程 1 中的 |White> 或 |Black>）。德布罗意–玻姆理论在此基础上添加了一个新方程（一个新的方法和一个新的实体）来描述量子系统。对于德布罗意–玻姆理论来说，粒子是实在的实体，而在某种意义上，薛定谔的最初形式系统提供的是一种引导着粒子运动的导航波。

导航波的观点在玻姆力学中得到了正式确立。量子粒子的位置和动量等物理属性是确定的，而它们的值由导航波引导。有了这一补充，叠加不再需要被视为世界上的实在事物。粒子其实就是希腊人想象中的微小物质，它们的运动由导航波引导，就像乐队指挥引导乐手一样。这样一来，动力学就变得完备了。也就是说，在人们进行测量之前，粒子具有什么样的属性总是有答案的。

多年来，人们对德布罗意–玻姆理论的意义和有效性存在诸多误解，使得该理论被人们遗忘或忽视。然而，最近人们越来越认识到，该理论可以为量子力学提供一种另类的形式体系，这重新激发了人们对其可行性的研究。

关于玻姆力学的一个问题涉及局域性，即相距甚远的物体之间的相互作用不可能快于光信号穿过它们之间距离的时间。正如我们在上一章看到的，局域性与因果关系和时间方向的概念紧密相连。由于任何物理原因的传播速度都不可能超过光速，因此大多数物理学家都要求对实在的解释必须始终是局域的。我们已经看到，贝尔定理（Bell's theorem）禁止任何隐变量理论是局域的，这一结论现已被多个实验所证实。因此，玻姆力学是非局域的。这意味着整个宇宙以某种方式参与到对每一个物质粒子行为的决定中。尽管贝尔是德布罗意-玻姆理论的狂热支持者，但许多物理学家认为，对非局域动力学的需要减损了其作为量子理论的本体论诠释的价值。对于这些物理学家来说，代价似乎太高了。

德布罗意-玻姆理论的另一个争论点是导航波和粒子的本体论。这些波本身是超维实体（hyperdimensional entities），与物理学认为实在的其他事物没有明显的关系。例如，在测量之后，德布罗意-玻姆力学保留了导航波的空分支，又称"幽灵分支"（ghost branches），它描述了未被观测到的可能的实验结果——叠加态中的"其他"状态。态函数的这些分支保留了其本体论地位，只不过"就在那里"的地位仍然悬而未决，实在但未实现。

Psi-本体论(三)：平行的实在和多世界诠释

多世界诠释（the many-world interpretation，MWI）由休·艾弗雷特在1957年首次提出。它对叠加态函数的坍缩提出了一个简单明了的解释：它从未发生过。MWI的目标与其他psi-本体论的诠释一样，都是为了保全本体论。因此，与其说薛定谔方程所代表的动力学规律被观测者的测量所取代，不如说宇宙本身在测量的那一刻"分裂"成了平行的分支，每个分支代表一个世界，而且每个世界中的观察者都记录了一个不同的测量结果，每个结果都与原始态函数的不同分支相一致。因此，对等式1所代表的量子系统进行测量会产生一个分支（一个世界），在这个分支中，观察者会记录下仪器读数"|White>"，而在另一个分支中，观察者会看到仪器读数"|Black>"。从那时起，每个平行分支都会继续演化，直到进行

新的量子测量时才会再次分裂出新的分支。

MWI之所以吸引到一些物理学家和哲学家，是因为它保留了态函数和决定其演化的动力学定律的本体论地位，即保留了它们的客观实在性。我们可以谈论一个"宇宙态函数"，它代表了对所有粒子和过程的完备描述。在MWI中，这个态函数仅由初始条件（大爆炸时给出）决定，随后的演化则由一个经过改进的薛定谔方程（动力学定律的相对论的、场论的版本）给出。然而，由于缺乏对引力的量子本质的理解，宇宙波函数的含义并不明确。另一个使MWI对其追随者具有吸引力（而对其批评者没有吸引力）的特质是，与量子相互作用相关的不确定性也消失了。通过假定态函数及其动力学定律对宇宙演化具有绝对权威，量子力学变得完全确定。如何将这种决定论与量子物理学的概率论本质结合起来，仍然是一个值得讨论的话题。

量子系统与测量仪器的"结合"产生了MWI中的平行分支。相互作用产生了由不同状态的仪器和量子系统组成的子系统。正是子系统的这种叠加态演变成了多个平行的（非相互作用的）分支。退相干（decoherence）是这一分裂过程的关键，在这一过程中，孤立的、叠加的量子系统与更大的宏观测量仪器中的"浴"原子（"bath" atoms）相互作用。退相干作为一种物理机制发挥着至关重要的作用，它导致量子系统和测量仪器的初始纠缠态分裂成非交流宇宙中共存的平行态，每个平行态代表一个可能的测量值。这样一来，MWI的众多世界并不是平行宇宙，而是单个宇宙中彼此不可见的部分。其他世界就像彼此的幽灵，存在但无法进行互动。

鉴于其明显的异世界的本质（other-worldly nature）*，MWI 受到了多方面的批评。最突出的批评是引用奥卡姆剃刀原理，警告人们不要在解释中增加不必要的实体。然而，MWI 的捍卫者却提出了相反的论点：测量过程中，波函数的非局域坍缩给量子力学增加了不必要的实体。为了拯救态函数的本体论和决定论的世界观，MWI 所付出的代价就是创造出近乎无穷的新世界，每个世界都包含一个你（和其他每个人）的副本，他们拥有自己独特的意识而且相信自己就是你。对于许多物理学家和哲学家来说，这个本体论的代价过高。一些技术难题也在人们处理 MWI 中的概率问题时产生。特别是，人们并不清楚如何为反映实验测量结果的不同分支世界分配相对概率。从我们的角度来看，MWI 精心设计的本体论是盲点和悄然替代的征兆。坚持波函数在本体论上的优先性，会迫使 MWI 的追随者做出选择，而这一选择给他们留下了一个充满幽灵的宇宙。

在认识论与本体论之间：关系性量子力学

在我们讨论的与境中，值得关注的新的诠释是卡洛·罗韦利 1996 年提出的关系性量子力学（RQM）。[16] 从某种程度上说，RQM 与我们刚刚探讨的 psi–本体论诠释和我们在以下章节中介绍的 psi–认识论诠释并无关联。

---

* 作者特别在 "other-worldly nature" 之后注释了这是一个双关语，意在说明 MWI 的多世界特点。——译者注

与 psi-认识论模型一样，RQM 并不把态函数当作宇宙中的一个新实体。它是一种计算工具，没有内在的本体论地位。同时，与经典力学一样，RQM 也认为物理系统具有位置和动量等固有属性，而这些属性"就在那里"，就存在于宇宙中。RQM 的创新之处在于它宣称这些属性只有在与其他系统发生相互作用时才存在。而且，这些属性只有相对于与之发生相互作用的其他系统才有意义。因此，物理实体的属性总是关系性属性。

RQM 并不要求赋予观察者或测量以任何特殊地位。任何物理系统都可以充当观察者，因为测量现在只是一种相互作用。这种观点的代价是，从形而上学的意义上讲，RQM 并不具有强烈的实在性。物理系统只有在相互作用的时刻（一瞬间）才具有实在的属性。在这些相互作用之间，系统属性的真正价值无从谈起。诠释的关系性本质还意味着"不同的观察者可以对同一事件序列给出不同的解释"[17]。

RQM 与我们在此讨论的许多其他诠释有共通之处。与 MWI 一样，RQM 为叠加态的分支编写了"索引"，但这种列举并不是通过每次测量来创造新世界，而是用来识别相互作用的网络和产生的关系性属性的瞬间。与我们接下来要介绍的哥本哈根诠释（the Copenhagen interpretation）一样，它的重点是观察者与量子系统之间的相互作用。不过，它并不假定经典宏观世界的特殊作用，而是让任何相互作用都扮演观察者的角色，从而使相互作用"民主化"。与我们介绍的最后一种诠释 QBism（量子贝叶斯主义）一样，RQM 也关注态函数的信息本质，并坚持放弃那些在量子形式体系下毫无意义的问题。然而，与 QBism 不同的是，它并不强调行动者或观察者的作用。

Psi-认识论(一)：哥本哈根诠释和量子正统

与我们刚才回顾的各种 psi–本体论观点不同，"正统的量子力学"（orthodox quantum mechanics）这一说法经常被用于指称量子力学的标准观点，它也被称为"哥本哈根诠释"。80多年来，哥本哈根诠释一直是量子力学中具有操作性的思维方式。它背后的思想出现在许多教科书中，即使许多书中并没有使用这个术语。

事实上，并不存在单一的哥本哈根诠释。相反，这个术语指的是与一些量子力学奠基人有关的思想和观点的杂乱集合，这些奠基人主要包括沃纳·海森堡、马克斯·玻恩、沃尔夫冈·泡利、尤金·维格纳，以及最重要的尼尔斯·玻尔，他的工作地点就在哥本哈根。[18]这些思想家在态函数的本质、测量的作用以及经典世界和量子世界的区别等方面存在显著差异。

尼尔斯·玻尔的写作风格是出了名的晦涩，因此人们有时很难确定玻尔在量子形式体系意义的关键问题上提出的论证是什么。玻尔认为原子是实在的，这意味着它们不是"启发式的或逻辑上建构出来的东西"。[19]但在量子力学的原子和亚原子领域，经典物理学的概念不再是指物体本身。一切都必须追溯到实验的安排。因此，我们关于量子系统的所有知识都是依赖于与境的。由实验者设定的实验不能从与境中抽离出来。这一观点在经典领域和量子领域之间划出了一条重要的分界线，在经典领域中，被研究的系统和用于进行研究的设备可以被清晰地区分开。因此，对于玻尔和哥本哈根诠释来说，现象的经典领域和量子领域之间是截然分明的。当我们从量子尺度发展到与宏观世界相关的尺度时，量子力学的描述必须与经过充分检验的、可靠的经典力学描述相互补充，或者说能用量子力学重新对经典力学进行表述。

在哥本哈根诠释中，态函数 Ψ 并不能为我们提供纳米尺度上的图景：态函数并不代表一个事物或实体；相反，它象征着我们对实验安排的理解，而实验安排依赖与境，其本质上是认识论的。它是我们通过实验收集到的关于量子系统知识的表达。需要注意的是，这种知识是客观的，因为两个实验者可以进行相同的实验并比较其结果。如果实验得出了相同的答案，那么这些答案就构成了客观知识。

关于测量问题，波函数坍缩的基本概念来自哥本哈根诠释。这也就是我们为什么把哥本哈根诠释称为"正统"的原因。1932年，冯·诺依曼通过区分与测量相关的第一类过程和通过薛定谔方程与量子系统的演化相关的第二类过程，提出了关于坍缩的标准解释。[20] 冯·诺依曼进一步建议，应区分量子系统、测量装置和实际观察者。他认为三者之间的分界线是依赖与境的。

后来，尤金·维格纳在他著名的"朋友悖论"中注意到了这种模糊性，这是他从实际观察者（即心灵）的作用中注意到的。[21] 观察者记录了一个处于叠加态的系统的测量结果，从而导致了态函数的坍缩。观察者的朋友观察了观察者进行测量的实验室。然而，在观察者观察以及知晓测量结果之前，他的朋友会描述他和量子系统处于叠加态。对维格纳来说，这表明意识在坍缩过程中扮演了某种角色。

然而，这种观点从来就不是玻尔的立场。尽管玻尔从根本上将态函数看作是量子现象依赖与境的描述，但他不可能认为非物理的心灵活动会直接影响量子系统（或任何物理系统）。

因此，哥本哈根诠释实际上是量子力学奠基人之间那些时有分歧的观点的综合体。不过，他们的共同点是明确的：态函数属于我们的知识，而不是独立于认知行为的实在本身。它代表的是我们通过测量对世界进行的描述，而非世界的本质。哥本哈根诠释旗帜下的大多数观点都承认，量子力学深刻地改变了我们理解研究对象和研究者关系的方式。因此，自量子力学问世以来，它就让一些最具创造性的理论家相信，这门新科学要求我们超越盲点形而上学。

Psi-认识论(二)：量子比特和主体的优先性

量子贝叶斯主义，或按照当今的说法称之为 QBism，相对来说仍是诠释竞赛中的新秀。[22]"贝叶斯主义"这个名称最初被使用是因为它强调并相信在量子力学中出现的概率，而且还会在贝叶斯框架内对概率进行解释。贝叶斯是 18 世纪的数学家和神学家。对于贝叶斯主义者来说，概率代表的是一种知识或信念的状态，而不是某种现象的频率或倾向。尽管有多种贝叶斯思想流派对概率分布的含义进行了思考（这也是量子贝叶斯主义更名的理由之一），但对 QBism 来说，最重要的是概率反映了行动者当前关于世界的知识状态，因为行动者会对未来将发生什么进行预测。正如物理学家埃德温·汤普森·杰恩斯用贝叶斯观点描述科学中的概率时所说："概率是认识论层面上的一种理论建构，我们指派概率来表征一种知识状态，或者说，我们根据概率论的规则从其他概率中进行计算。"[23]

从 QBism 的角度看，量子力学中许多幽灵般的、非局域的奇怪之处都可以通过接受这样一种观点来解决，这种观点就是量子力学（以及所有科学研究）最终都指向使用该理论的行动者经验。因此，量子态本身不再是世界本身的属性。相反，这些状态必须与使用量子力学进行微观物理世界实验的行动者相关联。每个行动者都会根据自己所处的环境将量子态分配给一个系统。量子态并不是实在的元素，而是代表了一个行动者对其进行测量的可能结果的相信程度。因此，叠加态的本体论奇怪之处就消失了，因为态函数不是本体论的。"处于叠加中是什么感觉？"这个问题不会出现，因为叠加并不是世界的状态，而是知识的状态（或者更准确地说，是信念的状态，因为贝叶斯主义者通常将概率理解为在给定证据的情况下，行动者对命题的信心程度或"置信度"）。因此，量子贝叶斯主义者们（QBists）声称纠缠不再是一种悖论。从观察者对相互作用然后分离的粒子对的测量中，我们了解到量子概率如何揭示了行动者在对世界做出选择时必须处理的结构。QBists 声称理解这种结构是他们工作的最终目标。

QBists 还声称在量子贝叶斯主义的框架中，测量不再是一个问题，因为测量只是行动者对外部世界执行的行为。这使得"每个测量结果……一个个人经历的事件，对于引起它的行动者来说是特定的"。[24] 因此，人们不再需要识别标志着将量子系统、测量仪器和环境分离开来的"诡异分裂"（shifty split）。

在一些人看来，QBism 不仅对量子形式体系，而且对科学本身都采取了激进的主观主义方式。基于 QBism 对主体的强调，有一种批评称 QBism 是唯我论的。QBists 驳斥了这种说法，他们认为外部世界是其框架的核心假设。在 QBists 看来，量子理论总是关于"一个行动者与外部世界的相互作用，否则量子理论的形式体系就没有意义"。[25] 正如物理学家戴维·默明所说，"QBism 让科学家重回科学"。[26]

说你对世界的理解取决于你的经验，并不是说你的世界只存在于你的头脑中，而一些关于 QBism 的文章就做出了这种错误的断言。你基于许多要素构建了你对世界的图景，包括世界对你的经验的影响，以及世界如何、何时对你采取的行动做出反应。当你对你的世界采取行动时，你通常无法控制它如何对你做出反应。

尽管你没有直接接触到他人经验的个人途径，但你私人经验中的一个重要部分就是你在努力与他人交流私人经验时对他人产生的影响。科学是人类的集体努力，人类通过对世界的个体行动和相互之间的口头交流，找到个人建构世界的共同模式。对话、会议、研究论文和书籍是科学进程的重要组成部分。因此，QBism 代表的是人在共享世界中的生活和行动，而且这个世界总是会对人做出反应。QBism 没有任何唯我论可言。

QBism 有时也被认为是哥本哈根诠释的延伸。为了回应这种观点，QBists 首先指出哥本哈根诠释并不存在。然而，更重要的是，与哥本哈根诠释的任何版本不同，QBists 明确引入了量子力学的行动者或"使用者"，并使他们成为理解量子形式体系的核心。用默明的话来说："由于每个使用者都是不同的，他们将世界划分为不同的外部和内部，因此量子力学对世界的每一种应用最终都必须指向（哪怕只是隐含地指向）一个特定的使用者。但是，哥本哈根诠释的每一个版本所采取的世界观，都没有指向试图理解世界的特定使用者。"[27]

一个世纪的不确定性：量子与盲点

量子力学及其花样繁多的奇怪之处中最引人注目的方面之一，

就是它对诠释争议的抵御能力。一个多世纪过去了,我们仍然不确定如何诠释量子物理学的数学形式体系的非凡成功。然而,经过一百多年的论证,我们已经清楚,任何试图诠释这一形式体系的尝试都必须付出沉重的代价。这个代价由盲点世界观来支付。

对量子形式主义的每一种诠释都迫使其追随者远离盲点的简单直接的客观主义及其所基于的经典力学。例如,多世界诠释为了让态函数成为现实世界中的真实存在,付出的代价是无法理解的世界数量的激增,其中充满了我们每个人的复制品。QBism为解开叠加态和测量的奇怪之处所付出的代价,是承认观察者必须在任何物理学描述中居于核心地位。在这两种情况下,出于截然不同的原因,必须放弃盲点对经典物理学的只有一个完美可知的宇宙的假设,转而采用一套关于世界本质和我们与世界关系的新假设。

量子力学迫使我们提出一个困难的形而上学问题:什么样的代价太沉重?哪些关于世界的重要假设是我们不能放弃的?或者更恰当地说,哪些重要的新原则现在必须被编进物理学的结构中?从我们在本书中提出的观点来看,显然任何想要将数学物理学的抽象概念物化的想法都会导致问题。怀特海甚至在量子诠释之争真正开始之前就提出了这一点。怀特海提出的具体性误置谬误只是承认,用数学抽象概念代替具体经验会导致困惑和悖论,这一点是完全能够预料到的,因为这使得自然发生了不自然的两分。在量子力学中,我们看到了这种谬误以数学建构的物化展开,迫使一些诠释进入了看似怪异的领域。有人不禁要问,为什么一些科学家在其他领域通常热衷于贴近数据和实验,而在面对量子力学时却超出经验这么远?为什么许多物理学家和哲学家会选择多世界诠释这样一种在本体论上似乎有些奢侈、在实验上又没有明显好处的东西作为诠释框架？为什么他们愿意付出平行世界爆炸式激增的代价？

这些问题的答案是：盲点。正如我们所看到的，经典物理学的兴起意味着我们选择性地遗忘了经验作为一切科学实践基础的作用。从牛顿到庞加莱的抽象的循环上升，意味着经验被还原为单纯的观察或数据记录。客观主义本体论（objectivist ontology）成了王道，因为科学家越来越习惯于假定他们的数学物理创造可以被视为"上帝的心灵"所持有的永恒定律，可以从一个完全客观、完全无立场的视角，也就是从一个"无源之见"来看待。[28] 因此，当量子力学从创造了经典物理学胜利的同一个科学工作间出现时，许多科学家相信他们的工作就是捍卫本体论的高地，将实在与抽象的形式体系等同起来。

认识到盲点是自现代科学诞生以来贯穿科学文化（相对于科学实践本身）的一个根本性错误，为关于量子力学的争论提供了特别的启示。当我们明白经验已经被遗忘，但只能被我们遗忘一段时间的时候，我们就应该预想到，让经验在科学中回归其应有的中心地位的诠释，是对量子力学所提挑战合乎逻辑的回应。从这个角度来看，QBism 在认识论上所付出的代价似乎不是一个糟糕的赌注，而是相反。它不仅认识到了经验的中心地位，而且还提供了一个框架来理解新物理学如何从这一认识中产生。[29]

尽管我们并不认为 QBism 是对量子力学的正确解释，但我们认为它朝着正确的方向迈出了一步。它与 RQM 的元素一起，解决了量子力学提出的基本问题：世界的属性与我们对世界的经验之间的关系。因此，我们可以逐渐看到，在有关量子物理学的长期争论中，一个例子正在慢慢出现，它说明了"盲点"如何迫使人们接受某些有局限的科学思考方式，以及这些方式现在如何可能被克服。

第 5 章
宇宙学

回到时间

现在我们从微观转向宏观,从量子转向宇宙。对宇宙学的关注将我们带回时间以及生活时间与时钟时间之间的争议这一话题。在前述章节中,我们探讨了经典力学和统计力学中的时间。我们看到了强大的抽象概念如何使物理学家在捕捉与天体力学和物体间热交换相关的现象方面取得了非凡进展。然而,在这些成功之中隐藏着强大的盲点因素,尤其是在科学家试图处理有关时间方向的恼人问题时。现在,我们将随着引力相对论(relativistic theories of gravity)的兴起和它所推动的宇宙科学的发展,在现代继续书写这个故事。我们从爱因斯坦及其相对论带来的科学革命开始,这场革命极大地改变了我们对时间和宇宙的理解。

爱因斯坦和时间的局域化

可以预见，所有模型都会失败，因为模型本质上是对实在的理想化呈现。当模型被严格检验时，最终会显露出裂缝。这是好事。新的科学，有时甚至是全新的世界观，正是从这些裂缝中出现的。物理学家接受的训练是期望甚至欢迎模型和理论具有这种易碎性，尽管在现实中，事情从来没有那么简单。物理学家也是人，他们也会对自己喜欢的模型产生依恋，当自己心爱的模型的可行性受到威胁时，他们的情绪往往会变得激动。这就是为什么科学事业被设计成能够认识到自身弱点的样子。也就是说，关于模型或理论是否可行的最终决定，是基于经验和共同体的，而不是基于个人的。随着新数据的收集和分析，自我迟早会被抛到一边，共识会占据上风。无论如何，事情就应该这样运作，且大多数情况下确实是如此运作的。

然而，更困难的是让科学家看到，进行这些辩论的科学工作间背后的基础是什么。关于测量者与被测量者、地图与制图者的基本假设往往不受质疑，因为它们已经不被注意到。它们已经落入盲点。这种遗忘（经验失忆症）也出现在时间和相对论的辩论中。当牛顿世界观的裂缝出现时，爱因斯坦的革命性工作便在科学中兴起并扎根。

众所周知，牛顿力学和引力的世界观存在三条裂缝：第一，快速运动需要狭义相对论的修正；第二，强引力需要广义相对论的修正；第三，分子、原子和亚原子维度的物体需要基于量子物理学规则的非传统力学。牛顿的绝对时空世界观在描述我们日常生活的世界时非常有用，但实际上，它是对实在的模糊映射。它之所以行之有效，是因为只有在远离我们对世界的感知的极端情况下，相对论的和量子力学的修正效果才会变得显著。牛顿框架基础上的裂缝隐藏得很好。然而，一旦它们暴露出来，这三个裂缝都要求对20世纪前三十年形成的基本概念进行深刻的修正。正如我们将在本章描述的那样，时间获得了一种可塑性，破坏了牛顿的绝对时间概念。时间变得具有局域性和框架依赖性，每个观察者的时钟都以自己的速度嘀嗒作响。

爱因斯坦指出，牛顿的绝对时间，即一台对于宇宙中所有观测者、所有区域都以相同的速度运转的宇宙时钟，其实只是一个近似值，只适用于相对速度较慢和引力较弱的情况，而这恰好是我们生活所需的条件。然而，相对论和量子物理学的理论必然建立在经验之上，特别是建立在用科学工作间的工具所创造的经验之上。

爱因斯坦的巨大成就是创造了一个概念框架，允许不同的观察者比较他们的时钟时间，包括在高速运动和强引力场中的情况。然而，对我们的论证至关重要的一点是，相对论和量子理论的时间保留了牛顿的抽象物理时间的数学特征：时间被表征在一条连续的时间线上，由没有绵延的瞬间构成。狭义相对论和广义相对论的方程仍然假定隐含的因果关系，并且需要初始条件才能求解。时间保持着它的顺序，但它仍然可以朝任意一个方向流动，即从过去流向未来，或者从未来流向过去。随着爱因斯坦的出现，牛顿的单一普遍的时间变成了一个近似值，因为物理时间的流动会随着局域条件的不同而不同。引力越强，时间过得越慢。我们可以把狭义相对论和广义相对论都解释为一种转译装置，它允许以不同速度或在不同引力场中运动的观察者比较他们局域的时间测量值，从而使物理定律保持普遍有效。在理解了时间和空间测量中出现局域变化的必然性后，爱因斯坦以光速不变为基础，恢复了普适物理叙述的完整性。

难怪柏格森和爱因斯坦在1922年围绕时间的本质展开了争论。[1] 柏格森向爱因斯坦提出了我们所说的盲点，即在描述自然现象时忽视了经验，在这里是时间的概念化。爱因斯坦并不在意柏格森的批评，认为这一批评是心理学问题，因此在本质上对物理学毫无价值。

人们普遍认为爱因斯坦在这场辩论中占据上风，而柏格森的声誉受到损害，他的影响力也在减弱。[2] 有一种说法是，柏格森在他的著作《绵延与同时性》中未能理解相对论及其数学公式。[3] 而我们认为，柏格森的分析中可能存在一些错误，但仔细研究这本书以及他与爱因斯坦的辩论后，却无法证实这些错误。[4] 正如物理学家乌尼克里希南所写的那样，"作为一个精通数学的哲学家，他在处理物理理论中的问题时非常严谨，他的分析一丝不苟"。[5] 可见，这场辩论在哲学和科学方面的重要性值得被进一步审视。从我们的角度来看，100年后的今天，这场辩论代表着我们错过了将科学世界观带出盲点的机会。事实上，这场辩论揭示了那时以爱因斯坦为代表的后牛顿科学的进步，是如何要求取代盲点的。尽管柏格森犯了错误，但他明白这一点。简言之，即便柏格森是错误的，他也有其正确之处，即便爱因斯坦是正确的，他也有其错误之处。由于这些原因，我们需要更加仔细地看看在这场辩论中到底发生了什么。

在光之城巴黎的同时性

1922年4月6日，这是爱因斯坦到巴黎国际哲学学会发表演讲的重要日子。柏格森是一位以雄辩闻名的知识界名人，他说他到这里来只是为了听而不是为了说。[6]然而，根据莫里斯·梅洛-庞蒂的说法，"讨论变得没了生气"，而柏格森被要求在会议上发言。[7]在国际哲学学会的"友好坚持"下，柏格森站了起来，从他即将出版的《绵延与同时性》一书中即兴提出了一些观点，这本书专门讨论了他的"绵延"概念与爱因斯坦的时间观之间的"对决"。[8]

柏格森在他的发言中首先对爱因斯坦的工作表示钦佩："在我看来，这不仅需要科学家的关注，也需要哲学家的关注。我在其中不仅看到了一种新的物理学，而且在某些方面，看到了一种新的思维方式。"[9]他在演讲结束时明确表示，他不反对爱因斯坦对同时性的定义，也不反对相对论；相反，他关心的是证明"相对论被承认为一种物理理论，并不意味着事情的结束。我们仍然需要确定它引入的概念的哲学意义"。[10]

一个理性务实的物理学家可能会质疑我们为什么要这样做。为什么不直接说时间的概念就是钟表所测量的东西，这样解释不就足够了吗？

这或多或少就是爱因斯坦的回应。柏格森在他的即兴发言中，继续概述了关于绵延的普遍时间的想法，并认为同时性的相对论定义实际上暗示了绝对同时性的直觉概念，正如在人们关于绵延的经验中所给出的那样："绝对的意义在于它不依赖于任何数学惯例，不依赖于任何物理操作，比如时钟的设置。"[11]爱因斯坦仔细地听着，但他的回答却很敷衍。他简要地总结了他对柏格森言论的理解，然后说道："没有所谓的哲学时间，只有不同于物理学时间的心理时间。"[12]爱因斯坦所说的"心理时间"是指对时间流逝的主观感知，它取决于个体因素，比如我们的感知系统对感官刺激和情绪的反应。

柏格森一定很懊恼，因为爱因斯坦没有直接回应他的论证，而是断言对绵延的体验只是一种心理现象。柏格森关注的是时间的时间性，即时间的流逝。然而，爱因斯坦将它仅仅视为一种心理现象，并拒绝接受其他可能。在爱因斯坦看来，感知到的事件是所谓的"心理构建"，而那些由时钟测量的事件则是物理学中的客观事件。

但爱因斯坦并没有回应柏格森的观点，更不用说他的论证了。柏格森的意思是，如果我们不参考一种并非时钟读数的东西（即"我们发现自己所处的时刻，正在发生的事件"，这只能作为绵延被我们所知），我们就无法理解时钟时间的概念。[13] 这正是需要人去读取时间的时刻，因为任何时钟都无法读取自身。柏格森指出，在把时间抽象为时空图中的一个测量点之前，你必须把时间当作绵延来经验。我们对时间的经验先于建立时钟所需的时间数学化。

一些物理学家和哲学家继续否认这一点，声称相对论中的观察者不一定是活人或有意识的主体，而"很可能……是一个感光板或时钟"，或者是一台计算机。[14] 但是这是一个重大错误，它完美体现了在盲点中的经验失忆症。自然除了通过人类及其意图，不会另外制造测量设备。除非感光板、时钟或计算机存储记录下来的东西，本身也在经验中被存储记录下来，否则那些被设备记录下来的东西也没有科学意义，在科学工作间中没有任何价值。

柏格森的观点是，只有在当下的绵延中——即经验到的现在——我们才能确定我们感知到的事件与我们观察到的时钟读数之间的同时性。用他的话说：

第 5 章 宇宙学

这个事件与时钟读数之间的同时性由一种感知赋予，这种感知将它们结合在一个不可分割的行为中。它本质上由一个与时钟的设置无关的事实构成，这个事实就是，上述不可分割的行为是一个还是两个，取决于我们的意愿［也就是说，我们既可以把包含事件和时钟读数的瞬间感知视为一个整体（因此是一个），也可以把它区分为事件和时钟读数（因此是两个），但感知的绵延的统一性不会被分割开来］。如果不存在这种同时性，时钟就没有任何作用。我们不会制造它们，或者至少没有人会购买它们。因为人们购买时钟只是为了知道现在是几点；而"知道现在是几点"就在于观察一种对应关系，这种对应关系不在一个时钟的读数与另一个时钟的读数之间，而是在一个时钟的读数与我们所处的时刻、正在发生的事件之间，这些东西在根本上并不是时钟的读数。[15]

重要的是要明白，柏格森并不反对爱因斯坦关于同时性的操作性定义：在给定的参照系中，如果用光信号同步的时钟测量到两个事件在同一时间发生，那么这两个事件就是同时发生的。相反，他认为同时性中的直觉或经验概念——建立在对绵延的经验之上——是爱因斯坦的操作性定义的基础。而柏格森呼吁人们关注盲点中的经验失忆症。

爱因斯坦在他 1905 年发表的著名论文《论动体的电动力学》中声称，他使用"某些想象中的物理实验"，从操作上定义了**同时**（simultaneous）、**同步**（synchronous）和**时间**（time）。[16] 在"同时性的定义"一节的末尾，爱因斯坦写道："一个事件的'时间'是由位于事件发生地的一个固定时钟与该事件同时给出的，这个时钟与一个具体的固定时钟是同步的，而且实际上它对于所有的时间判定都是同步的。"[17] 这个定义使用局域事件和局域时钟之间的局域同时性来定义超距时钟的同时性。[18] 但局域同时性依赖于感知的直接经验。例如，球落地这样一个物理事件，被认为是与局域时钟的读数同时发生的，因为两者被感知为是同时发生的。因此，感知，即在绵延的经验中对现在的直接感知，是构成爱因斯坦定义的基础。因此，这些定义不能声称是完全操作性的，即仅使用客观步骤或试验，而不依赖于主观经验来确定其意义。

当柏格森说爱因斯坦定义的概念的哲学意义还有待确定时，柏格森恰恰抓住了这些要点。爱因斯坦的概念被认为是完全客观和操作性的定义，但我们基于对绵延的经验得出的关于同时性的直觉概念，在爱因斯坦的概念中被掩藏和遗忘。因此，盲点中的经验失忆症再次出现了。

为了在物理学中精确地定义同时性，柏格森并不反对人们需要脱离对绵延的经验（对绵延的经验总是包含一段时间），从而概念化出一个精确的"瞬间"。他反对的是用瞬间悄然替代绵延，使得人们忘记了瞬间概念的意义仍然取决于对绵延的直接经验。

爱因斯坦似乎已经意识到，诉诸局域同时性的感知会引起一些问题。在他1905年论文的一个脚注中，他写道："我们在此不讨论两个事件在大致相同的地点发生时，同时性概念中潜藏的不精确性，这种不精确性只能通过抽象来消除。"[19] 然而，这种不精确性关系到什么算作是局域的，而什么算作是超距的。它并没有让人们不需要依赖关于同时性的经验概念，就像在绵延的经验中给出的那样，它的目的是抽象出瞬间的概念，并为物理学建构出一个精确的同时性定义。

对爱因斯坦来说，最终的试验标准是他的理论是否有效。考虑到绵延的经验对他的理论没有帮助,所以他认为它无关紧要,并且忽视了这种经验。这本没有错,他的错误在于认为他的定义比关于时间的经验更加基础。

柏格森在学会上的发言中紧紧抓住了这些要点。局域和超距无法进行精确区分,就像柏格森列举的两个例子,一个是"具有超强视力的超人(此人)可感知两个'极其遥远'的瞬间事件的同时性,就像我们感知两个'相邻'事件的同时性一样";第二个是"智能微生物"会发现爱因斯坦的相邻事件(一列火车进站,而他在看表)之间的距离是巨大的:

他们会制造许多微生物时钟,并通过交换光学信号使其同步。当你想告诉他们你的眼睛纯粹只是观察到了事件 E 和时钟读数 H 之间的同时性,即"相邻",他们会回答你:"哦,不!爱因斯坦先生,我们不承认这一点。我们比你更爱因斯坦。只有当我们的微生物时钟(分别位于 E 和 H 处)标记的时间相同时,事件 E 和你们人类时钟 H 的读数之间才会有同时性;对于我们系统之外的观察者来说,这种同时性将是连续的,它没有掺杂任何直觉或绝对的东西。"[20]

柏格森的观点可以总结为两个方面。第一,局域与超距的界限是不精确的、相对的,这取决于观察者。第二,更重要的是,科学微生物(the scientific microbes)能够通过光信号同步时钟来测量同时性,其前提条件是它们自身在绵延上具有局域同时性的经验。对绵延的经验——也就是经验本身——是不可消除的,爱因斯坦的操作性定义不仅无法将其移开,而且恰恰相反,这些定义是以它为前提的。

　　柏格森并不否认爱因斯坦的定义是有意义的，而且在科学上是富有成果的。相反，柏格森论证的是，即使在无法测量绵延的情况下，把同时性说成是在绵延中得到的仍然具有意义；而且柏格森还认为爱因斯坦在声称给出了一个全面的、客观的时间定义方面走得过远——也就是试图说明时间是什么或什么使时间成为时间。可测量的时间是以绵延为前提的，而绵延总是逃脱并超越测量（原因见第3章）。这就是爱因斯坦拒绝承认的哲学家的时间。对爱因斯坦来说，对绵延的体验只是一个偶然的心理事实，说明我们如何通过我们的感官感知时间，而不是通过时间概念（包括物理学中的时间概念）的意义这样不可消解的来源。用罗宾·迪里的话说，"对爱因斯坦来说，不存在哲学家的时间；但对柏格森来说，物理学家的时间如果与绵延分离，就根本不是时间"。[21]

　　柏格森并不想以科学的理由对相对论提出质疑，而是希望通过说明相对论如何需要绵延的概念作为其适当的经验基础来完善相对论。柏格森在相对论中发现，现代科学中第一次有可能出现"一种时间理论，当对其进行适当的解释时，它揭示了绵延与可测量时间之间的真正关系"。[22] 柏格森认为，爱因斯坦带来的革命为物理学超越盲点开辟了前景。对相对论进行仔细的哲学分析后可知，可测量时间的意义与不可测量的绵延经验密不可分，时钟时间与生活时间密不可分。证明这一点是柏格森在《绵延与同时性》一书中为自己设定的任务。遗憾的是，由于柏格森在陈述狭义相对论时的一些错误，这一要旨在随后的争论中消失了。

有多少个时间

柏格森在《绵延与同时性》一书中主要关注的是对绵延的直接经验与狭义相对论中时间的多元性之间的明显冲突。在柏格森与爱因斯坦理论的"对决"中,有许多问题纠缠在一起,因此我们需要把它们分开,才能理解这场辩论。

柏格森在《时间与自由意志》中指出,存在一个普适的绵延,即一个所有意识都参与其中的、单一的、包罗万象的绵延。[23] 然而,说时钟时间以生活时间为前提,或者说可测量时间是从绵延中衍生出来的抽象概念,这些显然都不意味着生活时间或绵延是单一的,也就是不存在多种绵延。事实上,柏格森本人曾在其他著作中强调,存在多种绵延。[24] 怀特海也曾论证,"时间的可测量性是由绵延的属性衍生出来的",但存在"不同的绵延家族"。[25] 绵延是单一的还是存在多种,这一问题与时钟时间是否预设了生活时间的问题并不相同。我们将在本节末尾再讨论绵延是单一还是多种的问题。

现在重要的是,柏格森试图调和他对单一且普适的绵延的信念与狭义相对论所暗示的测量时间和时间膨胀(time dilation)的多元性。时间膨胀是指两个时钟由于相对速度而产生的时间测量上的差异。速度较快的时钟处于静止状态,速度较慢的时钟处于运动状态。但相对论中并不存在绝对的静止状态。任何观察者都可以认为自己处于静止状态,而认为其他参照系处于运动状态。时间膨胀总是会影响被视为运动的"其他"观察者的时钟,而不是被视为静止的观察者的时钟。柏格森推论说,由于狭义相对论中不存在绝对参照系,而且参照系是惯性的(它们不发生加速),观察者的情况是对称的和可互换的,因此时间的多元性应被视为数学上的而非物理上的实在。如果把多个时间看作严格意义上的数学时间,那么它们就可以与一个实在的绵延时间相一致。[26]这就是他出错的地方。

柏格森关注所谓的双胞胎悖论(twin paradox)。一对双胞胎中的一个留在地球上,而他的兄弟则乘坐宇宙飞船以接近光速的速度前往外太空,然后以同样的速度返回地球。根据狭义相对论,当他们比较他们的时钟(在旅行开始时,他们的时钟在构造上是完全相同的,并且是同步的)时,留在地球上的那一个经历了更多的时间流逝,而且他在生物学上似乎比他的兄弟年长。[27]然而柏格森对此予以了否认,也否认这是解释狭义相对论的正确方式。他论证道,只要双胞胎的情况完全相同,而且没有加速度(脱离改变方向并返回地球所需的加速度),返回的时钟在到达地球时就不会显得更慢。[28](在双胞胎情况不同的其他情境中,他们的时间会有差异。)在柏格森看来,时钟时间只是数学上的归因,而非真正的物理实在。

但是,柏格森在这里说错了。狭义相对论确实预言了,当双胞胎比较时钟时,太空旅行中的那一个的物理时钟显示的时间更少,他也更加年轻,这是理论假设时空具有闵可夫斯基几何(Minkowski geometry)而非伽利略几何(Galilean geometry)的结果。[29]此外,时间膨胀现已被实验证实为一种物理现象。[30]

柏格森论证了两点,一个不正确,另一个正确。第一,时间膨胀并不是真正的物理实在。这是不正确的。第二,没有人能够经验到自己参照系中的时间膨胀。时间膨胀只有相对于另一个参照系才存在,并且只能从外部看到时间膨胀。这就意味着,时间膨胀并不是任何人在自己的参照系内对时间的测量。参照系并不是经验的领域,[31]相反,它是一个抽象概念,只能相对于另一个参照系来详细描述。这是正确的。每个双胞胎都只经验自己的时间。

柏格森坚持认为，太空旅行中的那个双胞胎并没有主观地经验到任何时间膨胀，他没有感到时间对他来说变慢了。为了辨别时间膨胀是否发生，人们必须站在他的参考系之外比较时钟的读数。有人可能会反对柏格森忽略了经验对大脑活动的依赖，太空旅行者的大脑活动比待在家里的双胞胎慢。[32] 因此，他的意识流相对于他在地球上的兄弟来说流逝得更慢。尽管如此，太空旅行者主观上并不会注意到这点，不会注意到时间膨胀的存在。较慢的时间流速仅相对于地球上的另一个参照系存在或显现。因此，说这个双胞胎经验到一个不同的时间是没有意义的。他们各自对绵延的经验对他们来说仍然是特殊的。用柏格森的话来说，"经验到一个不同时间"的太空旅行者是一个"幻影"，一个"心灵景观"或一个"图像"，仅在地球上的那个双胞胎的视角中显现。[33] 柏格森在这里是正确的。他的错误之处在于，他推断，从参考系之外计算出来的时间膨胀不是实在的，而且这对双胞胎不可能真的处于通过物理测量得到的两段不同时间上。

柏格森认为，如果对一个间隔的测量失去了与绵延的联系，它就不再有资格对一个时间间隔进行测量。这就是他认为在狭义相对论的不同时间会发生的情况。对柏格森来说，时间膨胀中没有绵延。时间膨胀只表现为时钟读数之间的差异，或者物理学家计算出的世界线（一个近似于点的物体在时空中的独特轨迹）之间的差异。但没有人经验到这种不同的时间流逝速度。它不能被直接经验，因为一旦你在心灵上把自己转到时间膨胀发生的参照系中，时间膨胀就会消失，并重新出现在你原来的参照系中。用柏格森的话来说，"狭义相对论的时间是这样定义的，除了一个时间之外，其他的时间都是不存在的时间。我们无法置身其中,因为无论走到哪里,我们都带着一段时间,这段时间赶走了其他时间,就像行人每走一步,手中提的灯就会把路上的阴影驱散一样"。[34]

同样,柏格森既是对的也是错的。他认为时间膨胀是从参照系之外计算出来的,而不是主观经验到的,这是正确的。但是他错误地认为"固有时"(proper time)——在一个参照系内由时钟沿着世界线测量的时间——不能基于该参考系固有的绵延。相反,固有时可以理解为基于局域流逝或绵延的可测量时间。因此,正如几位哲学家最近提出的那样,如果将柏格森的绵延概念理解为局域时间或固有时的流逝,那么它与狭义相对论就是完全相容的。[35] 此外,当固有时被理解为基于绵延经验(此时被理解为局域流逝)的数学抽象概念时,就有可能调和狭义相对论的观点与关于绵延的经验。

物理学家戴维·默明从 QBism 的角度(我们在前一章讨论过)讨论时间和"这个现在"的问题时,基本上也提出了这一点:

这个现在(the Now)的问题源于经典物理学长期以来对感知主体经验的排斥,以及对物理的形式体系与自然世界实在的不恰当认同。不可否认,存在着这样一种东西,即当下(the present moment),这是我们每个人经验中真实存在的一部分。事实上,我们有一个有用的形式体系,可以代表我们的经验,而且似乎经验中不包含一个**现在**(a Now)并不意味着现在是一个幻觉。这意味着我们不能将形式体系与它被建构来描述的经验等同起来。[36]

现在让我们回到绵延是多种还是单一的问题。答案是两者都有。

绵延之所以有多种，是因为它总是处于特定的位置：时间的流逝总是从宇宙中某个被经验的角度给出的，而不是从宇宙之外给出的。每个世界线都反映了一个独特的流逝和对绵延的可能经验。更好的是，每个世界线代表一个独特"绵延流"（durational flow）的精华，因为世界线是一个数学抽象概念，一个结构不变量，而绵延是具体的。由于没有一个非任意的上限来限制世界线及其对应的固有时间的数量，因此宇宙中充满了各种时间和潜在的"绵延的节奏"。[37]

需要强调的一点是，"不可能从一个时间的鸟瞰式视角，无视由时空中不同路径所构成的不协调的流逝节奏"。[38] 这一点驳斥了盲点客观主义，即假设存在这样一个鸟瞰式（或上帝视角）的外部视角。

但绵延也是这样。可测量的时间和绵延的节奏可能不同，但时间流逝本身是不可测量的，而且拒绝人们对其进行分析和解释。测量到的时间总是预设了同样不可消除的对绵延或时间流逝的经验事实。在哲学术语中，绵延是"事实性"的一个例子，它是一个必须接受却无法给出依据或理由的东西。在佛教术语中，绵延例示了"真如"（suchness），这是一种无法给出概念依据的关于存在的具体特征。正如怀特海所说，自然作为感官觉知的终点是一个过程，尽管我们可以把它挑出来并描述它与其他特征的关系，但"自然的这一特征是无法解释的"。[39] 对时间间隔的每次测量都是对经过的时间（elapsed time）的测量，经过的时间以绵延为前提，并且无法根据测量的时间重新构成绵延。

事后看来，我们能看到柏格森和爱因斯坦互相误解了对方，而且他们在相互交流的过程中没有做到很好的自我表达。这是一个遗憾。把柏格森和爱因斯坦的见解结合起来能够帮助我们超越盲点。正如我们将要论证的那样，这样做在相对论的盲点概念下是特别需要的，因为它支持一个"块宇宙"（block universe）的图景，在这个图景中，时间是一种幻觉。

一个永恒的块宇宙？

在广义和狭义相对论中，爱因斯坦展示了时间的流速可能会因观察者的不同而不同，这取决于他们匀速运动的相对状态（狭义相对论），或由于他们局域引力场的差异（广义相对论）。对于每一个观察者来说，时间都在坚定地向前推进，尽管对于那些以较快速度运动或处于强引力场中的观察者来说时间的推进速度相对较慢。相对论的时间仍然是有序的，因果关系依然成立，即原因先于结果。尽管如此，与牛顿一样，相对论方程在时间的唯一方向上仍然含糊不清，它们不区分过去和未来。从牛顿到爱因斯坦，时间失去了绝对流速，但对过去与未来的区别却保持沉默。力学，无论是不是相对论，都没有记忆。然而，正如柏格森所说，绵延（即经验的时间）本质上包括记忆。

爱因斯坦的相对论可以用一个四维时空连续体来表述。在四维时空连续体中，时间似乎获得了与空间同等的地位，由此产生了许多困惑。但事实并非如此。空间中的运动自由——我们可以想走到哪里就走到哪里，向北或向南，向东或向西，上山或下山——并没有反映在时间维度中。在时间维度中，我们仍然受到因果链的限制，事件以有序的方式相继发生。你可以停止行走，并保持在空间中的同一位置，但你无法停止在时间中生活。

在数学上，对于平面几何来说，空间和时间之间的差异被概括为四维的闵可夫斯基时空，其中两个事件之间不变距离 ds 的平方用公式表示为：$(ds)^2 = -c^2(dt)^2 + (dX)^2$。在这个等式中，c 是光速，t 是时间，X 是三维空间中的位置。（d 用于表明这些是非常微小的部分。）时间变量 t 乘以光速，因为"光速乘以时间"具有空间维度。空间化时间与三维空间之间的符号差异至关重要。[40]

在闵可夫斯基空间中，两个事件（发生在空间的两个地点和时间的两个时刻上）之间的距离 ds 对所有惯性参照系都是相同的（这就是所谓的"时空不变距离"）。在光速的保护下，因果关系隐含在这一表述中，因为两个事件之间距离的平方不能为负。数学上，$(ds)^2 \geq 0$。只有在 $|dX/dt| = c$，即当"物体"以光速运动时，才会出现最小可能距离，即 $(ds)^2 = 0$（空距离，或光锥分离）。该理论还确定，只有无质量的"物体"才能这样做。其他任何速度，只要小于光速，都会使不变距离 $(ds)^2$ 的平方为正。这就是时间按顺序排列的内在原理。[41]

在这个框架中，"当下"或"现在"的定义似乎是任意的。人们可以选择任何时间作为现在，如时钟开始嘀嗒作响的时刻。狭义相对论和广义相对论都为这种任意性增加了牛顿世界观所不具备的局域性：狭义相对论的任意性来源于以恒定速度运动的观察者之间的相对运动，广义相对论的任意性来源于引力场的变化对时间流动的局部畸变（local distortions）。也就是说，在质量浓度（concentrations of mass）不同的区域，时间流动的速度也是不同的。

时间的流动和"现在"的意义中体现出来的明显的任意性，促使一些科学家、哲学家主张并不存在不断变化的现在。相反，所有的变化都是虚幻的。[42] 这样一来，他们就利用了爱因斯坦的相对论作为理论工具，呼应了苏格拉底之前的哲学家们，例如巴门尼德和芝诺。这些哲学家的观点也被称为永恒论（eternalism），它的核心观点是，正如展示整个时空的图表似乎反映了存在一个永恒的实在那样，我们关于实在的狭隘三维观点也带来了过去和未来的观念。而在四维空间的光辉全貌中，不存在时间流。这个观点通常被称为块宇宙理论：所有时空皆是一个不变的四维块。[43] 因此，所有的宇宙历史和全部的未来都构成了四维时空中的一个整体的块状物，且我们对时间流动的经验是虚幻的。用数学物理学家和哲学家赫尔曼·韦尔的话说，"客观世界只是**存在**，它并不会**发生**"。[44]

块宇宙理论是盲点的缩影。如何在不采取一种不可能的上帝视角——即超越宇宙和自然变化的情况下，条理清晰地提出一个关于块宇宙中所有事件的"同时期的实在"（the contemporaneous reality）的概念呢？[45] 块宇宙理论除了是客观主义的，还使自然两分为客观实在的时空和虚幻的心理时间，用空间悄然替代了时间（用空间化的时间代替绵延），还把抽象的数学表征当作具体的存在（具体性误置谬误）。该理论剥夺了自然的流变和时间的绵延。它通过把生成这一过程转变为一个事物，从而物化了时空。用柏格森的话说就是："在我们偶然存在的空间中加入一个维度（时间），我们无疑可以把在旧空间中注意到的一个**过程**或一个**生成**描绘成这个新空间中的一个**事物**。但是，由于我们用**完全制造出来的东西**来代替我们感知到的**被制造的东西**，我们已经……消除了时间中固有的生成。"[46] 块宇宙理论混淆了数学图景与图景中被描绘的东西。它混淆了地图与领土。[47]

第 5 章 宇宙学

时间的流动是容易被感知的,即使相对论告诉我们,时间的流速不是普遍的,而是我们作为观察者感受到的局域速度。因此,如果我们的目标是提供一幅关于实在的地图,我们有两种选择:提供一幅使用抽象概念而排除时间流动的地图,或者提供一幅时间流动是我们的经验和不两分的自然的固有部分的地图。一幅排除了时间流动的地图的目的是什么?它会把我们引向何方?它能帮助我们更好地理解时间还是把我们引向棘手的难题?

我们从柏格森和爱因斯坦的讨论中得到的教训之一是,不可能有一种时间的鸟瞰式宇宙观,一种在时空的不同路径和绵延的不同节奏之外的宇宙观。块宇宙理论放弃了这一见解,把物理学推回到盲点世界观中,并仍然受困于无法解释时间的时间性(时间的流逝、流动及其不可逆转的方向性)这一棘手难题。基于这些原因可以得出,块宇宙理论本质上是一种倒退。它恢复了盲点,而没有帮助我们超越它。

人们经常认为爱因斯坦相信时间是一种幻觉,这种说法的依据是爱因斯坦在一生挚友米歇尔·贝索去世时写的一封信中的一句隐秘晦涩的话。爱因斯坦在给贝索的儿子和妹妹的信中写道:"现在,他比我早一点离开了这个奇怪的世界。这并不重要。对于我们这些深信不疑的物理学家来说,过去、现在和未来之间的区别只是一种幻觉,无论这种幻觉多么持久。"[48]

但这些话是含糊的。一方面,爱因斯坦并不是在对物理学家和哲学家发表演说。[49] 信中言语是为了表达他的悲痛之情,并希望能慰藉贝索的家人,而且他似乎也想到了自己即将到来的死亡(他在一个月零三天后去世)。另一方面,他以科学家的身份对形而上学和灵魂方面的问题发表了自己的看法,也给人们带来了慰藉。作为一个"深信不疑的物理学家",他知道时间隐藏起来的真实本质,尽管他的经验提供了相反的证明。虽然我们必须允许爱因斯坦用这些话来慰藉他人,但我们不应忽视他将时间视为幻觉所面临的存在主义困境。

时间的绵延、流逝、流动,这些都是我们经验世界中不可或缺的要素。没有它们,科学就无从谈起。任何试图将时间流动归因于主观幻觉的科学,都会诱发经验失忆症,并割除科学赖以生存的基础。如果以为我们可以抽象出时间的流动,从而获得对实在的客观看法,那就等于用一个没有生命的符号替代了自然的流变。我们会被感官经验误导(爱因斯坦的理论试图通过关注可观察的不变量来纠正这种误导)与完全抛弃经验并认为经验与我们对实在的描述无关,这两者之间存在着重要的区别。

因此,当务之急是重新构想一幅包含时间方向的、关于实在的地图,该地图包括从原子和分子到人类和宇宙的所有长度尺度。事实上,正如我们在下一节中所说的,我们自身对时间的经验本身就包含了宇宙的全部历史。

宇宙时间的出现

在第 3 章中,我们看到热力学将时间之矢归因于大量分子相互作用时发生的信息损失。要追踪每一次碰撞的细节,就需要在相空间中进行精确的描述,而这种描述即使在原则上也是无法达到的。这一点非常关键。任何测量都不可能拥有任意的精度。这一根本限制使得描绘实在的任务难以实现。测量中的微小误差会传播开来,信息会丢失，时间的可逆性在本质上是不可能实现的。坦白地说，我们不可能知道一切，即使我们面对的是一个相当简单的系统。忘记这些局限性代表了盲点中经验失忆症的另一个方面，这次是关于科学经验及其固有局限性的。

在我们绘制关于实在的地图的过程中，还有一个同样根本的复杂问题，它并不取决于我们测量能力的限制。一般来说，拥有大量粒子的系统是混沌的：微小的扰动，即使非常遥远，也会对系统产生影响，以至于无法准确地预测其行为（天气预报中著名的蝴蝶效应）。宇宙中一只跳蚤在很远的地方跳跃，在不到百万分之一秒的时间里，经过大约 33 次碰撞，就会使由原子构成的气体陷入混沌。这个微小的影响虽然需要一些时间才能波及这些气体，但一旦波及，影响将在瞬间产生。[50] 因此，我们面临着两个根本限制的结合：混沌（导致独立于我们的变化的扰动）和精确测量的物理极限。

然而，有人可能会问，难道我们不能至少想象一种完美的存在者或一个神奇的设备，能够无限精确地记录每个分子的速度、位置和碰撞角度吗？这样的存在者将是拉普拉斯兽（Laplace's demon）和麦克斯韦妖（Maxwell's demon）的综合体，因为拉普拉斯兽知道宇宙中每个粒子的精确位置和动量，从而知道它们在任何给定时间里在过去和未来的值，而麦克斯韦妖则可以跟踪每个粒子的轨迹，并可以进行干预以减少熵。这样的存在者难道不能完美地逆转运动，从而达到熵减和逆转时间之矢的目的吗？对于这种存在者来说，过去和未来同样都是可接近和可以被控制的。

但是，除非违反三条基本物理定律，否则即使有这样的存在者，也不可能实现这样的结果。

首先，这个存在者需要无所不在、无所不知：它需要瞬间知道空间中每一个位置和动量的测量细节。但是,鉴于每次测量都是一次在某一空间和某一时刻下发生的相互作用,这样的要求怎么可能实现呢?换句话说,因果关系这个观念和光速的有限性使得这种测量不可能在任何实在的意义上进行。自然主义与超自然主义是相互冲突的。

其次,这个存在者必须能够测量每个分子的位置和速度,并且有可能在不产生任何熵的情况下干扰它们的轨迹。但是,这个存在者怎么可能在不产生熵的情况下发挥功能并对系统进行干扰(操纵分子)呢?这会违反热力学第二定律。

最后,还有量子不确定性的问题。回想一下,玻尔兹曼和吉布斯对统计力学的处理需要定义相空间,相空间由表示空间区域(如小立方体)和速度(更准确地说是动量)的小相格组成。当我们在第 2 章和第 3 章中介绍相空间这一概念时,我们讨论了在相空间中定义相格大小所固有的粗粒化或模糊性问题。一个相格能有多小?一种典型回答是,这取决于我们测量设备的精度。像上面这类论证都援引了一个神奇的存在者,其能够任意精确地测量物理量,从而把相空间中一个相格的大小压缩到一个点。但是这类论证其实是一种臆想,一种试图(但未能)回避盲点的理论练习。最终,随着相格大小的收缩,量子不确定性的限制开始变得重要,它禁止以任意精度测量位置/动量。量子模糊(quantum blurriness)是粗粒化的极限。[51]

因此,粗粒化在我们理解物理实在的过程中扮演着双重角色。具体来说,有一种模糊性是世界结构本身就具有的,是物理实在在量子层面上的根本特征;还有一种模糊性来源于我们与物理世界的互动方式,这与我们的测量以及数据收集和存储的限制有关。如果我们接受时间之矢与信息损失之间的关系，这就意味着封闭系统中的熵会增长，以及时间具有从过去到未来的唯一方向。

我们能否将这一概念从分子或原子碰撞的尺度提升到宏观尺度？换句话说，是否有可能将时间的不可逆性从分子尺度放大到宏观尺度？毕竟，时间在任何地方都是流向未来的，即使其相对速度因局域引力场或物体观察者的相对运动而不同。时间对所有生物来说都是固有的，从单细胞细菌到千年狐尾松；甚至包括恒星诞生、演化并最终消亡，以及星系随着宇宙的膨胀而彼此远离。时间似乎在所有空间尺度上都在向前流动，从宏观到微观，从量子到宇宙。

据我们所知，宇宙中没有时间倒流的地方。早在人类开始测量和思考时间之前，这一点就已经作为真理而存在了。然而，由于我们通过经验与世界耦合在一起，我们所能讲述的人类之前的历史，取决于我们在当下建构的叙事，而且还以我们所能测量到的自然为基础。我们对过去的印象停留在当下，我们所能讲述的关于过去的故事必然是不完备的，它仍然受到我们提到过的局限性的束缚。在从现代物理学推断遥远的过去时，如果我们忘记了这些局限性，就会扩大关于时间和科学局限性的盲点错误和误解，我们将在下文进一步看到这一点。如果说理解时间的方向具有挑战性，那么理解时间的起源则将困难提升到了另一个全新的层次。[52]

我们把下列问题当作起点：从亚原子到宇宙的所有已知物理尺度，是什么将跨越了这些尺度的时间之矢联系起来？这种联系就是我们现在所说的宇宙史，从138亿年前大爆炸后的原始火球，到不断膨胀的空间，这一空间形成了原子、恒星、星系和地球上的生命（也可能还有其他地方的生命）。宇宙史的发现，让我们知道地球的年龄约为宇宙年龄的三分之一，同时宇宙史的发现也意味着我们对时间的看法发生了深刻的转变。几千年来，局域天体运动的规律性使我们能够以小时、天、年为单位来对时间的流动进行排序，而且这些时间尺度与我们的寿命相差无几。但是，现代定年技术（dating techniques）、天文观测和光谱学的发展，已经把宇宙时钟延长到了数十亿年。过去和谐有序的宇宙是一个静态的容器，容纳了所有存在的事物，而现在则变成了一个不断生成的宇宙，其间物质结构的本质发生了巨大的变化，从亚原子粒子到巨大的星系团，甚至到达宇宙中更远的所在。物质属性的这些变化决定了宇宙如何膨胀，从而也决定了宇宙时间如何流动。充满宇宙的物质种类通过它们之间的引力相互作用，决定了宇宙膨胀的速度。[53] 现代宇宙学最伟大的发现——宇宙膨胀——重新定义了我们对时间的经验，我们现在可以看出，这种对时间的经验与宇宙本身的历史深深地纠缠在一起。

宇宙膨胀率这种说法之所以成为可能，是因为我们与我们所测量的变化发生了互动。宇宙时间是由一个相对于膨胀的宇宙来说静止的时钟进行测量的，它在宇宙初始状态时设置为零。事实上，作为一个膨胀的宇宙演化的尺度本身，宇宙时间是一个抽象概念。正如柏格森和怀特海向我们展示的那样，如果不最终回到我们关于绵延时间的经验，宇宙时间就无法被理解。就像传说中的衔尾蛇一样，它吞下了自己的尾巴，把自己封在了一个圆圈中，我们对时间的经验依赖宇宙时间的流动，而测量宇宙时间的流动则依赖我们对时间的经验。我们无法从宇宙史中挣脱，因为它也是我们的历史。我们在宇宙之中，宇宙也在我们之中。我们陷入了一个神奇的怪圈。

宇宙学难题

当埃德温·哈勃在 1929 年发现遥远的星系正以与其距离成正比的速度远离彼此而后退时,宇宙本身获得了可塑性和历史性。在此之前 12 年,爱因斯坦将他的广义相对论应用于整个宇宙。[54] 但他想象中的宇宙与哈勃用望远镜看到的大不相同。爱因斯坦假设了一个没有边界的球形三维宇宙——就像我们在球的二维表面上想象到的那样——和一个静态的宇宙,通过求解广义相对论的方程,他找到了一个自引力球形宇宙的几何结构,并开创了现代相对论宇宙学。然而,令他失望的是,他找到的解决方案在面对坍缩时并不稳定。为了解决这个问题,爱因斯坦添加了一个额外的项来平衡他的方程,这就是后来广为人知的宇宙常数。五年后,在 1922 年,俄罗斯气象学家、宇宙学家亚历山大·弗里德曼证明,人们可以消除静态宇宙的假设,从而获得时变的解决方案,并以此来描述一个永远膨胀的宇宙,或者一个达到最大尺寸后会自我坍缩的宇宙,这个宇宙循环着从大爆炸到"大紧缩"(big crunch)的过程。

跳转到现代宇宙学,我们现在知道宇宙从 138 亿年前的初期阶段开始就一直在膨胀。我们并不清楚宇宙诞生初期到底发生了什么,因此各种猜测层出不穷。例如,在经典相对论中,由于能量密度和温度等物理量会随着物体之间的距离趋近为零而发散到无穷大,因此当我们回到起点 $t = 0$ 时,不可避免地会出现奇点。为了避免这种情况,当我们接近奇点时,量子效应就会被召唤出来改变相关叙事。如果时空结构有可能发生波动,奇点就会被模糊掉。

然而,重要的是要牢记,我们并不知道,或者在观测中没有任何迹象表明,从量子涨落推断出时空本身是一个有效的步骤。这种涨落对于我们目前理解量子场作为物质实在（一些科学家喜欢称之为搭建宇宙的方块）的根本参与者确实是必要的。这些参与者是粒子物理学标准模型中的12种基本粒子（6种轻子和6种夸克）、希格斯玻色子，以及携带三种已知自然力（电磁力、强核力和弱核力）的粒子。引力，因为它在标准模型所描述的亚原子距离内可以忽略不计，所以被添加为第四种力。引力隐含的假设与其他三种力一样，也是可量子化的，其载体引力子是一种无质量的粒子。这是一个合理的但肯定不是已知的事实。它之所以合理，是因为引力和其他三种已知的力一样，是由场论描述的。如果引力是一种场，为什么不把它量子化呢？

尽管这一假设是合理的，但却会带来麻烦。实际上，把引力量子化并不简单，因为引力本质上和其他辐射场和物质场不同。这些场被定义为在时空中有值，即在空间和时间的每个点上都有值。在这些场被量子化以后，空间和时间仍然是点状的。但是，在量子化的时空中，电磁场的量子理论，或者弱核场和强核场的量子理论会是怎样的呢？没有人知道，也没有达成共识。

我们目前的量子场论是对粒子如何在时空中相互作用的有效的、粗粒化的描述，对于描述我们现在得到的实验结果非常有用。但问题在于，这些得到实验验证的能量，其实比大爆炸附近的能量小15个数量级。显然，用这个量对当前物理学进行的任何推断都应该持保留态度。但事实往往并非如此。研究者利用我们在当前加速器能量下所知的东西，默认实在在完全不同的环境中也会有类似的本质，即便我们没有这种环境的任何数据。通过悄然替代，他们忘记了场只是世界的模型，而不是世界本身。场论是地图，而不是领土。只有根据领土的已知部分设计的地图才是有效的，未知区域则无法绘制，因此在中世纪的古地图上常会标注"这儿有怪兽"（Here Be Monsters）的字样。

忘记这些注意事项将会导致盲点思维，尤其是不当的客观主义。既然场论在可以测试的能量范围内有效，那么我们很自然地就会想将其推广到我们暂未掌握数据的更高能量范围。除此之外，为了增进科学知识我们还能做些什么呢？但是，如果我们忘记了这种推广放大了当前理论已有问题的局限性，是很危险的。因为我们所能描述的物理实在最终都不可还原地建立在经验的基础上，因此每一次对没有数据支持的领域的推广都需要经过严格的审查。如果没有经验测试来验证这些假设，我们所能希望的就是它们与宇宙中我们能在更低能量下测试的部分相兼容。因此，将这些理论视为真正意义上的终极理论是一种傲慢自大，尽管人们经常这样做。宣称我们已经或即将对亚原子世界和时空的量子本质拥有最终理解，这既是糟糕的科学，也是糟糕的哲学。这种思维方式说明，一旦客观主义占据主导，对自然秩序的探索就会彻底失去方向。

实际上，将量子化三种力场的方法应用于引力场会导致技术上出现严重的困境。试图突破这些困境的尝试——尤其是目前引力量子理论的多个候选者，例如圈量子引力和超弦——尽管其形式结构非常优美，而且数千名才华横溢的物理学家已经集中研究了它们50多年，但并未取得令人信服的成果。尤其是，由于没有发现超弦理论的基本要素，即超对称性的任何踪迹，超弦理论作为实在的根本的统一的理论的候选资格已经岌岌可危。[55]

当然，失败不应成为进一步努力的阻碍。只有寻找才能发现。但在这些情况下，人们更容易寄希望于推断，因此我们必须充分认识到盲点并谨慎前行。我们的理论在描述实在方面有其根本的局限性。

正如我们已经论证过的，任何理论如果试图脱离我们对世界的经验，推断出远远超出我们所感知和测量的实在，并提出一个突然出现的上帝视角和始终存在的时空结构，从根本上与我们在这个世界上的存在方式相异，那么这个理论最终都会成为一场对幽灵的追寻。没有数据作为向导，我们只能走这么远。这种推断，如果加上对解释终极性的期待，就会预先设定一种与认识行为割裂开来的客观主义实在概念。这是一个错误。科学的基础是我们对世界的感知，因此，对认识行为及其局限性的关注必须能够调和任何关于实在的概念。几十年前，英国哲学家以赛亚·伯林将坚持最终解释的真理称为"爱奥尼亚谬误"（Ionian Fallacy），指的是古代爱奥尼亚自然哲学传统，始于泰勒斯提出的水是构成万物的基础物质的论点（参见第 2 章）。[56] 也许引力只是与其他力不同，无法在很短的距离内持续地形成。物理学界的许多人也开始认为实际情况可能就是这样。[57]

开始行动

那么，关于宇宙史，我们能得出哪些肯定的说法呢？实际上有很多。幸运的是，为了构建一个宇宙尺度上的基本时间叙事，我们并不需要掌握宇宙大爆炸发生时或发生前后的所有细节。我们需要知道的是，宇宙是有历史的，而且这个历史和其他历史一样，是随着时间展开的，而且直接或间接地影响着所有物理尺度。从原子核到星系团，从恒星到行星再到生物，每一种存在的物质结构都是通过将可用的自由能转化为熵的热力学交换而出现和维系的。正如热力学第二定律所规定的那样，有序结构的存在必须有自由能，这样才能做功，从而必然地导致熵增。这意味着在遥远的过去，宇宙的熵必须小于现在的熵。否则就不可能形成恒星等结构，也就不可能有温暖的、富含水的行星或生物。一个高熵宇宙将充满无形的辐射气体，除此之外几乎没有其他东西。我们甚至可以说，生命是由一个古老的、富含氢气的宇宙，在低熵状态下演化后最终产生的。至少我们的故事是这么解释的。

欧洲粒子物理中心（CERN）目前的实验正在探测大爆炸后万亿分之一秒的物理现象。在当时的宇宙史中，宇宙中充满的主要是一种近似于辐射流体的物质，它由无质量粒子（如光子，可能还有引力子）和实际上无质量的基本粒子（如中微子和许多其他粒子）组成。[58] 这个原始的流体在引力方面处于"未聚集的"状态：没有恒星，没有星系，也没有自引力体。[59]

我们要把低熵的过去追溯到多远，既取决于我们对宇宙诞生初期物理过程的不断理解，也取决于我们对推测性的理论物理学的容忍度有多高。实际上，我们并不需要追溯太远，我们只要探索宇宙史中的两个关键事件就可以了。

首个宇宙大事件发生在大爆炸后的5万年左右，宇宙从辐射主导过渡到物质主导。换句话说，当时存在的质量粒子取代了无质量的辐射粒子（如光子和中微子），这决定了宇宙膨胀的速度。[60] 如果在这个时候，暗物质——对宇宙组成有贡献的未知粒子——以远低于光速的速度运动（即所谓的冷暗物质），引力吸引就会导致大部分富含暗物质的云开始聚集。这些聚集的团块就是数亿年后恒星、星系和星系团的种子。这就类似许多孩子滑进一个防空洞里的画面。暗物质团块挖出了引力坑，普通物质滑进坑里。实际上，引力聚类（gravitational clustering）是一个缓慢的过程，它利用势能将物质挤压成更小的体积。挤压得越紧,粒子和其他物体运动得越快,从而导致熵增。

第二个宇宙大事件发生在大爆炸之后大约 40 万年,当时光子与电子和质子解耦,形成了今天的微波背景辐射。质子和电子结合在一起,形成了第一批氢原子——这是我们熟知的物质。这些氢原子慢慢飘向暗物质团块挖好的引力井,并开始受到挤压。由于光子大部分已经与物质解耦,因此几乎不存在能抵消引力挤压的辐射压力。[61] 大爆炸后大约两亿年,第一批恒星诞生了。

接下来的历史虽然复杂而富有戏剧性,但一直在不断演进。与此同时,随着熵的不断增加,自由能被引导到越来越复杂的物质结构中。行星系出现了,化学物质也爆发出无数可能,直到在一个世界,甚至更多的世界中,能够自我生产和有主动性的分子聚集体在进行能量代谢和自我繁殖的同时,也在增加周围的熵(详见第 6 章)。我们可以猜想,其中一些生物在演化过程中能够思考并提出有关他们起源的问题,他们的好奇心来自对时间流逝的敏锐觉知,这种觉知来自对绵延的经验。

混乱的开端

然而,要让刚才的叙事奏效,还需要一个关键步骤。我们必须假设宇宙从遥远的过去开始就处于低熵状态,就像包裹在均匀的辐射流体中一样。这是因为辐射的熵值低于团块物质,尤其是黑洞这样的团块物质。但这种假设合理吗?显然,如果我们考虑关于宇宙的多种其他可能的起源,熵值较高的例子要更加常见。低熵初始条件是一种罕见的情况，但我们需要它来让我们目前的叙事变得有意义。

这种对罕见的低熵初始状态的需要被称为"过去假说"（past hypothesis）。[62]人们曾多次尝试在不同的理论模型中解决这个问题。一种方法是把时间的开端与大爆炸之前的一个阶段联系起来，在这个阶段，时间是倒流的，这是一种镜像宇宙。[63]另一种可能性是，在宇宙进入目前的轨道之前，物理定律可能很早就发生了变化。[64]研究人员还认为，宇宙经历了一系列的膨胀和收缩阶段，达到了一种弹跳状态，这种状态从未真正将空间挤压到一个小到离谱的尺寸上。[65]

迄今为止，这些模型中还没有一个被科学界广泛接受，被认为能解决低熵问题。从我们批判盲点的角度就能看出其中的原因。上述三种尝试将当前的物理学向外推到了时间本身的起点。其他模型也是这样做的，尽管我们不能相信目前任何对早期时间的推断，因为我们没有足够的经验信息作为我们推测的基础。当然，我们理解推测的意义在于将现有知识的极限推向可能有效也可能无效的境地，从而获得对可行假设的一定程度的理解。因此，我们必须推测。

尽管如此，提出宇宙起源模型的人还是隐含地假定，时间作为连续（或离散）变量的数学化，将在我们下降到 $t = 0$ 或非常接近 $t = 0$ 时发挥作用。建模者假设，当我们回到更接近时间起点的地方时，适用于我们当前高能实验极限的物理定律也将适用，因为那里的能量要比当前高出数千万亿倍。具有讽刺意味的是，当前解决时间之矢之谜的方案，有时会利用我们对宇宙奇点附近时间本质的无知：盲点成了追踪新想法的指导原则，而正如人们所预料的那样，这些新想法会陷入困境。

多元宇宙（一组假设的多重或平行的宇宙）就是一个例子。从本质上看，在宇宙学中有两种思考多元宇宙的方式：一种来自所谓的暴胀模型（inflationary models），另一种来自超弦理论。

在暴胀的情况下，假设原始宇宙充满了一个决定宇宙膨胀率的标量场。暴胀指的是一个短暂的指数级快速膨胀的时期，在这一时期，这个标量场（通常被称为"暴胀"）被迫偏离了它的能量最小值，其中过剩的能量转化为有效的负压，推动了指数级的膨胀。这里的细节并不重要。当我们把量子效应加入暴胀的动力学中时，多元宇宙就会从这幅图景中出现。想象一下，场沿着能量曲线向下滚动，就像孩子从滑梯上滑下来一样。但由于这是早期宇宙中的一个场，量子涨落在其中发挥了非常重要的作用，例如它可能会把场踢到能量曲线的更下方或更上方。场的能量越大，宇宙膨胀的速度就越快。因此，在宇宙的不同区域，这个场会做不同的事情。在某些区域，它将被向下踢，而在另一些区域，它将被向上踢。最终的结果是宇宙区域激增，每个区域都以不同的速度膨胀，每个区域都产生了不同类型的宇宙。这些区域的数量会不断增加，这就是暴胀宇宙学中的多元宇宙。我们应该居住在其中的一个区域，永远与邻近的宇宙空间分离。

在超弦理论中，多元宇宙的概念来源于这些理论假设的空间中存在六个额外的空间维度。这些维度被卷曲到一个微小的空间，这个空间拥有复杂的几何学。我们在普通三维空间中"看到"的有效理论，是由这些额外维度的几何细节直接决定的。"那里"不同的几何学，意味着"这里"不同的物理学。弦理论编织的多重宇宙（the string multiverse）是作为一种可能的几何学的形式出现的。每个宇宙都起源于一个具有自己特定几何学的超维空间。事实证明，这种几何学也决定了我们宇宙中的物理参数值，比如电子或夸克的质量、自旋等等。因此，每一个宇宙都会有一种不同的物理学。而我们的宇宙恰好拥有合适的数值，使之可以成为一个充满恒星的长寿宇宙，并且至少在我们这个星球上还可以拥有生命。这种多元宇宙的提出者声称，它回答了关于我们宇宙的一个根本问题：为什么我们的宇宙会为生命而"调整"到合适的数值？他们对这个问题的回答是：我们的宇宙从没有进行"调整"，只是我们"中了"宇宙彩票。

让我们从批判盲点的视角来思考这两个多元宇宙。暴胀假说中的多元宇宙依赖于一系列大量的推断：标量场在很早的时候就已经存在；标量场是以一种特定的能量图建模的；此外，熵值小的条件得到了满足；量子效应确实做到了模型所声称的那样。这些假设虽然令人信服，但它们都没有建立在坚实的经验基础上。它们都是从当前实验的已知条件中推断出来的，与宇宙大爆炸后 10^{36} 秒的熔炉环境相去甚远。这个简单场景的变体也需要进行类似的推断。当然，正如我们之前所强调的那样，推断并没有错。但是，在这种推断的基础上，以惊人的自信构建宏大的解释性叙述就是错误的。这其实是一种客观主义和悄然替代的做法。虽然模型与当前观测结果（即所谓的 Lambda-CDM 模型）达到一定程度的一致性，但是这与模型的有效性大不相同。一致性是人们对推断的最低期待，它并不能证明这一推断作为物理实在的模型是有效的。

弦理论中的多重宇宙的情况甚至更加极端。在这里，我们不仅要从后来普遍存在的条件中推断出多个具有我们所熟悉行为的场，而且还要加上以下假设：（1）空间有六个额外的维度；（2）超对称性（一种假定的新自然对称性，它能使粒子数量翻倍）是有效的；

（3）物理实在的本体论基质既不是粒子也不是场，而是振动的弦；（4）额外的六维空间的许多拓扑结构确实与不同种类的宇宙相关联，我们的宇宙就是其中之一；（5）自然只有四种基本力，在这种情况下它们可以统一为一种力。

弦理论中的多重宇宙结合了几种被误导的盲点思想，其中最明显的是具体性误置谬误——把高度抽象的、数学化的、推测性的复杂理论体系误认为是自然本身。这种多重宇宙是柏拉图主义在现代物理学中的直接继承者。它是一种信念的缩影（因为它就是一种信念），即数学是描述物理实在的"一种几何式的"秘密的蓝图：对称被理解为美，而这种数学意义上的美就是通往真理的道路。弦理论也是经典力学从牛顿到哈密顿和庞加莱的抽象螺旋的缩影，但两者有一个根本而关键的区别，即弦理论假定的实在是经验无法验证的。弦理论是现代物理学中的盲点的顶点，也是怀特海告诫人们注意不要混淆数学抽象与自然本身时引用的例子。

未来，我们可能会获得更多关于宇宙遥远过去的经验信息，也就是宇宙学的化石。这些数据无疑将有助于我们建立模型，以此来完成一个关于宇宙诞生初期的物理条件的叙事。然而，我们实际上无法期望能建起一座桥梁，把我们对时间的经验——所有时间测量中的基本要素——与设定宇宙运行路线的初始条件连接起来。因为这样一座桥梁需要把我们带出时间和空间的领域，带出宇宙，带出我们所知的科学，最终赋予我们一个上帝视角，而我们已经看到这种视角只是一个假象。

本章的最后，我们将简要谈论时间起源的问题。全球各地的文化都对万物的起源着迷，并创造了许多神话叙事，试图解释可能是最困难的问题：宇宙是如何开始的？时间的起源是什么？为什么

第5章 宇宙学

是有物存在而不是无物存在？创世神话是一架从不可知到可知的桥梁。许多创世神话将万物起源之因的观念与超自然的干预联系在一起。它们断定上帝或神灵是第一因。其他传统则认为宇宙是没有起源的。我们在系统性哲学理论中也看到了类似分歧。例如，亚里士多德将永恒的不动的推动者作为宇宙单一因果系统的第一因，而中世纪印度佛教哲学家，例如法称（Dharmakīrti）和宝称（Ratnakīrti）则认为，事物永恒存在的同时又能作为一个原因的观点是自相矛盾的，或者更普遍地说，"第一因"这个概念（即本身不是其他事物的结果）就是自相矛盾的。[66]

当然，科学无法利用超自然的干预或关于第一因必要性的先验论证，所以科学在第一因的问题上碰了壁。然而，一些科学家仍然声称，他们通过在量子宇宙学中将量子效应加入经典时空，解决了第一因的问题。我们认为，这些模型虽然优雅迷人，但却没有解释力。它们都是盲点的结果，它们把许多有效的物理假设提升到公理的层面，绘制出虚构的地图，这些地图更像有用的诠释工具，而不是真正关于实在的地图。建立这样的量子宇宙学模型需要许多概念——场、能量、时空、守恒定律、哈密顿方程、迷你超空间（mini-superspace）、惠勒–德维特方程（Wheeler-DeWitt equations）——但没有一个概念是得到先验证明的。模型就像是地图，而地图只有在制图者了解他们所绘制的领土时才能很好地发挥作用。量子宇宙学模型就像处于地图中标注"这儿有怪兽"的区域。我们要么接受它们是虚构的，要么接受某些问题超越了科学的界限。是谁规定科学必须能够回答所有关于实在的问题？如果我们对世界的认识依赖于我们对世界的经验，那么描述那些不可能通过任何经验得到确证的事物就属于神的领域，而不是人的领域。

第三部分
生命和心灵

第 6 章
生命

盲点中的生命

从物理和化学的角度来看，生命的出现充满了偶然性。即使一个先进的人工智能系统掌握了所有力学定律、电磁学方程以及所有可能的化学反应链条，我们仍然无法确定它是否能生成我们称之为"生命"的系统。进一步说，即便这种系统真的出现，我们也难以判断它是否具有生命的独特属性，即区别于非生命系统的某种内在特质。仅仅依靠物理学和化学知识，很难真正辨别生命系统（生物领域）与非生命系统（非生物领域）之间的本质差异。

我们想象中的人工智能系统并不具有生命。它是一种纯粹的计算智能，没有活生生的身体，没有新陈代谢过程，因此不需要持续地更新和维持自身。人工智能系统所具有的知识被局限于某种世界模型之中，人工智能研究人员称这种世界模型为"认知本体论"，即一种对世界上存在的事物及其相互关系的规定。物理学和化学详尽讨论了其本体论。此般无生命、非具身的人工智能系统如何能够蕴含生命？它如何辨别哪些现象是有生命的？它如何知道心脏的功能是泵血而不是发声，毕竟两者都是物理效应？它如何分辨正常过程和病理过程，毕竟物理学和化学定律对此表现一致？正如法国哲学家兼医生乔治·康吉莱姆所写，"虽然怪物是有生命的，但它在物理学和力学中没有正常与病态之分。正常与病态的区别仅适用于生命体"。[1] 简而言之，我们的人工智能系统局限于对世界的物理化学表征，没有生命体的概念，更不用说生命体验了。既然如此，这样的人工智能系统如何能够将有机体纳入视野，又如何能够区分其中的功能与副作用，或健康与疾病？

然而我们对生命的存在有关更直观的认识。我们能够通过自身的体验感知活着的身体，并且能够识别出其他生命体。这种经验早在我们接触到生物学之前就已经发生了，甚至是生物学得以成立的条件，而生物学也丰富和修正了这种经验。毫无疑问，在生物学以及其他科学工具和方法的帮助下，我们大大扩展了对生命世界的感知和理解。正如哲学家汉斯·约纳斯所写，只有生命才能理解生命。[2] 生物学家可以通过科学方法验证我们的生命经验，并对其进行深化和修正，却无法否认生命经验的基础性。这不仅在实践中如此，在理论上也是如此：正如约纳斯所说，一个无实体的数学物理化学之神将无法在物理化学的流动中界定生命的存在。[3] 它只能感知到原子和分子的流动，而不能识别出有机体的个体性以及有机体组织分子流动的具体形式。没有具身经验和生命的独特概念，这样的神将无法识别出在分子、原子和基本粒子的不断更替中具有固定形式或模式的持续性个体。

这个奇怪的循环——以生命识别生命——恰恰揭示了生物学领域的一个重要盲点。正如热力学科学以我们对热的身体经验为前提，生物科学也是以我们的生命经验为前提。我们通过感觉经验，而非物理化学或功能分析，首先将物理运动辨识为行为——如鱼类或细菌的游动，鸟类或昆虫的飞行，或植物的生长——即便我们的感知有时会错误地将生命归因于非生命的人工制品。生物学以生命对自身的经验为前提。这种经验失忆症定义了生物学的盲点概念。

在本章中，我们将从物质和时间的物理学转向生命的生物学。科学在理解生命的分子基础方面取得了非凡的进展，诸如对DNA（脱氧核糖核酸）、RNA（核糖核酸）和蛋白质合成的发现。这些进展很大程度上是基于微观还原方法（通过其部分的属性来分析整体）取得的。因此，关于生命的盲点视角很大程度上依赖于还原主义的形而上学（即复杂系统的性质完全由其部分性质决定的观点）。对于还原主义的形而上学来说，生命不过是分子机器。这种思维方式显然是一种悄然替代，也就是将一种碰巧有用的方法转变为一种形而上学。

然而，"生命如机器"（life-as-machine）的形而上学存在深刻缺陷。机器的比喻只适用于从其背景中抽象出来的部分，而不适用于自我生产和自我维持的整体。作为有组织的整体系统，有机体自我生产、自我修复并通常能够自我维持。我们将这样的系统有机体叫作"生物学的自主性"（biological autonomy）[4]。自我个体化、能动性和依赖性自主——用约纳斯的话来说，"有需求的自由"——使生命与自然界中的其他事物或任何人工制品都截然不同。"生命如机器"的形而上学无法捕捉这种独特的存在方式和组织方式，因此在解释任务上失败了。

除了还原主义，盲点的其他特征，特别是物理主义和副现象论，也出现在生命的机械论方案中。其根源在于自然两分，这种二分法要求将生命最显著的特征，如自主性和能动性，作为更基本的分子过程的副现象分离出来。狭义定义的部分，如从有机体及其环境的发展背景中抽象出来的基因，被抬高到生命本质的位置。这些部分悄然替代了整体，即自我生产和构建世界的有机体，使其被隐藏且不被解释。

我们将重点探讨生物学的进展如何要求我们摒弃将生命视为分子机器的盲点观念，转而以一种强调生物自主性和开放性历史演化的视角来看待生命。

火焰、飓风和恒星

尽管我们在生物化学和遗传学方面取得了显著进展，但对于如何定义生命或确切地描述生命体与非生命物理系统之间的区别，目前仍然没有达成共识。让我们考虑三种不同的物理系统：火焰、飓风和恒星。

这三者都有被称为"耗散结构"（dissipative structures）的一般热力学特性——这些系统通过与周围环境交换物质和能量远离热力学平衡。它们通过流动的能量生成大规模的结构（例如飓风的旋风），从而远离平衡状态。尽管耗散结构在生命系统中比比皆是，但耗散结构本身并不足以构成有机体：火焰、飓风和恒星都不是有机体。关注这类系统与有机体之间的差异，可以帮助我们思考什么是生命以及生命的功能。

首先从火焰说起。火焰以扩散和消耗环境中某些物质的形式来维持自身，它们消耗氧气以持续燃烧，因此像生命体一样是一个开放的热力学系统。在合适的条件下，火焰会蔓延，这往往带来灾难性的后果。但我们知道火焰与有机体不同，我们不会把氧气燃烧称为代谢过程；火焰与细胞也不同，它没有内部生成的物理边界，从几何角度来看，火焰有不断变化的物理形状，但没有膜那样的拓扑统一性；我们也不会认为火焰的扩散是一种繁殖形式，火焰不会像细胞分裂一样复制其结构并分裂成两团；火焰也不会同 DNA 复制一样作为模板来创建另一团火焰。基于这些原因，火焰没有一部关于进化的历史。它没有代代相传的谱系，也不会在每一代中保留并变化其结构特征。最后，火焰不是目标导向的。如果火焰在山谷中向溪流方向燃烧，它会一直燃烧直到遇到水而熄灭。它不会为了继续燃烧而主动寻找更多的燃料。然而，细胞会适应性地调节物质和能量的流动，以保持远离平衡态（far-from-equilibrium），同时避免有害的环境条件，并以有利于自身延续的方式改变环境。

那么飓风又是怎么回事呢？像火焰一样，飓风也是持久的、远离平衡的复杂系统，需要适当的环境支持才能存在和维持自身。飓风的移动与当地的湿度、气压和温度条件紧密相连。只要有利的气象条件存在，它就能保持基本形态。木星的大红斑就是一个巨大的反气旋风暴，已经持续了至少 400 年。但和火焰一样，我们不会将飓风的这些特性与类似细胞的生命状态等同起来。

恒星也有类似的特征。它们是自我维持的，因为它们通过将引力势能（它们在缓慢地内爆）转化为核心的高压和高温，促进维持自身所需的核聚变反应。我们甚至可以说恒星是自我吞噬的实体，通过"吃"自己的内脏来生存。恒星的存在是由于持续的拉锯战——引力试图将它们向内挤压，核聚变试图将它们炸开。令人惊讶的是，这种看似不稳定的情况可以使它们稳定存在数十亿年。太阳，一颗存在了约 50 亿年的中等大小的恒星，目前大约处于其生命周期的中期。恒星形成于富含气体和化学元素的区域，这些区域被称为"恒星育婴室"。当一颗恒星耗尽其核心的燃料时，它会在一场巨大的爆炸中"死亡"，产生的冲击波会传播开来并将其物质散布到星际空间。当这些冲击波与气体云碰撞时，可能会触发新恒星的形成。因此，从广义上讲，恒星在繁殖，甚至与新生恒星共享一些它们的原始物质。

恒星的生死循环中蕴含着诗意，我们的生命经验赋予其意义。我们对生命的感受如此深刻，以至于我们倾向于在任何地方都看到生命。然而，恒星并不像有机体那样是有生命的——它们没有新陈代谢，也不通过繁殖形成无尽的历史谱系。

有机体与火焰、飓风和恒星本质上是不同的。有机体不仅能够自我组织和自我维持，还具有自我生成和构建世界的能力，并且可以通过繁殖和进化产生历史谱系。这些正是我们将要关注的重点。

有机体的消失与回归

当我们使用"有机体"（organism）这个词时，我们指的是一个有组织系统的生命体。事实上，"有机体"这个术语是在 18 世纪引入的，用来指代与机器相区别的生命体所表现的那种组织形式。直到 19 世纪，这个词才开始指代单个的生命体。[5] 因此，有机体的概念隐含了一个观点，即生命体具有独特的组织方式，使其不同于无生命的物理事物和机器。

20 世纪中叶，随着分子生物学的兴起和将生命体视为分子机器这一观念的出现，前述将生命视为独立的有机整体的观点被取代了。分子生物学家运用生物物理学和生物化学的方法以及来自控制论、信息论和计算机科学的解释概念和模型，试图从大分子的结构特性出发，解释所有生物现象。更早地，20世纪30年代，现代综合进化论（modern synthesis）的创立者将达尔文的自然选择进化论与孟德尔遗传学融合起来（重新构建为种群遗传学）。随着对基因与DNA片段的识别，作为解释性概念的有机体消失了，取而代之的是分子实体和用其遗传组成来描述的种群。尽管始终有人反对这一框架，例如20世纪30年代的理论生物学俱乐部（其成员深受怀特海过程哲学的影响）和60年代的巴里·康芒纳（后来因其环境运动而闻名），但有机体的概念直到20世纪末才重新受到重视。这种复兴得益于对还原主义分子生物学和现代综合理论的有力批判，以及人们对解释生命组织的理论问题的兴趣的回归。[6]

基因中心主义（genocentrism）认为，生命的基本单位是基因，而不是有机体，这一立场成为上述批判的主要目标。根据基因中心主义，有机体是由基因制造并为基因服务的载体。尽管基因在严格意义上被认为是遵循孟德尔遗传定律的抽象功能实体，但它们现在被定义为DNA的长度。这种功能与物理结构的混淆导致了基因在生物学中与原子在物理学中相同的还原主义目标。[7]因此，在20世纪后半叶，许多分子生物学家认为他们的研究项目就是把生命现象解释为基因的副现象。

然而，并不是所有生物学家都这样认为。早在1965年，巴里·康芒纳就写道："控制遗传效应从亲代精确传递到子代的生化特异性，并不是源自某一个分子，而是源自一个复杂的分子相互作用的网络……包括DNA和各种酶在内的整个活细胞复杂系统，是细胞生化特异性的来源，这种特异性是可以遗传的。尽管现代分子遗传学如此流行，细胞理论依然有效。"[8] 换句话说，所有与生化特异性相关的过程——DNA复制、蛋白质合成和代谢（反应速率、关联的化学反应链）——都发生在细胞内，并且依赖于整个细胞的功能组织所提供的环境和约束。因此，无论是单细胞有机体还是多细胞有机体的一部分，细胞始终处于至关重要的位置。正如康芒纳所写："DNA既不是一个自给自足的遗传'密码'，也不是细胞的'主导化学物质'……相反，遗传依赖于在完整细胞中进行的多分子相互作用；因此，自我复制不是DNA的分子属性，而是整个细胞的特性。"[9]

尽管如此，将有机体（细胞）分解成各部分的还原主义策略被证明是一种非常有效的研究生物分子的方法，但这一方法忽略了一个关键事实：部分的属性不仅依赖于其自身，还取决于各部分之间的相互关系以及它们在整体中的与境和作用。由于忽视了这一事实，一个毫无根据的本体论——将生命视为分子机器——成了一种有用的研究方法。悄然替代就这样发生了。

这种悄然替代的影响之一是"分子泛灵论"（molecular animism），即将有机体特有的生命活力投射到分子上。用哲学家丹尼尔·尼科尔森的话来说：

> 这种倾向表现为将分子拟人化，称其为"调节器""整合者""组织者"等，并将实际来自整个系统的调节、整合和组织作用归功于分子。……在解释细胞现象时赋予分子特殊地位的错误习惯，源于未能理解这样一个事实：细胞内部发生的所有过程（例如DNA复制、蛋白质合成和膜运输等）都依赖于细胞预先存在的整体性功能

组织所提供的条件。[10]

细胞创造了一个稳定的保护环境，没有这个环境，DNA 复制和蛋白质合成就无法进行，而细胞本身又是这些分子过程的结果。

越来越多的人认识到，理解整体的基础是理解其部分，而要理解部分则必须从整体的角度出发。这一认识促使有机体作为解释生物复杂性的基本概念得以回归。局部的分子过程（如发育和进化）必须在使这些过程得以实现的细胞整体组织与境下加以理解。

但究竟什么才是这种整体的组织呢？显然，它不是部分的简单相加，因为部分只有通过相互之间的组织方式才能获得其作为部分的地位。因此，我们需要一个独立的描述来解释有机体的特定组织，尤其是描述有机体如何通过不断生成、分解和替换其构成部分来维持其整体组织。这种有机体的自我生成组织将是我们接下来的讨论主题。

生命的独特之处：自主性与能动性

自从薛定谔在其 1944 年首次出版的标志性著作《生命是什么》一书中普及该观点以来，科学家一直在寻找将生命系统与非生命系统区分开来的普遍原则。[11] 人们希望找到一个理想情况下可以用物理学语言表达生命的"大一统理论"。然而，在该书出版 70 年后，尽管理论和数学生物学取得了许多进展，但人们仍未找到这样的理论，而是对此存在不同的解释。薛定谔推测，对于生命物质的结构，"我们必须做好在其中发现一种新类型物理定律的准备"。[12] 几十年后，数学物理学家尤金·维格纳提出，当代的微观物理学，特别是量子物理学，或许假设了生命不存在的情况，但这仅在特殊条件下有效而非普遍适用。他推测，物理定律需要得到修改以解释生命。[13] 然而，其他一些科学家（我们将在下文讨论）认为，理解生命的关键在于引入新的生物组织原则，这些原则既不与现有的物理化学定律相矛盾，也不能被其还原或表达。[14] 显而易见的是，生命的关键特征使其与单纯的非平衡耗散结构截然不同。

许多生命特征都围绕着"自我"这一核心展开。所谓"活着"，就是自我个体化，也就是把存在分割为自我与世界的二元关系。一个生命系统不断构建自己，从而使自己与环境区分开来，同时以有利于自身延续的方式改变环境。换句话说，一个生命系统拥有自主性和能动性：它生产、维护和再生了那些部分和过程，使之构成了一个整合的、自治的整体（自主性），同时促进有利于其自身存在的环境条件，并主动避免威胁其生存的条件（能动性）。我们需要研究自主性和能动性，以理解生命如何不同于单纯的耗散结构。

"组织"是理解生物自主性的关键概念。这一概念由伊曼努尔·康德引入，用以描述生命的独特特征。组织指的是有机体的部分如何通过整体而存在，整体又如何通过部分而存在。[15] 有机体的不同部分扮演着独特的因果角色，同时又相互关联，由此生成并呈现为一个整体。根据康德的观点，有机体是自组织的：部分之间相互生成，从而构成一个有组织的整体，而这个整体也是其自身存在和运作的条件。[16] 用一个康德不曾了解的例子来说明这一点：在活细胞中，酶是通过代谢途径（即一系列相连的化学反应）产生的，代谢途径由其他酶促进，酶本身又是在其他酶的帮助下生成的。这种循环递归的过程使所有代谢途径都受到细胞膜边界条件的约束，而细胞膜本身也是代谢途径的产物。这种自组织与物理化学耗散结构的形成有本质上的不同，它涉及大量多样的分子相互作用，这些相互作用在细胞膜这一边界条件下相互促进和产生，而细胞膜本身又是这些相互作用的结果之一。

康德的生物自组织观点在19世纪的生物学领域，尤其是在欧洲大陆的生物学和20世纪上半叶的胚胎学中占据了核心地位。然而，在20世纪下半叶，这一观点被兴起的分子生物学和遗传学取代，尤其是受到基因决定生物组织这一错误观点的影响。尽管该观点最初塑造了分子生物学，但在逻辑上它可以与分子生物学分离开来。事实上，分子生物学本身表明了基因表达总是在一个生物自组织系统（即细胞）内发生，并且假定该系统的存在是其发生的必要条件。尽管基因在生物组织的形成中起着关键作用，但它们同时也是组织的结果，而非组织的决定因素。

近几十年来，组织的概念重新被应用于生物学中。[17] 20世纪六七十年代，生物组织可以使用"**闭合**"这一概念来描述，这是一个重大进步。[18] 在数学意义上，闭合指的是对一个集合的成员进行操作总是会产生同一集合的成员。例如，实数集在加法下是闭合的，因为两个实数相加总是会得到另一个实数。在生物学背景下，闭合意味着一个过程（例如蛋白质合成）会产生构成并推动该过程的元素（例如酶），从而使过程和元素相互依赖。

心理学家让·皮亚杰是最早将闭合概念应用于生物过程的理论家之一。他在1967年的著作《生物学与知识》中[19]描述了有机体必须在热力学上对环境开放，以进行物质和能量交换，同时在组织上要保持闭合，即通过相互依赖的链条自我再生，维持一个自我循环的组织。[20]

十年后，神经生物学家弗朗西斯科·瓦雷拉引入了"组织闭合"（organizational closure）的概念，并用它来定义自主系统。[21] 一个系统要具备自主性，其构成过程必须具有组织闭合性。这意味着这些过程在相互生成时以网络的形式递归地依赖彼此，从而将系统构成为整体。一个典型的例子是活细胞。用瓦雷拉的话来说，"一个细胞通过定义和明确边界，从分子汤中脱颖而出，与外界区分开来。然而，这种边界的明确是通过边界本身促成的分子生产来完成的。"[22] 在单细胞生物自主性的版本中，构成过程是生化性的，它们的递归相互依赖形成一个自我生成的网络，这个网络也生成并维持自身的边界条件，尤其是细胞膜。细胞膜的形成定义了内外界，但只有通过拥有内外界，这一过程才能得以实现。瓦雷拉与他的导师兼同事温贝托·马图拉纳将这种细胞自主性称为"自创生"（autopoiesis）。[23]

理论生物学家罗伯特·罗森是另一位重要的科学家，他使用闭合概念来描述有机体的组织结构。[24] 他借用了亚里士多德关于物质因（事物由什么构成）和动力因（变化的主要来源）的区分，指出有机体是"对动力因封闭的"。这意味着，在有机体内，任何作为某一过程动力因的事物都是在有机体内部产生的。具体来说，代谢所需的每一种催化剂（酶）都是代谢的产物，因此不需要外部的催化活动来维持有机体的存在。

大约在同一时期，斯图尔特·考夫曼提出并研究了他称之为"集体自催化集合"（collectively autocatalytic sets）的模型。一个集体自催化分子集合是指整个集合能够催化所有成员的形成，但没有一个分子能够催化自身的形成。通过这种方式，这个集合实现了"催化闭合"（catalytic closure）。[25]

在后来的研究中，考夫曼进一步将这些思想建立在他称之为"功–约束循环"（work-constraint cycle）的热力学基础上。[26] 要利用能量流来产生功而不是热，就需要对能量流进行约束，限制其自由度。因此，功可以被视为能量受约束的释放。如果一个系统利用功来重新生成一些保证功的约束，那么它就体现了一个功–约束循环。用考夫曼的话来说，"功产生约束，约束产生功"。在有机体中便是如此。与发动机气缸壁限制燃烧不同，有机体能够引导能量流动的约束条件不是预先设定和外部制造的，而是由有机体自身产生和维护的。有机体利用这些约束条件（例如膜结构或促进化学反应的酶）产生的工作反过来生成这些约束条件（重建膜或生产酶）。因此，生物自主性，即有机体"为自己行动"的事实，在热力学上基于功–约束循环的组织闭合。

理论生物学家和哲学家马尔·蒙特维尔和马特奥·莫西奥，与数学家朱塞佩·隆戈和哲学家阿尔瓦罗·莫雷诺一起，在他们的研究中将"约束闭合"（closure of constraints）概念作为生物组织和自主性的独特基础进行了综合和发展。[27] 他们认为，约束结构作用于某一特定过程时，在特定时间尺度内不会被该过程影响。例如，血管系统在输送血液时不会在相同时间尺度内被血流改变，酶在催化反应时不会被消耗掉。在物理学中，约束通常是独立的结构，不依赖于它们所约束的事物来维持其存在和保持。例如，斜面约束了球的滚动方式，但球的滚动并不会影响斜面的存在和保持。然而，在生物学中，约束（如血管系统、代谢途径）通常依赖于它们所约束的事物（如氧气输送、酶）来确保其存在和维持。特别是在有机体中，"一组约束的存在总体依赖于它们对过程和动态施加的作用。当这种情况发生时，这组相互依赖的约束可以实现闭合，从而形成组织"[28]。理解为约束闭合的组织闭合,"实现了自我决定的形式,确切地说,这些约束存在的条件本身由组织内部自行决定"[29]。因此,约束闭合就意味着自主性(自我决定)。

通过约束闭合实现自主性是生物功能的基础。心脏的功能是泵血,而不是发出声音,因为泵血有助于有机体的约束闭合(自主性),发出声音则没有。[30] 换句话说,在一个特定过程中产生的无数因果效应中,只有那些对约束闭合必要的效应才是功能性的。

自主性(自我决定)也是能动性(能够与世界互动以促进有利条件并避免危险)的基础。以细菌为例,细菌是最古老、最小、结构最简单的有机体之一。它们是自体生成系统,能够根据彼此之间和周围环境条件的变化自适应地调节自己。细菌通过化学信号相互沟通,从而根据细胞密度的变化调节彼此的基因表达,这种行为被称为"群体感应"(quorum sensing)。它们还会朝着吸引它们的地方移动,避开排斥它们的地方,这种行为被称为趋化性(chemotaxis)。细菌的移动不是被动的,而是主动指向的。运动性细菌通过嵌入膜中的鞭毛游动。它们旋转鞭毛形成推进器,推动细胞体前进或随机翻滚。当它们移动时,能够感知吸引物或排斥物浓度随时间的变化。当细胞检测到营养水平提高时,它们会保持前进方向。如果营养水平下降,细胞会进入随机翻滚模式,直到找到一个新的方向,再次检测到营养水平提高,然后朝那个方向前进。通过重复这些行为——在条件改善或不变时保持同一方向游动,在条件恶化或遇到毒素时翻滚和改变方向——细菌能够长距离地朝有利的地方移动,避开有害之所。群体感应和趋化性是能动性的范例:细胞主动响应环境并改变与环境的关系,以维持其自主性。[31]

从这个角度来看,能动性是自主系统调节其与环境互动的能力，以此确保其自身的维持状态与自主性。[32] 适应性主体会根据条件的改善或恶化、可行或不可行来调整其行为，以保持生存能力。[33] 它们主动响应环境和彼此。这些能力是有机体的核心特征。与火焰、飓风和恒星等其他物理系统不同，有机体是自主且具有适应能力的主体。

生命：在不确定环境中创造意义

自主性和能动性意味着意义构建（sensemaking）。有机体是有意义的存在，它们创造出一个个相关联的世界，它们通过自身的行动和生存关联物构建环境并与环境互动。生命体将环境划分为对其有积极或消极价值的事物，或是中立的甚至完全无意义的事物。用瓦雷拉的话来说，生命就是意义构建[34]。

再来看细菌的趋化性。细菌会沿着蔗糖梯度游动，因为它们可以将蔗糖作为营养物质进行代谢。对于这些有机体来说，蔗糖便意味着"食物"。这样的意义从何而来？从纯粹的物理化学角度来看，蔗糖梯度只是二糖（由两个部分组成的分子）浓度的变化，本身没有内在的意义、重要性或价值。其作为食物的属性并非源于其物理化学结构，也不仅仅是因为它能够与细胞膜上的其他分子结合。相反，蔗糖之所以意味着食物，是因为细菌作为一个自主的主体，必须维持其生存能力。意义并不存在于分子层面，而是存在于自主能动性层面，也就是整个有机体层面。蔗糖之所以是食物，是因为它有助于细菌进行持续的自我决定（组织闭合）。对于细菌和其他微生物来说，蔗糖作为食物而具有意义和价值。当然，这种意义依赖于蔗糖的物理化学结构,比如它能够形成梯度、穿过细胞膜等。然而,只有在细菌细胞作为一个必须保持自我决定和生存能力的自主主体的前提下,蔗糖作为食物的意义才会出现。

一些研究人员使用"语义信息"(semantic information)的概念来描述这种意义[35]。重要的区分在于明晰句法信息(syntactic information)和语义信息的不同。信息论,即克劳德·香农最初提出的数字信息传递理论,并不是关于语义信息的理论,这些信息和"意义"(meaning)、"意涵"(sense)或"意蕴"(significance)无关。相反,它提供了事件或系统之间统计相关性的度量,这些度量就是所谓的句法信息。当我们说"烟意味着火"或"年轮表示树龄"时,我们使用"意味着"或"表示"来代表物理相关性。但当我们说"蔗糖对于细菌意味着食物"时,这里的"意味着"则不能还原为蔗糖、膜传导和代谢吸收的统计相关性。语义信息承载着系统作为自主主体进行自我维持的意义。蔗糖对于细菌这一自我决定(自主)的主体来说,具有意义(语义信息),因为它必须维持其生存能力。细菌能够识别条件是改善还是恶化,并努力将自身维持在特定生存区间内。蔗糖的梯度差异对细菌生存能力具有影响,蔗糖与生存能力之间的联系(沿蔗糖梯度游动和增加生存能力)对于细菌这个自主主体来说具有重要意义(承载语义信息)。

维持生存能力的需求源于主体在热力学宇宙的不确定条件下不断受到挑战的事实。因此,瓦雷拉所说的"生命就是意义构建"可以进一步扩展为"**生命是在不确定条件下的意义构建**"[36]。

想象一下,你非常渺小,以至于不断被水分子冲击而偏离原本的轨道,同时你体内的液态物质也在不断运动。这就是细菌的外部和内部环境,一个充满热扩散和布朗运动(悬浮在液体或气体中的粒子的随机运动）的微观世界。作为一个生命体，你当如何保持自身完整？当然，你可以说你彻底地依赖于强键和弱键的物理化学特性，但你也可以说你是作为一个拥有组织闭合的自主主体而保持完整：你的每一个构成过程都由其他一个或多个构成过程所支持，并反过来成为其他过程的支持条件。在不确定条件下，如果没有组织闭合，构成过程（如催化、酶调节、膜形成和修复）在相同的物理环境中将无法维持自身。[37] 简单来说，这些过程在细胞的保护结构之外无法持久。它们一旦被移除便会逐渐衰退或失效。从这个意义上说，所有生命都是不稳定的。破开一个细胞，它的代谢成分会散回到分子汤中；把一只蚂蚁从蚁群中逐出，它的宿命就是死亡；将一个人从社会关系中移除，他将失去神采。不确定性条件意味着需要持续的适应性，也就是在不断变化和不稳定的环境中，需要根据有利或不利于生存的条件调节自己的活动和行为。正如伊齐基尔·迪保罗所说，"如果没有不确定性，生命并不会更好；事实上，根本就不会有生命"[38]。

生命的独特之处：开放式进化

"如果不从进化的角度来看，生物学的一切都将变得无法理解。"这是著名进化生物学家和遗传学家特奥多修斯·多布然斯基于1973年发表的一篇文章的标题。[39] 这句话如今广为人知，甚至经常出现在生物学教材中（早已被人遗忘的是，多布然斯基是在反对神创论的背景下提出了这一观点，与此同时，他还在努力论证信仰上帝与进化事实是相容的）。然而，考虑到前面关于生物自主性的观点，这句话需要做些修正。[40] 生物学中的一些现象即使不在进化的背景下也是有意义的。特别是生物自主性（定义为约束闭合）和能动性（为自身利益行动）作为组织概念而非进化概念所展现，尽管所有现存的自主主体都是进化的产物。关键的是概念问题：组织概念不能还原为谱系概念，而且没有能随变异而繁殖的有组织系统，进化也无法发生。因此，生命的进化视角需要与组织视角相结合。

达尔文所说的进化是"有变化的传递"，它由变异、遗传和自然选择导致，但也需要能够自我复制的自主（组织闭合）系统。没有最小的自主系统，如自我生成的原生细胞，生物进化就不可能开始。为了使复杂性因自然选择而增加，最低限度的有组织复杂性就必不可少。[41] 因此，组织是进化的条件。但要从最小自主系统（如自体生成的原生细胞）发展到完全成熟的自主主体（如有机体）则需要进化的过程。数亿年的生命史上，变化的传递和自然选择导致了组织复杂性的级联增加。我们今天所知的组织，以及我们能够重建其历史的组织，都是进化的结果。据推测，生命始于简单的自体生成原生细胞（具有催化约束闭合功能并能生成自身膜的系统），以此实现从无生物世界到生物世界的过渡，随后便进化出了原核生物（古细菌和细菌）、单细胞真核生物和多细胞生物（动物、植物和真菌），直至今天的生物圈（详见第9章）。[42]

开放式进化是使生命不同于其他物理系统的另一个特征。开放式意味着进化具有产生各种各样生命系统的能力，而对它们实现组织闭合的物理方式并没有预先设定的限制。[43] 此外，开放式进化不仅产生了各种各样的有机体，还产生了可进化性（evolvability），即在有机体群体中适应性进化的能力。可进化性同样也可以随着进化而变得更加复杂。

所有这些过程发生在远比个体有机体寿命更长的时间尺度上，也发生在集体和行星的尺度上。通过共生，有机体群体为彼此创造新的世界，并在全球范围内循环生物、化学和地质元素（详见第9章）。最广义上的生命是一个历史性的、集体的和行星级的现象。如果我们将生命体定义为具有开放式进化能力的自主主体，那么我们还必须承认，任何生物或生物种群必然嵌入历史的、集体的和行星的生命网络中。[44] 生命依赖于自创生、进化和生态生成。自创生指的是细胞作为生命基本单位的自我生产；进化指的是通过变异和自然选择的传递，带来各种有机体的广泛繁衍；生态生成指的是生物圈的集体性、整体性的生产和自我维持。

有机体实非机器

有机体作为有组织的、自主的、能够意义构建并具有繁殖和开放式进化能力的主体，从根本上不同于机器。[45] 一般来说，机器是由一组组件按照预定顺序协调操作以产生特定结果的装置。组件的性质独立于整体，并在整体形成之前就已经存在。此外，机器的目的或功能是外在的：它的目的来自制造者或使用者，而不是机器本身。然而，在有机体中，部分（功能组件）的性质恰恰依赖于整体，并且部分在整体之前并不独自存在：如酶或细胞器等构成要件从之前的细胞而来，并在细胞内合成或进行生产。此外，有机体作为自主主体为自身利益而行动，因此它具有内在目的性：它的行为是为了自身的目标，例如在不确定性条件下维持生存能力。因此，内在目的性直接源于生物的自主性和能动性。

机器简直是为还原主义解释而量身打造的，它可以通过将系统分解成可分离的部分来解释系统的运作。这是因为机器本身是"可分解的"[46]。在一个可分解的系统中，每个部分的固有（非关系）属性决定了它独立于其他部分的运作方式。如果系统是层级化排列的，即子部分内的各部分相互作用多于不同子部分之间的相互作用，那么这个系统被称为"近乎可分解的"系统。层级化或近乎可分解的系统也非常适合还原主义解释。相比之下，在一个"不可分解"的系统中，各部分的行为强烈依赖于它们相互间的动态关系和不断变化的整体背景。在这种情况下，机器模型和还原主义解释的价值有限。

讽刺的是，近来受生命的机器模型启发的分子生物学研究产生的实验数据恰恰削弱了这种模型的解释力，同时揭示了分子还原主义的局限所在。尼科尔森回顾了四个研究领域：细胞结构、蛋白质复合物、细胞内运输和细胞行为。[47]根据细胞的机器模型，细胞结构是静态的、高度有序的；蛋白质复合物是专业化的分子机器；细胞内运输是由机械力推动的小型发动机运送物质的过程；细胞行为（如基因表达）是基因组编码的确定性程序的结果。然而，新的研究发现挑战了这种看法并提出了替代性观点："细胞结构被视为一个流动的、自组织的过程；蛋白质复合物是瞬态的、多形态的集合；细胞内运输是利用布朗运动的结果；细胞行为则是一种概率事件，受到随机波动的影响。"[48]换句话说，细胞通过调节各种远离平衡状态的分子流来不断改造其内部结构；蛋白质会根据环境条件折叠成不同的形状；物质在细胞内通过随机流体运动的"风暴"定向移动；细胞行为并不是按照循序渐进的算法展开的，而是在布朗运动的混沌动态影响下与环境相关的随机事件。尼科尔森在总结和分析这些研究发现时指出：

> 细胞不是机器，二者是完全不同的东西——前者更加有趣但也更难以驾驭。细胞是个由相互关联和相互依赖的过程所构成的有界且能够自我维持的稳态组织，一个整合的、动态稳定的、多尺度的共轭通量系统，这些属性共同作用，使其偏离热力学平衡。由于其不确定的特性，细胞必须在结构稳定性和功能灵活性之间不断权衡：过于僵硬会削弱生理适应性，而过于灵活则会降低代谢效率。细胞通过不断地更新和重组其构成部分，形成具有多种功能的不同大分子复合物来实现这一点，这些复合物根据持续变化的环境需求进行组装和拆卸。细胞内分子不断随机重排，并根据细胞内外的信号形成短暂的功能集合，从而快速且稳健地解决细胞面临的适应性问题，以期在效率和灵活性之间取得最佳平衡。[49]

尼科尔森强调，每个细胞，无论是在有机体内还是作为单细胞有机体，都在结构和行为上独一无二。即使是基因完全相同的细胞或有机体（同源基因），其行为也不会完全相同。细胞行为本质上存在概率成分，细胞群体也是异质的。传统的方法对群体进行的平均处理，忽视了细胞作为个体的独特性以及细胞世界中的多变性。"展望未来，随着细胞生物学逐步转变为'单细胞生物学'，我们不仅研究单个细胞，而且逐渐将注意力集中在每个细胞内的单个分子上，我们可能很快就需要重新审视对一些最基本生物过程的理解。"[50]

的确，这种重新审视已然在进行中，生物学家、数学家和哲学家正共同努力，试图理解斯图尔特·考夫曼所说的"基于物理但超越物理"的生命观。[51] 要明白这是什么意思，我们需要回到"相空间"的概念上来，这个概念在第1章中作为数学物理学抽象螺旋上升的关键要素进行了介绍，并在第3章和第5章中关于时间和宇宙学的讨论中再次提到。

相空间再探

朱塞佩·隆戈、马尔·蒙特维尔和斯图尔特·考夫曼认为，预先设定生物进化的相空间是不可能的。[52]进化过程不断以无法预料的方式变化，我们无法提前确定其可能轨迹空间（系统发育路径）的可观测量（可测量的物理量）、参数（自由度）和边界条件（初始条件和约束）。因此，他们认为，"强还原主义者梦想的那种能够全面描述宇宙演变的理论是错误的。自有生命以来，我们达到了自牛顿以来支配我们的物理学世界观的尽头"[53]。用我们的说法，随着生命的出现，我们也达到了盲点世界观的尽头。

回想一下，相空间是一个抽象空间，系统的所有可能状态和轨迹都在其中有所显现，每个可能的状态对应于空间中的一个唯一点。在经典力学中，相空间包含位置和动量变量的所有可能值。系统在时间中演变，在相空间中描绘出一条轨迹，而轨迹的形状揭示了系统动力学的特征。

系统的相空间必须在计算其轨迹之前构建。这就是隆戈、蒙特维尔和考夫曼所说的预先设定的空间。例如，在台球物理学中，相空间通过指定边界条件（台球桌的表面）、初始条件（球的起始位置）以及球的所有可能位置和动量来构建。利用牛顿的三大运动定律构造微分方程，根据初始和边界条件，通过积分求解这些方程，从而得出球的轨迹。换句话说，根据定律以及初始和边界条件，可以推导出相空间中的轨迹，这些轨迹在逻辑上是必然的。

这种逻辑推导即使在我们无法预测的系统中也适用，例如所谓的确定性混沌系统。自庞加莱以来，我们已经知道，某些类型的系统是无法预测的，例如两个或更多行星与太阳的系统，或多个台球的系统（即三体或多体问题）。这些混沌系统是非线性的（结果与原因不成比例），其行为是非周期性的，其轨迹对初始条件的微小变化极为敏感。尽管如此，它们仍是确定性的：其行为完全由初始条件和运动方程决定。因此，虽然这些系统无法预测（其运动方程无法解析求解），但在给定初始和边界条件的情况下，其在相空间中的轨迹仍然由方程决定。

我们应该记住，相空间并非"就在那里"、隐藏在现象背后等待我们去发现的东西，它们是抽象的构造。物理学家经过几个世纪的努力才形成了相空间的概念，他们的工作包括分析轨迹（伽利略）、置于解析几何空间中（笛卡儿）、制定运动定律（牛顿）、定义可观测量（如动量），并逐步完善结构不变量（约束、广义坐标）。在第2章中，我们描述了这种由拉格朗日、哈密顿、庞加莱、玻尔兹曼等人的创造性进展形成的抽象螺旋上升过程。[54]但正如隆戈、蒙特维尔和考夫曼所写的那样，"物理（相）空间并不是现象背后预先存在的绝对事物，它们是我们为使物理现象变得可理解而发明的卓越且非常有效的工具。"[55]

他们继续指出，关键在于这种方法在生命领域达到了一个难以逾越的极限。物理系统的相空间是已知可能性的映射。台球和行星在相空间中只能沿着特定路径运动。然而，进化的路径并不受此限制，因为进化的相空间是不断变化的。想象一下，一个台球桌的表面不断变形并且出现新的洞，台球不断繁殖、大小和质地随机变化。进化过程还要更加复杂，涉及物种和生态位的多样性。有机体和环境以一种循环的方式相互创造。系统发生学的参数和边界条件在分子、形态、行为和生态层面上不断变化。一方面，有机体的各部分可以获得新的并非预先设定的功能：羽毛最初用于调节温度，但后来却用于飞行。斯蒂芬·杰·古尔德和伊丽莎白·弗尔巴称这种被选择为新功能的表型特征的借用为"功能转变"[56]。另一方面，进化创造了新的生态位。随着表型功能的变化，有机体打开了新的世界，而这些世界又使新的有机体成为可能，进而创造新的世界。这一切都不是由生物的"运动定律"预先设定的。进化中的生物圈不是由定律"推导"出来的，而是由历史"促成"的。[57]进化通过偶然路径的扩展以及考夫曼所称的"邻近的可能性"（在特定时间可供系统发生学使用的可能性）的探索而发生。在进化过程中相互创造的表型和生态位是不可能预先确定的。我们可以事后解释这种共同创造，但无法预先定义这些共同创造的路径可能存在的相空间。考夫曼写道："由于不能预先确定那些新出现的功能及其形成的不断变化的进化生物圈的相空间，我们无法为进化中的生物圈写下任何运动定律。我们无法整合我们没有的方程。因此，在宇宙中大约 10^{22} 个太阳系中，没有像牛顿定律那样能够推导生物圈进化的定律。"[58] 这就是所谓的生命没有预先设定的相空间。

这种观点对于盲点理论，尤其是对物理主义和还原主义，有着决定性的影响。根据这些观点，物理宇宙的基本定律支配着最低层次上物质和能量的时空排列，其他一切都由这些定律和排列决定。然而，生命——更不用说经验——已经超出了这个框架。如果进化中的生物圈涉及一个不断变化的相空间，并不断打开新的"邻近可能性"的路径，那么生命将以物理主义和还原主义形而上学无法捕捉的方式生成新的形式与可能性。[59] 正如考夫曼所说，"简而言之，生命基于物理学，又超越物理学。对于拥有至少一个进化生物圈的宇宙，不可能有'终极理论'"。[60]

生命：超越盲点

弗朗西斯科·瓦雷拉喜欢引用诗人安东尼奥·马查多的话："行者无路，路在脚下。"[61] 生命在行走中开辟道路，生命之路从不由先前条件预先定义和决定。如果生命基于物理学但又超越物理学，那么我们就需要新的科学理念来思考生命如何在行走中开辟道路。

生物学家们正与物理学家、数学家和哲学家一起发展这些新观点。[62] 我们的目的不是对这些观点进行回顾，因为它们仍处于早期阶段。相反，我们强调，生物学已经带领我们站在了一个新的视角，让我们得以窥见超越盲点的生命科学。有机体是自主的主体，而非机器。生命包含不可预设的相空间，是自我促成的，而非由定律决定。生命，本质上是历史性的。

物理主义、还原主义和副现象论——盲点世界观的基石——在面对生命时都失效了。

最后，我们用考夫曼的话来总结本章观点："这种广阔的自我涌现超越了物理学，但又基于物理学。这是生命的自我共构，在此过程中又推动自身的多样性进化，这一切不仅发生在地球上，宇宙中的任何生物圈莫不如此。"[63]

第7章
认知

盘根错节

20世纪孕育了一个新的科学项目，一项有关人类心智的跨学科的科学——认知科学。这一科学结合了人类学、人工智能、语言学、神经科学、哲学和心理学。它与盲点的关系十分复杂。一方面，认知科学将盲点扩展到心智领域；另一方面，它提供了一个独特的机会去揭示并尝试超越盲点。认知科学的历史，尤其是人工智能在其中所扮演的核心角色，使这一复杂关系愈加彰显。

20世纪50年代，认知科学的兴起是建立在这样一个观点上：心智本质上是一台计算机。心智是软件，大脑是硬件。认知由大脑或人工系统（如计算机或机器人）执行的计算组成。最初，认知科学家认为这些计算由类似语言的符号组成，如单词或短语，认知是大脑中按照逻辑规则操作语言符号的过程。在接下来的几十年里，这种被称为经典计算理论的观念受到了各种批评。神经网络理论（也称为联结主义）提出，智能行为背后的计算形式是数值而非语言和逻辑，认知过程由生物或人工神经网络中的"次符号"激活模式组成。这一框架是当今机器学习领域的基础，计算机在该领域中以学习的方式执行任务（如图像中的物体分类），无需明确的编程就能执行任务。相关的进路来自动力学的认知科学。动力学的认知科学使用数学和物理的动力学系统理论工具来模拟认知过程和智能行为在时间中的展开过程，无论是在神经网络中，还是在与环境互动的整体性主体中，这与忽略心理计算时间尺度的经典计算模型形成鲜明对比。最后，具身认知研究，特别是生成式认知科学，强调了身体及其与环境的互动在理解心智中的重要性。认知不仅存在于头脑中，而且存在于具身主体与物理和社会环境之间主动的持续关系之中。对有意义的世界的认知是通过情境化的身体行动产生或实现的。

这些不同的观点使得认知科学与盲点之间的关系模糊不清。一方面，心智的计算理论，特别是在人工智能中的实现，以计算悄然取代了意义和理解的经验，从而扩大了盲点。另一方面，认知科学很快发现自己必须正视盲点，因为直接经验仍然是理解心智不可或缺的试金石。

在盲点问题上，认知科学与我们之前讨论的物理学和生物学有所不同。在物理学和生物学中，人类观察者通常可以被忽略，或者通过某种测量程序（如通过观察时钟上的数字来测量时间）在操作层面被重新定义。然而，正如我们之前讨论的那样，这种排除观察者的方法在时间和物质的基本物理学以及生命的生物学中遇到了明显的限制。而认知科学无法轻易地排除观察者。认知科学研究的是心智，而观察是一种基于有意识知觉的心理能力。因此，当我们关注心智时，无法不考虑观察者或通过操作性定义来重新定义观察者，否则就会预设我们所需要解释的东西。所以在进行认知科学研究时，我们必须正视直接经验并将其纳入考量。问题在于，对于直接经验，我们是压制它们、将其边缘化，还是承认它们的首要地位，并据此在盲点中为心智科学重新定位。这一问题在关于意识的认知神经科学中最为紧迫，我们将在下一章讨论这个问题。

经典认知科学倾向于研究无意识的计算过程，尽量规避经验，而生成式认知科学（enactive cognitive science）则认为具身经验是理解心智时必不可少的依据[1]。生成式认知理论家拥抱直接经验，承认其无可取代的首要地位，并据此试图在他们的心智研究中超越盲点。[2] 不同方法之间的张力是认知科学与盲点模糊性关系的另一个标志。我们将在本章结尾处回到这一模糊性。

本章无法涵盖认知科学各个子学科与盲点相关联的所有方式，无论是个别的还是整体的。所以我们将把重点放在认知科学中盲点最强烈、最突出的表现上，我们在人工智能中发现了这一点。

识别相关性

心智本质上是计算机的想法引发了一系列难题，尤其是在人工智能领域。这些难题主要集中在意义和理解上，特别是我们如何理解相关性的问题。[3]

想象一下在讲座中做笔记的情景。做好笔记需要抓住重点，知道如何忽略无关信息。你需要跟上演讲者的思路，提炼主要观点，同时与自己已知的其他知识建立联系。如果你想提问，无论是为了获取更多细节、澄清误解，还是挖掘和探讨所讲内容的前提或含义，你都必须能够辨认相关性。最后，整个过程都受到规范的引导，包括思考和表达的理性标准、可接受行为的社会标准以及常识性标准。理解并能够遵循这些规范也是识别相关性的关键部分。[4]

尽管人工智能的发展在几十年间经历了起起落落，但没有任何一个人工智能系统能够实现真正的相关性识别。无论是过去还是现在，人工智能的方法都远未达到能够理解意义、具备通用智能的水平，哪怕是最基本的常识水平。[5]

人工智能研究包含几个独立但相互交织的领域。我们可以区分出以下几种人工智能：作为构建计算系统的科学与工程的人工智能，作为认知科学一部分的人工智能，以及有时被称为"强人工智能"的重点研究。[6]强人工智能认为，只要具备合适的程序，计算机就能拥有心智，人类心智正是运行在大脑上的一系列程序。强人工智能理论家试图通过构建能够实现或体现认知能力的计算系统来解释心智，例如识别面孔或翻译语言，同时依靠心理学家和神经科学家来研究哪些程序或算法能够在大脑中实现，并构成人类认知的基础。

尽管机器学习领域已经创建了能够执行诸如下棋、检测图像、生成口头或书面文本等任务的系统，但其在真正的认知和理解意义方面的局限性，很容易就会在一些简单的探查和分析中暴露出来。[7]"对抗样本"（adversarial examples）就是一个著名的例子。许多机器学习图像识别算法可以被轻易欺骗，从而产生严重的分类错误，例如通过对像素进行肉眼无法察觉的微小修改，就会导致算法将建筑物、车辆、狗和昆虫的图像错误地归类为"鸵鸟"。[8]对抗样本表明，这些系统学习的是统计相关性，而不是用来识别物体的概念，并且这些系统对物体本身没有任何理解。此外，没有任何 AI 系统具备广泛的、通用水平的智能——不仅能解决问题，还能通过整合多种认知能力和来自多个知识来源的信息提出新问题。要实现这种智能，目前的 AI 水平还远远不够。用布莱恩·坎特维尔·史密斯的话来说，AI 系统擅长"计算"，但完全缺乏"判断"。[9] 关键问题在于让 AI 系统能够认识相关性，下面的例子将说明这一点。

框架问题

人工智能的框架问题突显了相关性的重要性，以及让计算系统理解相关性所面临的困难。[10]

哲学家丹尼尔·丹尼特在一篇经典文章中，通过一个关于机器人的故事来说明框架问题。故事中，一个机器人试图找到电池（它的食物来源）并将其移动到储存区。[11] 机器人发现了一辆装有电池的小推车，但推车上还有一个正在倒计时的炸弹。机器人正确地推断出，如果它拉动推车，电池会随着推车一起移动。但机器人没有意识到炸弹也会随着推车一起移动。它未能辨别出对其行动至关重要的相关信息。机器人的设计者试图通过更新程序来解决这个问题，让它不仅推断出行动的预期效果，还能推断出潜在的副作用。然而更新后，机器人只是坐在那里，计算着无限多的潜在副作用，直到炸弹爆炸，它依然未能正确框定情况，无法在有限时间内考虑相关信息。设计者决定修改程序，使机器人能计算出需要考虑的潜在相关副作用列表。但哪些副作用是相关的呢？这就又回到了如何确定哪些信息相关、哪些信息不相关的问题。而且，即使这个问题能以某种方式解决，设计者们又该如何防止机器人再次坐下来进行无休止的计算呢？这一次机器人可能会计算出两个列表，一个包含所有潜在相关的副作用，另一个包含所有不相关的副作用。

框架问题出现在设计智能系统（如计算机程序或机器人）时，目的是让它们在现实世界中恰当地行动以实现某个目标。系统需要正确地框定当下情况，既要考虑到其行为的预期效果，又要考虑到未预见的副作用。它需要关注相关的信息，忽略不相关的信息。那么，如何设计或编程一个智能体，使其只考虑相关信息，而不把时间浪费在无关信息上呢？

丹尼特的故事说明，哪怕是在相对简单的情境中，一个主体也必须能够以智能的方式忽略大量信息，才能在现实世界中行动。智能主体甚至不必考虑大多数无关信息就能精准地关注相关信息。矛盾在于，如果这一主体能够忽略无关信息，那它就必须已经以某种方式理解了哪些信息是相关的。

框架问题出现在经典的心智计算理论和第一波基于逻辑的人工智能的背景下。[12] 这一问题展示了试图用经典（符号）计算方式来定义相关性的难题，即通过命题表示世界中的情境，并使用启发式方法（在有限时间内找到可接受但不完美的解决方案）来确定相关性。人类能够有效应对开放且不断变化的情境，其中任何事物都可能相关。相关性是情境依赖的，没有什么是绝对不相关的。因此，相关性无法预先定义。但如果这样，如何能通过一组类语言的世界表征和启发式规则来掌握相关性呢？证据表明，相关性识别不能简化为启发式的规则和符号表征。

无法通过类语言的表征和启发式方法识别相关性，这一问题是开启第二波基于机器学习的人工智能的动机之一。其目标在于设计能够利用大量数据、快速地并行处理硬件和学习算法的系统，为自己生成意义和相关性。尽管机器学习在某些有限任务领域内非常成功，例如游戏对弈（我们将在下一节讨论），但现有的机器学习系统缺乏许多识别相关性所必需的能力，例如在许多不同任务领域进行泛化，以及在不同知识或经验领域之间进行类比的能力。一旦试图让这些系统脱离其有限的任务领域，在日常生活中自主运行，框架问题和相关性识别问题就会再次显现。

游戏的相关性

参与国际象棋或围棋等棋类游戏常被视为人工智能的成功案例。然而，计算机下棋的方式与人类大不相同，这种差异揭示了有关相关性的重要问题。[13]

人工智能将下棋视为一种问题解决的形式。在经典认知科学中，问题解决被描述为通过一系列操作，从初始状态移动到目标状态的搜索过程，这些操作会将当前状态逐步转变为后续状态。要赢得一局棋，你需要从开局的初始状态走到将死对手的目标状态。然而，国际象棋的搜索空间非常庞大：开局和局中的可能走法和位置数量在每一回合都会呈指数增长。棋局中的路径数量对于任何计算机来说都太过庞大，以至于根本无法穷尽搜索，更不消说人类。IBM（国际商业机器公司）研发的国际象棋程序"深蓝"（Deep Blue）是一个突破性进展，它在1997年通过专门硬件和强大的计算能力击败了世界冠军卡斯帕罗夫，但它只能预先搜索大约20步，且通常只搜索6~8步。而人类棋手专家则能依靠他们对良好棋局和走法的模式识别能力，排除搜索空间中大量无关区域，专注于相关区域。换句话说，他们依靠聚焦相关性。相比之下，深蓝以当前棋盘位置为根节点，通过计算可能走法的部分分支树，应用其评估函数来估算各个位置的值。虽然深蓝在需要人类智能的游戏中表现极佳，但其表现来自强大的计算能力和人类玩家所提供的大量国际象棋信息（深蓝不是一个学习系统，它的棋局信息是手动编程的）。深蓝所能做的只是下棋，它的表现与人类对下棋的理解完全不沾边。深蓝当然不知道自己在下棋，也不知道它正在与人类棋手对弈。

围棋的搜索空间比国际象棋更大。围棋中任何给定局面的可能走法大约有 250 种，而国际象棋只有大约 30 种。因此，即便是有限形式的穷尽搜索在围棋中也是行不通的。此外，基于明确且定义清晰的标准给计算机程序提供围棋棋局评估函数，也不必然导向高水平的对弈。围棋手自述他们往往依靠直觉来判断棋局是否具有"好形"。在这里，识别相关性在于能够精准地认出是好形还是坏形。顶级棋手拥有经过精细训练的模式识别技能，这些技能无法用明确的概念和规则来表达。出于这些原因，围棋对人工智能的挑战比国际象棋更大。

2016 年，谷歌 DeepMind 公司开发的围棋程序 AlphaGo（阿尔法狗）击败了世界冠军李世石。与深蓝不同，AlphaGo 基于人工神经网络的机器学习，使用了深度学习的算法（"深度"指的是神经网络的层数）。AlphaGo 首先通过学习专家棋手的对局模式，模仿他们的走棋方式。然后，设计者让它不断与早期版本的自己对战，通过强化学习来提高其表现（获胜的概率）。（强化学习是一种机器学习方法，其中程序因其行为获取奖励，并努力最大化累计奖励。）

结果谷歌公司不仅塑造出一个能够击败人类顶级棋手的程序，甚至还复制了棋手直觉化的模式识别能力。外界看来，AlphaGo 在区分相关和不相关的棋局和走法方面，似乎比人类棋手表现得更好。

此刻我们正在向盲点靠近。如果像 AlphaGo 或更强大的 AlphaGo Zero（阿尔法元）的发明者所说的，它们能够在"没有人类知识"或"人类指导"的情况下"掌握"围棋，并且如一些评论家所称，能"复制"或"捕捉"直觉，那么我们很容易认为直觉和相关性识别仅仅是计算的问题。[14] 这个观点认为，围棋手基于主观经验的"直觉"，实际上是神经计算的结果，而这些计算对棋手本人来说是无法察觉的。在此，神经计算起着决定性作用，具有因果力量。直觉经验是一种事后的副作用，一种大脑计算的主观副现象。按照这种思路，这种看似直接的直觉经验只是大脑用户幻觉的一部分。

我们现在触及了盲点的核心。人类的直觉和相关性识别无疑依赖于那些主观上无法察觉的大脑加工过程，尽管 AlphaGo 是人工智能领域的一个里程碑，但认为其深度学习方法可以使人工神经网络独立于人类知识且能够捕捉直觉，并将直觉视为副现象的观点是错误的。这种思路完美地展示了盲点，它的每一步都是错误的。

尽管 AlphaGo 的发明者在《自然》杂志的论文中声称它"没有人类知识"也能掌握围棋玩法，但实际情况并非如此。[15] 正如心理学家加里·马库斯和计算机科学家欧内斯特·戴维斯所写："该系统仍然在很大程度上诉诸人类研究者在过去几十年中发现的关于如何让机器下棋的方法，尤其是蒙特卡洛树搜索（一种为游戏程序设计的计算机算法）……这与深度学习本身并无直接关系。DeepMind 还内置了围棋规则和一些其他的游戏知识。因而声称没有涉及人类知识的说法并不符合事实。"[16] 无法看到 AlphaGo 背后几千年的人类围棋经验以及几十年来积累的关于设计游戏程序的知识,这种认知缺陷正是盲点核心中经验失忆症的一个鲜明例证。

我们认为,AlphaGo 并没有复制或捕捉到人类的那些直觉,也没有成功识别相关性,因为它对围棋这个游戏一无所知。AlphaGo 擅长检测我们已知的围棋棋盘位置模式,但它并不知道其数据结构表征着围棋的位置和走法。AlphaGo 不知道自己正在评估围棋的走法,实际上,它根本不知道自己在下围棋。史密斯写道:"AlphaGo 及其后继者无法意识到围棋是拥有数千年历史、在全球高手云集的游戏。更为关键的是,它们不明白自己所参与的具体棋局与其数据结构中的表征之间有何区别。"[17] 我们认为 AlphaGo 的行为与围棋有关,而围棋是存在于其数据结构之外的现实世界中的一种游戏。但 AlphaGo 并不知道外部世界的存在,更不消说游戏了。它无法理解自己正在做的事情构成了下棋这项活动。事实上,AlphaGo 不能理解任何事物;它是一个复杂的装置,用于在大量数据中检测复杂结构的模式和规律,但它无法理解数据的语义,即这些数据结构的含义(它们如何映射到系统外的对象)。AlphaGo 并没有复制直觉,深度学习系统总体上也没有"封装直觉"。[18] 实际上,AlphaGo 的模式识别性能是通过模拟人类下围棋的直觉来实现的,这一点是我们从外部解释中得出的。

AlphaGo 和一般的深度学习人工神经网络无法证明直觉只是副现象。相反,直觉经验恰恰是高度熟练的具身主体组织知觉的方式,是为方便主体在现实世界中采取有效行动服务的。假设我们创造了一个人工围棋专家,它知道自己在下围棋。要具备这种知识,它需要知道和理解关于世界的许多事情,包括将自己视为围棋界乃至整个世界中的一个行为主体。我们可以设想，因其面向世界，它的深层内部运作在主观上是难以理解的。我们还应想到，它会通过直觉感知围棋棋盘上的好形，这种直觉化的知觉模型将使它的认知与世界保持有效的因果关联。如果不是通过直觉将其组织起来，它不仅在围棋的小世界中无法识别相关性，在整个世界中也是如此。

游戏之外

　　国际象棋和围棋是特殊的游戏。它们有一定的形态、规则和走法，玩家随时可以获得这些信息。国际象棋和围棋构成了各自抽象、独立的世界。人类能够神居在两者之中，不仅可以将它们理解为形式系统（即明确的抽象结构），还可以将其视为有意义的游戏。人类能够在这两种游戏之间来回切换，甚至同时参与两种游戏。而AlphaGo却无法做到这些。计算机科学家梅拉妮·米歇尔指出，"即使是最通用的版本 AlphaZero，也不是一个能够同时学习围棋、国际象棋和将棋的单一系统。每个游戏都有自己的卷积神经网络，必须从零开始为特定的游戏进行训练。与人类不同，这些程序都无法将它在一个游戏中学到的东西'转移到'另一个游戏中去帮助学习。"[19]

　　人类将一种知识领域的能力泛化到另一个领域，或者用旧技能来习得新技能的能力，涉及在不同的思想和行动领域中进行抽象和类比。米歇尔举了一个例子来说明："比如向深度神经网络展示数百万张有关桥的图片，它可能会识别出一张新的跨河桥梁的图片。但它永远无法将'桥'（bridge）这一概念抽象到我们所说的'弥合性别差距'（bridging the gender gap）的层面。"[20] 这种抽象和类比的能力对识别相关性至关重要。[21] 尽管在虚拟主体和环境中，关于"迁移学习"和开放式学习的机器学习研究不断取得进展，但离制造出能够在现实世界中进行有意义类比的系统还有很大的距离。[22]

并非所有的游戏都像国际象棋和围棋那样是完全确定且自成一体的抽象世界。比如，你画我猜的游戏规则在不同地方差异很大，它没有离散和明确的状态，因为它依赖于持续的即兴肢体表演和模仿。你画我猜游戏更接近于在现实世界中行动。米歇尔引用加里·马库斯一篇文章中的话，认为你画我猜游戏"需要复杂的视觉、语言和社交理解能力，远超任何现有的人工智能系统。如果你能制造出一个可以像 6 岁小孩那样玩你画我猜的机器人，那么我认为你绝对可以说已经攻克了数个人工智能最具挑战性的领域"。[23]

与棋类游戏不同，现实世界并没有预先设定好的状态和精确的规则来指导我们的行动。以做晚餐这种日常活动为例。尽管做晚餐是一个例行活动，但它不能被划分为一系列明确的状态和动作，并且没有一个清晰的框架来界定什么与此相关。做晚餐包含了许多可能的行动、物品和状态，这取决于社会环境、文化规范、你决定做什么、你在何处做饭、你能得到什么食材以及你有多少时间。比如，你是在一家高级餐厅担任副厨，还是在一个慈善机构的厨房里做志愿者？你是在烹饪比赛中当参赛选手，还是在为家人做晚饭？你是在家里，还是在露营地？再举一些例子：你缺少食材，所以需要即兴发挥；你决定尝试新菜谱，转而查阅网络食谱，这意味着你要抑制查看邮件、社交媒体和新闻的冲动；你在炉灶前时手机响了，你必须决定是否接电话；你的伴侣回来时因为工作上的事心烦，你要一边做饭一边分心听他诉说；突然停电了，你必须重新规划一切；

或者你所在的建筑物响起了火灾警报，你不得不立即停下手头的事情马上离开。在现实世界的情境中，不可能事先明确会发生什么以及什么可能变得相关，也不可能为日常情境设定边界，以明确哪些属于其中，哪些不属于其中。[24]

另一个例子是驾驶，说明了即使在日常生活中存在规则和法律的约束，行动也并不总能得到明确界定。虽然有着明确的交通规则，但也有许多不成文的惯例和行为，它们在不同文化中差异很大：比如在雅典或特拉维夫开车与在洛杉矶或曼哈顿开车就大不相同。设计能够随情境的变化灵活应对的自动驾驶汽车是一项艰巨的任务，这表明驾驶中的不成文惯例具有复杂性，且很难将它们捕捉到明确的规则中。还有一个问题是，如何处理那些极不可能发生，因而难以预见的情况，因为这些情况不会出现在监督式机器学习系统的训练数据中。米歇尔写道，这些都是"车辆没有得到训练的情况，或许单独发生的概率很低，但加到一起，在自动驾驶汽车普及时将频繁发生……人类驾驶员通过常识来应对这些情况——尤其是通过类比已知情境来理解和预测新的情况"。[25] 换句话说，人类司机能够识别相关信息，而自动驾驶汽车则不能。

试图解决这个问题的一种方法是重塑我们的环境，使其结构尽可能明确和清晰，以便自动驾驶汽车这样的技术能够适应它。我们可能认为自己在制造真正具有自主性的人工系统，但实际上我们是在重塑生活世界以适应这些非自主设备的局限性，例如仅允许自动驾驶汽车在具有充足支持设施的有限地域（由虚拟边界定义的地理区域）内运行。[26] 我们未能意识到自己实际上是在改造我们的生活环境以支持这些设备，而不是创造真正的认知系统，这正是盲点的一个典型例子。

假设日常世界由大脑计算表征的明确状态构成，是盲点的另一个例子。正如框架问题和深度学习神经网络的认知局限性所表明的那样，认为日常世界由具有确定边界的状态组成根本就是错误的。这种假设实际上是一种悄然替代行为，即由计算机的确定性状态取代日常生活中那些模糊且不断变化的情境。

计算盲点

我们所称的"计算盲点"（computational blind spot）在这里出现了两个相互关联的方面。一个是用计算模型悄然替代日常世界，另一个是未能意识到我们如何被引导去重塑世界，以使其适应计算系统的局限。这两者都阻碍了我们看清对世界的经验与计算建构之间的关联。

计算盲点深植于认知科学的历史之中。这是第一波基于逻辑的人工智能失败的根本原因。第一波人工智能的假设是，世界由确定的状态、物体、属性和事件（如游戏中的位置、棋子和走法）构成，知觉要求在系统内部有一个计算表征。人们认为，可以通过让系统知觉"具有特定属性并处于明确关系中的离散的中观尺度对象"来构建智能。[27] 然而，人类并不是以这种方式感知世界的。我们所感知的世界由开放、流动的情境构成，这些情境能够引发并支持行动。[28] 回到地图和领土的比喻，我们对世界的感知是领土，而通过数学函数和二值逻辑对外物和事件的计算表征是地图。第一波人工智能试图通过给予系统技术科学的视角来构建智能，让它以基于逻辑的计算本体论来感知世界，仿佛这种悄然替代就是真实发生的。第一波人工智能并没有探讨我们如何使日常世界在知觉上变得有意义，而是从对日常世界的理论表征和抽象重建出发，假设世界以这些术语的形式存在。[29] 这是具体性误置谬误的一个例子，即将抽象的计算模型（地图）当作具体真实的事物（领土）。简言之，第一波人工智能使用了计算上的盲点作为构建智能系统的蓝图（而不自知）。它未能提供一个合理的心智解释框架，也未能构建出任何接近真正智能的东西，这恰恰印证了盲点对心智科学的荼毒。

第二波人工智能（机器学习）虽然避免了计算盲点，却陷入了另一种形式的盲点。现今，智能被定义为在大量输入数据中发现模式或统计相关性的能力，但这些输入数据和学习方法本身仍然存在盲点。

首先，来看一下在机器学习传统中识别基于逻辑的人工智能的计算盲点。生物神经网络和人工神经网络研究可以追溯到人工智能之前的控制论时代。长期以来，各项研究认为，智能需要能够在丰富而复杂的关系网络中识别相关性，这些关系在被思想和语言概念化之前就已经将经验和世界紧密联系在一起。例如，自适应共振理论（adaptive resonance theory）由斯蒂芬·格罗斯伯格和盖尔·卡彭特在20世纪80年代创建，并在过去几十年中不断发展。这一理论采纳无监督学习方法，即系统必须在没有先验示例的情况下，从输入数据中生成自己的类别，以模拟大脑在动态、非固定环境中（统计特性随时间变化的环境）生成感知意义的能力。[30] 这种方法为我们提供了一个新的视角，以便从以逻辑为基础的第一波人工智能的计算本体论转换到另一种认知本体论。[31] 世界并不由清晰的状态、物体、属性和事件构成，这些划分是通过后天的智力抽象得来的；它们存在于科学研究的专业模型中，而不存在于整个世界。

用史密斯的话来说，它们是"智能的**成就**，而不是智能运行的前提"[32]。将智能的高级成就之一替换为其基础结构是悄然替代的案例。新的认知本体论认为，世界由大量差异化和交织的元素与关系组成，我们根据感知敏感性以及实践和理论目标对其进行解析。智能和相关性识别源于从前概念意义中生成的无意识背景，而这种背景得到了我们的由文化构建和社会定位的身体的支持。正是这种视角将神经网络理论与活跃的认知科学联系起来（我们将在下一节中讨论）。

然而，第二波人工智能在很大程度上忽视了这一视角。例如，当前的深度学习网络依赖于监督学习方法或自监督学习方法；前者由人类预先标记训练数据（用类别名称标记数据）并为系统提供模型输入输出对，以便系统学习如何从新的输入映射到正确输出；后者的网络被训练用来预测输入序列中的隐藏部分。系统不仅依赖于已经编码的人类知识，还最终编码了历史沉淀下的人类偏见。例如，机器学习训练数据中记录了大量的种族和性别偏见，尤其集中在语言和图像数据以及由此产生的种族主义和性别歧视的分类和预测中。[33] 认知科学家阿贝巴·比尔哈内写道："当机器学习系统'捕捉'模式和簇时，这通常意味着它也识别出了历史上和社会上存在的规范、习俗和刻板印象。"[34]

所谓的面部识别系统就是一个典型案例。这些系统在识别白人男性面部图像时往往更加准确，而在识别女性或非白人面部图像时则表现较差。有的系统将亚洲人的面部识别为"眨眼"，有时也无法识别深色人种的面部，甚至在一个臭名昭著的案例中，系统将两位非洲裔美国人的自拍照标记为"猩猩"[35]。

尽管被称为"面部识别系统"，这些系统实际上并不能真正识别面部。正如史密斯所写:"机器学习系统只是学会了将面部图像与相关的名字或其他信息进行匹配。我们人类通常知道这些名字的指称对象,能够认出照片中的人,所以这些系统可以被我们用来识别照片中的人。"[36] 类似地,大语言模型(LLMs)实际上是复杂的统计模型,旨在描述训练数据中单词和句子之间的关联,但它们并不具备基于真实世界经验的概念理解能力。[37] 正如 AlphaGo 并不知道其数据结构对应的是现实中的游戏,ChatGPT(基于 LLMs 的 AI 聊天机器人)不了解世界的运作方式,面部识别系统也不知道它们的数据结构对应的是面部图像,更别提真实世界中的人了。

除了将输入数据归类到我们带有偏见和负载的类别中(如排他性的、离散的二元性别或性取向类别),机器学习系统还会在训练数据中找到并学习与当前任务无关的统计关联。[38] 在人类情境中,这是相关性识别的失败。

第二波人工智能的这些局限性表明了一个关键问题:没有所谓"价值中立"的数据集[39]。正如人工智能学者凯特·克劳福德所说:"每个用于训练机器学习系统的数据集,无论是在监督学习还是非监督学习中,无论是否被认为存在技术偏见,都包含了某种世界观。创建一个训练集,就是将一个几乎无限复杂和多样的世界简化为离散的、分类的单个数据点,这一过程本质上需要做出政治、文化和社会方面的选择。"[40]

我们一直在论证,人工智能视角下的心智盲点在于对意义的经验和理解。在这里,悄然替代表现为用计算替代真正的具身智能;具体性误置谬误表现为将抽象的计算模型当作具体存在的事物;自然两分表现为认为人类的直觉(意义经验或相关性识别)只是客观脑计算的主观副现象;经验失忆症则表现为人类经验的遗忘和深深烙印在人工智能模型之中的偏见。

但计算盲点的影响远不止于此。无论在大众文化还是科学中,人工智能或机器学习常被视为"纯智能"科学和超越自然的技术领域。然而,这种视角掩盖了人工智能对物理自然和人类社会组织的深度依赖。正如凯特·克劳福德所说:"人工智能既具备具体形态又拥有物质基础,由自然资源、燃料、人类劳动、基础设施、物流、历史和分类构成。"[41] 人工智能本质上是一种"采掘业,依赖于对地球资源、廉价劳动力和大规模数据的开采"。[42] 在硬件方面,人工智能需要开采稀土矿,如用于电池的锂,这需要大量石油和煤炭资源来驱动庞大的矿山;在软件方面,人工智能需要大量能源来运行高性能的计算机视觉、图像识别和语言处理程序,以巨大的碳排放为代价。此外,正如我们之前所论述的,以及克劳福德指出的,"人工智能系统并非自主的、理性的,无法在没有大量数据集或预定规则和奖励的情况下进行有效识别"[43]。因此,人工智能或机器学习根本无法超越自然,也不构成超人类的"纯智能"科学。无法清楚地认识这些事实和掩盖这些事实的修辞,正是计算盲点带来的广泛影响。

超越计算盲点

现在我们可以回到本章开头提到的认知科学与盲点之间的复杂关系。认知科学正处于十字路口。它可以选择一条揭示并帮助我们超越盲点的道路,或者选择一条放大盲点的道路。接下来我们将分别探讨这两种选择。

一方面，神经网络研究，尤其是在生成式认知科学的指导下，表明认知系统的任务在于从一个极其复杂、统计上非静止和多样的世界中寻找意义，而不是表征（即在内部反映）一个明确的、静止的且预先给定的世界。[44]对于生成式认知科学来说，活生生的身体是认知的关键，而身体的核心特征是自我个体化。通过各部分的相互促进，身体使自己从所处环境中脱颖而出，从而将其环境塑造成一个具有相关性的世界。用生成式认知科学的口号来说，认知就是意义构建。认知科学家伊齐基尔·迪保罗、埃琳娜·克莱尔·卡法里和汉娜·德耶格写道："认知并不是将一个预先定义的意义世界转移到个体内部，而是个体在世界中移动，并根据其所展现的生活方式单独或集体地改变世界，使其变得具有意义。"[45]从这个角度来看，对无监督神经网络加以研究的意义在于，它们揭示了在非静态和不可预测的世界中，移动着的和自适应的主体如何进行认知和意义构建。用格罗斯伯格的话说，它们揭示了"自适应智能"的运作方式。[46]

这种视角有助于揭示盲点，强调我们的概念、分类和范畴并不是独立于经验之外的预先存在的世界结构。相反，它们是通过我们的知觉和行动模式以及社会实践构建并生成的。具身认知科学的核心任务就是研究这些过程如何通过大脑及身体的其他部分发生。因此，生成式认知科学提供了帮助我们超越盲点的方法，特别是在计算形式上的盲点。

另一方面，当我们偏离这种视角时，我们又回到了计算盲点，如同在人工智能和机器学习领域中混淆地图与实际领土一般。例如，我们容易误以为用于训练机器学习系统的数据集真实地反映了世界本来的样子，并认为系统是在学习如何分类和识别这个世界的特征，但却忘记了数据集和训练都已经融入了人类的概念模式和偏见，并依赖庞大的人类知识生产体系。正如克劳福德所说，"计算推理和具身工作紧密相连：人工智能系统既反映也塑造了社会关系和对世界的理解"[47]。最终，我们忽略了人工智能系统对世界本身一无所知这一点；它们仅仅检测输入数据中的统计相关性，而不理解这些相关性背后的实际意义。

在这里，问题的严重性不容小觑。布莱恩·坎特威尔·史密斯指出了计算盲点的两大危险："我们会在需要真正判断力的情况下依赖计算系统；因过度赞叹计算能力，我们将会改变对人类思维活动的期待，转而仅关注计算。"[48]我们同意史密斯的观点，即"我们应学会让人工智能系统来承担它们擅长的计算任务，而不是其他超出其能力范围的任务；我们应加强而非削弱对判断力、公正、伦理和现实世界的承诺"[49]。这需要我们正视并摆脱计算盲点的束缚。

认知科学既可能受到计算盲点的影响，也具备独特的能力去识别和超越它。未来要走哪条路，由我们自己决定。

第 8 章
意识

从当下开始

让我们从一个即刻就可着手的练习开始。[1] 用一只手的手指指向你身边的某样东西,注意它的形状、颜色和质地。现在指向你的脚,然后慢慢地将手指沿着身体向上移动,同时注意你的衣服、四肢和躯干的形状、颜色和质地。最后,把手指转过来,对准双眼之间。放下对事物的预设和信念,只是仔细观察视觉上的感受。你的手指到底指向了什么?

你可能会说手指指向了你的脸。但如果严格按照你的视觉感受来判断,你真的觉得自己在指向一张脸吗?你在视野中央看到的是手指尖,但你并没有看到脸。你在手指指向的位置看不到任何形状、颜色或质地。实际上,在手指指向的地方你什么也看不到,似乎那里在视觉上完全空白。

但这也不完全正确。你的手指指向的这个视觉空白和地平线之外的空白不同。地平线之外的空白完全超出你的视野,而你的手指似乎指向了你视野的起点。尽管你看不到这个位置，它仍然是存在的，不像地平线之外的事物那样完全看不到。

描述这种存在感其实很难。你可能会说，当下的感觉就是你自己——那个在看手指的人。然而，你并没有真的在那个位置看到自己。你不会像指向四肢、躯干或指向镜子中的自己那样，看到任何具备识别特征的形象。尽管你能在视觉上识别出那是自己的手指，但在手指指向的位置你什么也看不到。那个位置上的"你"并不是被看到的（seen）"你"，而是作为观察者（seer）的"你"，或者更简单地说，正在看（seeing）的"你"。甚至用"你"这个词可能都太过了，因为这种对于自身在场的感受仅仅是通过"看"来觉知的。为其冠以一个人称代词需要额外的思考步骤，这就涉及个人自我的概念。更准确地说，手指指向的是作为内在经验的"看"或视觉意识的起点或源头。

你可能会说，"那个源点就是我的眼睛（或两眼之间的一个点）"。但是，严格来说，这并不是视觉上所呈现的样子。正如路德维希·维特根斯坦所说："实际上，你看不到自己的眼睛。视觉领域中没有任何东西能让你推断它是由眼睛看到的。"[2]

从视觉角度来看，你会觉得自己是个无头怪：你头部的位置存在一个缺口。然而，这个缺口并不是一个简单的空白或虚无。相反，这里充满了觉知，我们可以称之为"觉知空间"（aware-space）[3]。这个空间并非空无一物，而是充满了你视觉范围内的一切。

也许你会说："从视觉上来看我可能是'无头'的，但我知道自己有头，因为我可以用另一只手（没有在做指向动作的那只）触摸它。而且我知道里面还有大脑，那才是真正的觉知源点。"

现在你从视觉转向了触觉。按照这个练习的意图，你必须仅仅依靠触觉来感知事物。当你专注于触觉感受时,你的头是否比你的手或手臂更接近你的意识源点呢?实际上,当你触摸你的头时,意识的源点会转移到你的手上。当然,一只手可以触摸另一只手,但两只手在彼此接触时永远不会同时处于触摸和被触摸的状态,而是自然而然地交替角色。[4] 正如眼睛在其视觉领域中看不到自己,手在其触觉领域中也感觉不到自己。至于大脑,它在你的经验中根本没有直接显现,甚至不像视觉中的显现那样带有一种奇特的存在感。如果视觉领域中没有任何东西能让你推断出是由眼睛看到的,那么更没有什么能够让你推断出是由大脑看到的。

指点练习来自英国作家道格拉斯·哈丁,旨在引导注意力的逆转。[5] 通常情况下,注意指向的是外部世界,包括我们的身体。注意力往往集中于外部世界的各种觉知对象之上,并不断在不同的对象之间跳跃。将注意力转向觉知本身需要额外的努力,而这个指点练习就是实现这一目标的巧妙方法,它让我们更清晰地感知到觉知的存在。这个练习帮助我们注意到,注意不同的觉知对象——甚至是你自己的身体——与注意觉知本身之间有着经验上的差异。本章的主题就是作为觉知本身及其对象的意识(consciousness)。

透明性

由于"意识"这一主题充满争议,我们需要先回应一些关于我们界定意识方式的反对意见。一些哲学家否认觉知可以与觉知的对象在经验上区分开来。[6] 他们认为觉知是透明的,意思是你可以直接透过它看到它的对象,就像透过一块透明的窗玻璃看到外面的景象一样。[7]例如，当你看到日落时，你觉知到的只是天空的颜色，这是对象的可感性质，而非你的看见觉知或视觉觉知（seeing or visual awareness）的性质。此外，如果你试图将关注点放在视觉觉知上，你能找到的只是你所见之物的性质，而不是视觉本身的性质。又或者，当你聆听一段旋律时，你能注意到的只有音符，而不是任何与听觉有关的性质。总之，根据这一观点，觉知和注意除了影响它们所呈现的对象和属性，对触觉或视觉经验本身没有任何影响。

我们认为这种观点是错误的。[8]当你看到自己的手指指向脸部位置时，你不仅能够觉知到手指的存在，还会觉知到你正在看。当然，如果你的注意力集中在手指上，那么对视觉的觉知就不会那么明显，而是隐含的。但是你可以通过心智将注意转向视觉觉知，正如指向练习所示。当你这么做时，无论对象是什么，觉知的感觉都会变得更加明显。

类似的觉知强化会发生在"清醒梦"（lucid dream）中。当你意识到自己在做梦时，你就会觉知到自己的梦境状态，并且不管你梦见什么你都能精确地将注意指向梦境觉知。[9]指点练习在知觉方面引发了类似的清醒状态，因此不管你在知觉什么对象，都能够将注意指向知觉觉知。从这种"见证"的角度来看，觉知的经验性质（如稳定性、静止性和敏锐性）与对象的经验性质（如颜色）之间有着明显的区别。[10]

在这里，亚洲的冥想传统提供了有益的参考。在正念冥想练习中，你首先学习将注意固定在一个经验对象上，比如呼吸，同时对分心保持警惕。[11]警惕性需要对诸如稳定性、警觉程度和情感色调（即感觉愉快、不愉快或中性）等觉知的性质保持觉知，而非觉知那些持续经验中不属于对象的特征。用心理学术语来说，这种警觉需要一种元觉知——对觉知的觉知。关键在于，类似练习中的元觉知培养并不涉及明确的内向或内省的转向，因为那样会将觉知本身变成对象；相反，当你达到一定程度的注意稳定后，你会放下对锚点（经验对象）的注意，而保持在一种"仅仅不分心"的状态。这种状态会增强觉知特质的显著性（那些不与对象相关的觉知特质），让它们能得到注意，而不需要将觉知本身作为对象。你能够像用眼角余光窥视一样暗中观察觉知，却又不需要明确地将其作为目标。这样，你就能维持一种非物化的元觉知，即"正念的间谍"，它不会将觉知作为对象呈现出来。

这一视角很容易与指点练习联系起来，特别是哈丁本人也是从类似的冥想视角进行写作的。[12] 手指是最初的注意锚点。但由于其指向的独特方式，它将注意力从自身转移到觉知。正是关于"无头"的经验，即与"觉知空间"的相遇，阻止了将觉知转化为对象。觉知空间并不是一个对象，但却充斥了视觉世界。觉知并不会独立于觉知对象而存在，但两者显然是可以区分的。最终，经过一段时间的练习，当你对觉知与其对象的对比明了之后，你便不再需要依赖指点练习。借用道元禅师的话，"只管打坐"，也就是处于一种开放的觉知状态。[13]

悬搁法

现在让我们反过来做指点练习。从你的视觉场起点开始向下看，依次看到你的躯干、手臂和腿，从觉知的源点延伸出去。现在，你的身体乃至目光所及的一切，似乎都被包含在觉知之中。正如罗伯特·沙夫所写："这个空间（视觉领域）的地形就好像莫比乌斯带，同时具有一面和两面的特性，也就是说，无从确定主观与客观的分界线。"[14] 与此同时，觉知本质上是对外域开放的，远超它的范围。因此，觉知既表现出封闭性（如莫比乌斯带或克莱因瓶），也表现出超越性（它本质上指向自身之外，并不断扩展其范围）。[15]

当我们这样看待事物时，实际上是在进行一种现象学家所称的"悬搁"（epoché），这个术语源自古希腊怀疑主义，意思是暂停判断或保留意见。[16] 通常情况下，我们会认为认识对象独立于我们而存在于"就在那里"的外部世界，现象学家称之为"自然态度"（natural attitude）。要采取一种正确的现象学态度，第一步是克制自然态度。这么做的目的并不是否认自然态度，而是要求采用一种不同的视角来看待事物。现象学家将日常对世界存在于意识之外的认知暂时搁置，以便严格地审视世界是如何在意识之中显现的，从而达成研究事物如何与我们的意识经验紧密关联的目的。悬搁是一种让我们暂停对自然态度产生依赖的心智活动，这种自然态度认为对象理所当然地"就在那里"，这样我们就能够将注意集中于事物如何在有意识的觉知中呈现，这种注意强调意识和意识对象（觉知和觉知对象）的关联结构。因此，悬搁本质上需要一种与指点练习和冥想相似的元觉知。

在自然态度中，我们理所当然地将实在视作客观存在。然而，从现象学角度来看，实在是通过日常知觉或科学研究向我们显现的。这个观点并不是说如果没有意识，实在就不存在，或者说实在是由意识构成的，而是说，我们无法理解什么是实在，除非我们能够把某些东西理解为真实的,而这种理解本质上依赖于意识的运作。悬搁是一种哲学和修心的方法,用于揭示意识作为使实在变得可理解的可能性条件,使实在这个概念具有意义。[17]

意识的优先性

悬搁法引出了我们所称的"意识的优先性"这一概念。[18]我们无法脱离意识去衡量意识,因为我们所探究的一切,包括意识与大脑的关系,都存在于意识之内。

在这里,地平线的隐喻非常重要。地平线是一个我们无法超越的界限,因为随着我们的接近,它会不断后退。它是一条看似存在的线,随我们的移动而移动。从某种意义上说,地平线是"就在那里"的:它是我们视野所能看到的最远点,是地球表面在我们视线下方弯曲的地方。而从另一个角度来看,地平线又是"就在那里"的:它是我们知觉结构的一部分,不存在于心灵之外。

地平线的隐喻揭示了一种所谓"地平线概念"(horizontal conception)的思维方式。[19]意识是世界呈现的地平线,世界在意识的地平线内对我们显现。意识是我们所能感知、思考和研究的一切事物的地平线,无论是日常生活还是科学探索。我们只能在意识的地平线内观察、设想和研究事物,任何被我们认为是真实或客观的事物,都必然在意识的地平线内得到认定。

不过大多数科学家和哲学家并不这样看待意识,相反,他们认为意识只是一个普通现象。当然,理论家们对这一现象的性质存在分歧。有些人认为意识是由大脑产生的,或者与大脑的某种状态相同；另一些人则认为意识是非物质的，不能还原为物理性质。有些人说意识是一种认知错觉，而另一些人则认为意识是构成实在的基础，无法为纯粹的物理描述所捕捉。尽管各种观点存在差异，理论家所达成的基本共识是：意识是世界中的一种现象，并且与其他现象相区分。

然而，"地平线概念"则全然不同。它不是将意识仅仅视为世界中的一种现象，而是将意识理解为世界显现的前提。意识是所有现象得以呈现的地平线。我们能够谈论或指向的任何现象，包括我们提到的与大脑相关的特定意识状态，都存在于这个地平线内。作为世界中的一种现象，意识也总是显现于意识这个地平线之内。

与此同时，地平线意识（horizonal consciousness）本身并不是独立存在的，因为它只不过是世界的显现或揭示。显现和揭示意味着有一个接收者，即那个感受到这些显现的人。因此，现象学家常常将意识描述为"显现的与格"（dative of manifestation），即显现是对某人显现。意识是显现的接收者，包括所有缺席的方式（如地平线之外的东西）在存在中的隐约显现。用佛教哲学的术语来说，地平线意识是"无自性"的，因为它是与世界的显现"缘起"而生的。

现在我们可以更完整地阐述什么是意识的优先性。[20]地平线意识并不是我们所拥有的东西，不像我们拥有疼痛的感觉或颜色的视觉印象。它是我们所经验的，一种生存的模式或存在的形式。因此，它具有**存在的优先性**（existential primacy）。意识也具有**认知的优先性**（cognitive primacy）。正如我们通过温度的故事所说明以及在本书中反复强调的，意识经验既是获取知识的出发点，也是最终的验证源，特别是在科学知识方面。最后，意识具有**先验的优先性**（transcendental primacy）。如果某物是知识可能性的先天条件

第 8 章 意识

（不是由经验提供，而是由经验预设的条件），那么它就是先验的。意识不仅是知识的另一个对象，更是任何对象可知的基础。因此，意识无法还原为任何特定的对象或对象领域：任何试图以具体对象（如大脑）或对象的总体来解释意识的方法，都已经预设了意识作为对象个体化和可理解的前提。正如我们在本节开头所说的，没有任何跳出意识以求充分解释意识的方法。

古今许多思想家从这些思考出发，推断出宇宙、自然或实在本质上就是意识，或者说来自意识。然而，这种推论在逻辑上并不成立。如前所述，我们将意识视作内在的经验与科学知识不可还原的前提条件，而上面的这种推论超出了我们所能够知道和确立的范围。而且，正如我们接下来要讨论的，这种推论违背了"身体的优先性"（the primacy of embodiment）的观点，这一观点与"意识的优先性"一样重要。

身体的优先性

之前我们提到，大脑不会在你的经验中直接显现。现在，我们可以从另一个角度来看这个问题。意识状态无疑与大脑有着密切的依存关系，但这种依存在第一人称视角的觉知范围内是难以捉摸的。醒着感知周围事物，睡眠并且做梦，在开放的觉知中"打坐"，集中注意力：这些觉知模式都依赖于大脑，但仅从内部经验这些状态无法揭示这种依存关系。更广泛地说，地平线意识并不会直接显露出其所有的依存因素。

当然，一些哲学和灵性传统否认这一点。他们断言，意识的内在本质，有时被称为"纯粹意识"或"纯粹觉知"，显然只依赖于自身，由此构成存在的根本基础。但如果这种形而上学是从纯粹觉知的经验中得出的结论，那么这种推论就是无效的。因为无论从内部来看觉知是多么基本和自足，都不意味着实际上就是如此。即使是讨论意识问题，事物的表象也不一定揭示其本质。这并不意味着没有"纯粹觉知"的真实经验——在这种状态下，那些意识被经验为具有不同于其可变对象的不变现象特质。但这确实意味着，仅凭经验自身无法揭示有关其来源或其所依赖的一切因素。

我们可以再进一步。你当下的意识（即时觉知）必须有其外部来源。你能够思考的任何事物，包括"这根手指正指向一个觉知空间"或"这是一场梦"，都因你拥有并会使用概念而具有意义，而这些概念的意义并非起源于你。你所做的一切，包括冥想中"只管打坐"或"无念"，之所以有意义且能够存在，都来自超越你自身的社会和文化实践背景，这些背景早于你并将在你之后继续存在。即使是元觉知，即心智能够关注和监控自身觉知的能力，也源于你在婴儿时期与他人互动时内化而来的外部视角。最后，任何否认即时觉知具有外部来源的尝试都会自相矛盾，因为这种否认的想法或表达本身，必须依赖于你所处的社会、文化和生物进化所提供的概念和语言资源。即使你是全球瘟疫下幸存的最后一个人，你的思维和元觉知能力本质上仍然是社会性的。

以上观点描述了我们所说的"身体的优先性"。我们无法脱离我们那具充满社会性和文化色彩的活生生的身体。正如梅洛-庞蒂所言："身体是存在于世界的载体。"[21] 身体是通过意识揭开世界的媒介。

神奇的怪圈

我们现在面临一个神奇的怪圈。[22]地平线意识涵盖了整个世界，包括我们内在经验的身体，而身体又涵盖了意识，包括那种对直接亲密感的觉知。意识的优先性和身体的优先性相互交织。我们需要仔细审视这个神奇的怪圈，它在盲点中常常被忽视。

事实上，我们在讨论"时间与宇宙学"以及"生命"时已经遇到过这个怪圈：我们对时间的经验依赖于我们通过时间经验衡量的宇宙时间的流动，而只有生命才能了解生命。就像衔尾蛇一样，我们身处宇宙，而宇宙也在我们体内。这就是神奇的怪圈。

梅洛–庞蒂在《知觉现象学》一书中指出了这种怪圈："世界与主体不可分割，但这个主体仅仅是世界的一个投射；主体与世界也不可分割，但这个世界也是主体自身投射的结果。"[23] 这一论述旨在从两种极端观点之间开辟一条新路。一种观点认为，世界仅存在于意识中（理念论）；另一种观点认为，世界预先存在且独立于经验之外（实在论）。梅洛–庞蒂指出，每一个术语——意识主体和世界——都是通过彼此构成的，因此它们不可分割地形成了一个更大的整体。用哲学术语来说，它们的关系是辩证的。

梅洛–庞蒂所谈论的世界是生活世界，即我们能够感知、探究和行动的世界。主体向世界投射，因为主体将世界呈现为一个充满意义和关联的空间。但是，主体之所以能够向世界投射，是因为主体存在于一个已经与世界互动的身体中，而这个世界远远超越主体本身。身体化的主体不仅在世界中，而且也是世界的一部分。身体化的主体又是世界的投射，是世界进行局部自我组织和自我个体化以构成生命的方式。[24]

你可能会说，整个宇宙或自然界包含生活世界，因此这个怪圈只与我们和我们的生活世界有关，而不是与整个宇宙有关。但是，这种隔离怪圈的方法行不通。确实，我们的生活世界是一个无比广阔的宇宙中微不足道的一部分，宇宙包含我们的生活世界。但同样真实的是，生活世界也包含宇宙。我们的意思是，宇宙总是在生活世界中向我们展开。生活世界设定了任何可观察、可测量和可思考事物的视域。因此，生活世界和宇宙本身也卷入了神奇的怪圈。

梅洛-庞蒂在写下这段话时，正是考虑到了这种怪圈：

当我们说世界在人类意识之前就存在，这究竟是什么意思呢？这可能意味着地球从一个原始星云中形成，而当时还没有形成生命的条件。但这些词语和物理学中的每一个方程都预设了我们对世界的前科学经验，这种对生活世界的引用有助于构成陈述的有效意义。没有任何东西能让我理解一个无人能看到的星云是什么样子。拉普拉斯的星云并不在我们的起源背后，而是在我们的文化世界面前。[25]

梅洛-庞蒂并不否认，在某种完全合理的意义上，世界在人类意识之前就存在。事实上，他提到了这一陈述的"有效意义"。他是在不同的层次上（即意义层次上）提出一个观点。科学陈述中的术语，包括数学方程的意义，依赖于生活世界，就像我们关于温度的故事和我们关于钟表时间依赖于生活时间的讨论所说明的那样。此外，宇宙并不是先验地预先分类成各种实体（例如星云）的存在，而是科学家根据他们的知觉能力、观察工具和解释目的，在生活世界和科学工作中进行概念化和分类的结果。"星云"这个概念，即一团独立的星际云,就反映了我们人类和科学对天文现象的知觉和概念分类方式。这就是梅洛-庞蒂所说的,他无法理解一个无人能看到的星云是什么样子。没有任何事物本质上具有星云的身份。这个身份依赖于一个通过观察得出并反过来影响观察的概念系统。然而,梅洛-庞蒂的最后一句话有些夸张——根据天体物理学和广义相对论的概念系统,拉普拉斯的星云在宇宙时间上确实是我们的过去,但它不仅仅是我们的过去,它也在我们的文化世界之中,因为星云这个概念来自人类的分类。宇宙包含了生活世界,生活世界也包含了宇宙。这就是所谓的怪圈。

现在我们可以理解,生活世界具有与意识的优先性和身体的优先性同样的优先地位。更确切地说,生活世界的优先性涵盖了意识和身体的优先性。我们无法脱离生活世界,因为生活世界始终伴随着我们的脚步。我们对宇宙的所有认知无一不来自生活世界。同时,我们通过新的生活世界视角,尤其在科学、艺术、宗教和哲学等领域,打开新的视野。因此,必须存在某种超越生活世界的东西,它位于生活世界之外,并为其内部不断新生的揭示和显现提供源泉。我们可以称这个源头为"自然"。[26] 生活世界本质上对这一超越它的源头是开放的。生活世界表现出既封闭(其中的任何行动都会导致另一个内部的行动)又超越(它本质上对超出它的事物是开放的)的性质。生活世界和宇宙相互交织、彼此包裹。

盲点掩盖了这种神奇的怪圈,让我们遗忘了它。我们误以为可以从一个纯粹外部的视角来把握意识,而这个视角在意识将我们置于其中的怪圈之外。换句话说,我们认为可以在还原主义、物理主义和客观主义的框架内理解意识,或者在这种方法失败的情况下,通过假设物理自然与不可还原的意识之间的二元对立来理解它,仿佛我们能够以某种方式超越怪圈。现在我们准备探讨，为什么这些思维方式行不通，以及为什么其失败的原因比哲学家所称的意识难题还要深刻。

盲点的产物：意识难题

意识难题指的是解释物理系统（如大脑）如何产生意识经验的问题。[27]"产生"这个表达是模糊的，因为问题的一部分在于弄清物理系统与意识经验之间的解释关系究竟应该是什么。虽然"产生"暗示了一种因果关系，但这种关系可能是同一性（意识状态与某种物理状态是同一的）或实现性（意识状态在某种物理状态中得以实现）。总的来说，这个问题是要解释意识经验是如何以及为何能够在一个物理系统中生成，这种解释要用科学的客观术语进行描述，无论是基于神经元和突触中的电化学过程、神经网络中的计算或信息过程，还是生物系统或物质中的量子效应。

现今讨论的意识难题正是盲点的产物。这个问题与现代科学一同出现的心身问题密不可分。早在1866年，英国生物学家赫胥黎就写道："意识是什么，我们不知道；而像意识状态这样令人惊奇的现象是如何通过刺激神经组织产生的，这就像阿拉丁在故事中擦亮神灯时出现的精灵一样，或者像自然界的任何其他终极事实一样难以解释。"[28]威廉·詹姆斯在其《心理学原理》一书中引用了爱尔兰物理学家约翰·丁达尔于1868年在不列颠科学促进会物理分会的主席演讲中的类似发言："从大脑的物理现象到对应的意识事实之间的过渡是不可思议的。即便我们承认一个特定的想法和大脑中的特定分子活动同时发生,我们也没有那种能够通过推理过程从一个现象过渡到另一个现象的智能器官,甚至似乎连这种器官的雏形都没有。"[29] 为什么大脑加工过程会导致任何形式的意识经验?这就是意识难题,也被称为解释鸿沟。[30]

这个问题可以追溯到17世纪现代科学的兴起,特别是自然两分——将自然界划分为外部的物理现实(用数学结构和动力学描述)和主观的现象(存在于心灵中的现象性质)。早期的这种两分表现为"第一性质"和"第二性质"。第一性质(如大小、形状、坚固性、运动状态和数量)指的是物质实体本身所固有的,而第二性质(如颜色、味道、气味、声音以及温度)则是仅存于心灵中,由第一性质作用于感官并产生的心理印象。这一划分立即在两种性质之间产生了解释鸿沟。约翰·洛克在其1689年的巨著《人类理解论》中提出了这个问题,大约两百年后,赫胥黎对此进行了重述。用洛克的话来说,"我们对哪些形状、大小或部分的运动能够产生黄色、甜味或尖锐的声音一无所知,我们也完全无法想象任何粒子的**大小**、**形状或运动**如何能够在我们心中产生任何**颜色、味道或声音**的想法;两者之间没有任何可以想象的连接"[31]。

戈特弗里德·威廉·莱布尼茨(其成就包括与牛顿几乎同时独立创立微积分、发明机械计算器、记录并改进二进制数系统,并且可能是第一个认真且共情地撰写中国哲学的欧洲哲学家)在其1714年发表的《单子论》中提出了类似的问题:"设想有一台机器,其结构使它能够思考、感觉和知觉,我们可以想象将其等比例无限放大,这样我们就可以像进入磨坊一样进入其中。如果对其内部进行检查,我们只会发现相互推动的零件,而永远找不到任何能解释知觉的东西。"[32] 莱布尼茨用"知觉"一词来泛指心理状态。

他认为，当我们审查一个机械系统时，将其放大并审视其内部运作，但我们不会找到任何能够解释心理状态（感觉、知觉和思考）存在的东西。

尽管莱布尼茨的磨坊论证并非专门针对意识，而是针对一般心理状态，但我们很容易想象一个当代版本的论证，我们可以将其应用于大脑和意识。如今，得益于细胞和分子神经生理学以及神经成像技术，我们能够通达大脑，看到其内部结构和动态。我们现在掌握了许多"大脑连接组"，即脑内神经连接的全面地图或线路图。在这些大脑模型中，有什么能够解释意识的存在吗？假设我们能够在任意空间和时间尺度上对构成大脑神经网络的物理活动进行成像分析，尽管能够确立大脑活动与当下经验之间的精确关联，但这些关联却仍不足以解释你的经验，包括其发生的事实及其具体的性质。在神经网络的物理和计算活动与你直接经验的湛蓝天空、夏日遐想或静坐冥想之间，隔着一条概念和解释上的鸿沟。这条鸿沟便是所谓的解释鸿沟。

尽管物理学、生物学和神经科学取得了令人惊叹的进步，但自现代科学兴起以来，科学在弥合意识与物理模型之间鸿沟的基本问题上没有取得根本性进展。尽管物理和生物模型变得越来越复杂，并得到越来越多数据的支持，但这道鸿沟依然存在。赫胥黎和丁达尔在19世纪强调的问题，与20世纪哲学家托马斯·内格尔和大卫·查尔默斯所指出的是同一个问题，并且至今仍然存在。[33]确实，无论在何种尺度或层次上，任何以完全客观的术语来描述对物理过程的理解的努力，都很难弥合这一鸿沟。我们应该怀疑，意识的难题内嵌于盲点形而上学，而无法在其框架内解决。

正如我们在本书中所见，当我们将一种方法误认为是实在的内在结构时,盲点形而上学就出现了。我们设计了一种强有力的解释方法,将意识抽象化,却忘记了这种方法根本上仍然依赖于意识。正如在温度的故事和对时间的讨论中所描述的,我们试图用抽象化和理想化的数学构造代替具体和可感知的现象(悄然替代)。因为这些构造是如此有用,以至于我们忘记了它们只是抽象的产物,而把它们视为具体的实在(具体性误置谬误)。随着我们在抽象的螺旋上升中前行,我们开始将那些实际上是高度凝练的经验残余视为本质上非经验性的实体,它们构成了现实的客观结构(结构不变量的物化)。最终,意识经验——意识抽象化方法的来源和基石——完全从视野中消失,隐藏在盲点中(经验失忆症)。结果是形成了一幅用物理主义、还原主义和客观主义术语描绘的现实图景,而意识在构建过程中被排除在外。

如果我们现在回过头来,试图在盲点世界观内恢复意识的地位,并运用我们最初排除它的那种方法,反而将面临一个不可能且荒谬的局面。声称意识可以通过物理学或认知神经科学中的抽象结构残余进行还原性解释,这颠倒了科学知识生成的过程,这一过程始于并永远依赖于直接经验。这样的做法在原则上是荒谬的,因为它试图用完全客观的术语来替代一开始就被排除的主观性。[34] 它没有认识到意识在知识中不可消除的优先性。

在盲点世界观的限制下处理意识问题,留给我们的选择不多。然而,这些选择最终都不能够令人满意,因为它们从未正视意识的优先性和我们所处的怪圈。第一个选择是转移话题,去关注不同的问题,例如哪种脑活动对应哪种意识经验。第二个选择是将自然两分、固化为物理实在和不可还原的心理属性的二元论。根据这些心理属性普遍程度的不同,最终的立场要么是自然主义二元论

（naturalistic dualism），它提出额外的桥接原则（bridging principles）以解释意识经验如何从大脑中产生；要么是泛心论，将意识视为物质世界的基本特征。[35] 第三个选择是将意识视为一种错觉，这一立场被称为错觉论。然而，无论选择哪种方法，我们都仍然停留在盲点的范围内，继续从事"常规科学"。通过在一个未改变的盲点世界观中注入二元论或泛心论的"额外成分"，或仅将意识视为一种认知错觉，都只会强化盲点。[36] 本章的其余部分将更详细地探讨这些选择，并解释为什么我们需要一种超越盲点的全新方法。

瞄向大脑

在意识神经科学的标准方法中，研究者通常会忽略如何在物理世界中生成意识的难题，而是专注于将意识的经验性质映射到大脑的功能属性上。[37] 神经关联意识就属于这种映射。[38] 例如，清醒时有意识地感知视觉细节的属性，与大范围皮质区域的协调神经活动模式密切相关。[39] 类似地，大脑在做梦时也会激活相应的大规模脑网络，而在深度睡眠时则不会。[40]

这些网络的脑拓扑结构仍然存在争议。与意识感知最密切相关的大脑区域究竟是位于脑后的感觉区域，还是位于脑前的认知区域？[41] 相关争论还涉及感知（知觉）意识究竟是本质上的感觉现象，还是由注意和记忆构成的认知现象。这个问题已经演变成"无报告"范式与"报告"范式之间的争论。[42] 研究意识神经关联的传统方法是使用关于感知的口头报告作为确定意识内容的标准。但是口头报告混淆了感知内容与注意和记忆的认知过程，而这些过程是使这些内容可报告的必要条件（你必须注意某件事并记住它才能报告）。无报告范式试图使用报告来预先找到意识的神经生理和行为指标（例如，脑电和脑成像测量、眼动和瞳孔扩张），然后在没有报告的情况下使用这些指标，从而避免混淆。然而，这场争论的每一方都能够为自己的立场提供经验证据（无论认为意识知觉本质上与注意和记忆相关与否）。因此，目前没有单一的、普遍认可的意识神经关联，对于意识是什么（它是根本上的认知能力还是感觉现象）仍然存在着无法解决的分歧。

意识的另一个经验属性是自我感，即作为经验主体和行动主体的感觉。自我感不是单一的东西，它包括许多不同的元素，如身体自我、在记忆和预期中经验到的心理自我、叙事自我（作为个人故事线的自我）以及社会自我。这里的每个元素都可以进一步细分。例如，身体自我包括拥有感（"这是我的身体"）、主体性（"是我在做这个动作"）、自我定位（"我在我的身体里"）和自我中心的感知（"我通过自己的眼睛看世界"）。自我感是一个整合不同类型自我经验的构建物，这些经验的特征及其整合也可以映射到大脑和身体的各个系统上。[43]

将意识属性映射到大脑性质的尝试已经推动了许多有价值的模型和实验发现，这在意识神经科学研究中是一个重要策略。[44] 但问题在于，认为这种方法最终会解决意识难题或弥合解释鸿沟，必然导向错误。建立从经验到大脑的详细映射是一回事，解释这些映射何以可能以及如何存在则是另一回事。正如米歇尔·比特博尔指出的，认为解决这些映射问题就能最终解决（或消除）意识难题，就像认为走得足够远就能到达地平线一样。无论经验与大脑之间的映射多么详细，它们都不足以解释意识的物理起源或生成模式。[45] 意识经验是映射关系中的既定存在，而非其解释对象。要阐明这种映射关系中经验的一面，我们需要一种截然不同的解释方式。

在处理意识难题或解释鸿沟时，研究意识的神经关联还面临其他问题。除非我们确切了解意识的本质和结构，否则无法确定其发生的条件。意识是否可能存在于没有大脑或神经系统的生物中？[46] 目前我们没有办法对这个问题给出明确答案。虽然我们知道大脑对与意识密切相关的认知能力来说是必要的，但我们并不知道这些认知能力对意识来说是必不可少的还是无关紧要的。正如我们所见，研究意识的神经关联无法解决这个问题。想想感知力，也就是感觉能力，它需要像选择性注意和短期记忆这样的认知能力，还是与它们毫无关联？是否存在一种最小或核心形式的感知力，一种属于所有有机体的活着的感觉？又或者，感知力是在进化的某个阶段才出现的？在意识科学中，这些问题尚无共识。即使许多神经科学家认为意识仅限于有大脑的动物，这种观点也最多是一种工作假设或假说，而不是确立的事实。[47]

如果我们已经知道哪些经验和认知属性是意识所必需的，并且知道这些属性仅存在于大脑中，那么，将它们映射到大脑中会帮助我们接近意识的物理起源，即使我们仍然不明白大脑这样的物理系统是如何生成意识的。然而，我们对此一无所知，在试图弄清这些问题时会不可避免地陷入一个颇具挑战性的循环。[48] 为了确定自然界中意识的范围，我们需要一个经过验证的意识理论，但要形成这样的理论，又必须依赖关于自然界中意识分布范围的假设。要验证一个意识理论，就需要确定哪些经验和认知属性对意识来说是必不可少的，但这又取决于关于哪些生物具有意识的假设。如果我们想要回答意识如何在自然界中产生的问题，就不能忽视这些挑战。

有些理论家将神经科学的意识领域与生物学的生命领域进行类比。[49] 正如生命不是单一现象——它包括新陈代谢、成长、自我维持、繁殖、进化等多种过程——意识同样不是单一现象。而且，就像通过解释生命的不同属性来推进对生命的理解一样，通过将意识的不同形式和方面映射到大脑，也将推动我们对意识的理解。

然而，这种类比有其局限性。生命问题并未由那些主张将大脑与意识进行映射策略的倡导者所设想的机械理解所解决。相反，要解释作为自我决定主体且具有不可预见性的相空间（详见第6章）的有机体，这一研究才刚刚开始。此外，对"生物学完全解决了生命问题"的印象，部分源于我们将意识问题从生命问题中剔除了出去，而这只是在拖延问题的解决。意识是有意识生物体内生命调节过程的一部分。[50] 我们需要解释有意识生命的出现是如何发生的，包括感知能力是与生命同时出现的还是后来的进化事件，以及从进化的角度来看，意识的出现是偶然的还是必然的。因此，生命问题与意识问题交织在一起。一旦我们试图将意识问题从生命问题中剔除出来，它们之间的差异就变得异常显著。意识是主观的、经验的，而生物学的生命则被理解为完全客观的。这不仅仅是因为在研究意识时我们必须收集主观经验状态的数据，而研究生命时则不需要，还因为我们用不同的概念框架来理解它们——一方面是客观的结构、功能和动态框架，另一方面是主观经验的框架。虽然我们可以在这两个框架之间进行映射，但这仍然无法触及使这种映射成为可能的原因，以及如何解释自然界中意识的产生问题。

预测的困境

"预测加工"（predictive processing）是一种当前流行的关于大脑如何作为认知系统运作的理论，用于回答上述种种问题，并解释大脑如何生成知觉经验[51]。根据该理论，大脑基于对世界上"就在那里"隐藏且不可观察的信号成因的假设，持续对接收到的感觉信号进行预测。大脑的工作旨在最小化其接收到的感觉信号之间的差异。感觉信号作为预测误差，被大脑用来更新和修正其假设和预测，然后应用到下一轮的信号之上。这个预测、假设更新和新预测的循环是根据贝叶斯概率理论（参见第4章）运作的，因此这种观点也被称为"贝叶斯大脑"假说。简而言之，根据该理论，感知是大脑在面对被视为误差信号的感觉信号时进行预测和修正预测的结果，我们真正感知到的是大脑在最小化感觉预测误差时所预测的内容。[52]

预测加工理论最初是关于大脑在知觉方面如何运作的理论，而不是关于意识的理论。然而，这种理论认为我们感知到的内容，即我们的知觉经验，是大脑内部预测模型的内容，这一观点生发了与意识经验的联系。根据这种观点，我们并不是直接感知世界，相反，我们经验的是大脑对外部世界的模型内容。神经科学家阿尼尔·塞思用"受控幻觉"（controlled hallucination）来描述这种观点，这一说法可以追溯到20世纪的英国人工智能研究者马克斯·克劳斯，甚至可能追溯到19世纪的德国物理学家和医生赫尔曼·冯·亥姆霍兹。[53] 神经科学家鲁道夫·利纳斯在1994年也将知觉描述为"受控梦境"，即在持续的实时感觉运动限制下的梦境。[54] 基本观点是，当大脑的预测或期望在没有感觉信号约束的情况下主导知觉时，就会产生幻觉。而当大脑的预测受到感觉信号的严格约束时，大脑会不断根据这些信号修正其预测，这时就会产生知觉。知觉是受控幻觉（而幻觉是无约束的知觉）的观点被提出，旨在将预测加工从一种关于大脑如何运作的理论扩展为一种解释大脑运作如何生成知觉经验的理论。

将有意识知觉称为大脑的受控幻觉并不能真正解释意识。尽管预测加工理论修正了经验–大脑映射（the experience-brain mapping）中大脑一侧的术语，但它并未解释在预测加工的框架下，大脑如何能够产生第一人称的觉知经验。诚然，这一理论不仅需要确定哪些大脑活动模式与哪些意识经验相对应，还需要确定大脑预测加工的哪些方面与哪些意识经验相对应。此外，通过操控大脑的预测加工并因此改变经验，我们或许可以获得关于经验–大脑映射的见解。我们还可以操控主观经验以观察预测加工如何变化。然而，为什么一个预测加工系统会具有经验视角？为什么它会有意识知觉？预测加工中究竟有什么使其足以生成意识？这一理论并没有回答这些问题。

让我们澄清这里的问题。问题不在于预测加工理论能否提供有用的脑功能模型——显然，它确实能做到这一点。鉴于当前的证据状况和测试模型的方法学挑战，声称大脑仅仅是一个预测加工系统显得言过其实。[55] 同样，"贝叶斯大脑"的概念也被夸大了。正如神经科学家路易斯·佩索阿所言，没有人会因为我们能用微分方程来建模而称大脑为"牛顿大脑"，所以用贝叶斯概率理论为脑功能的某些方面建模，并不意味着大脑就是"贝叶斯大脑"。[56] 地图不是领土，数学也不是现实。[57] 问题也不在于预测加工理论是否有助于识别和完善我们对意识神经关联的理解，[58] 关键在于该理论是否通过解释大脑如何产生经验来解释意识。那么这个理论是否解决了意识的"产生问题"——物理系统如何产生意识经验的问题？[59] 答案是否定的。

我们必须强调这一点，因为一些神经科学家持不同观点。他们认为预测加工理论有助于优化经验-大脑映射，声称它提供了关于意识经验是什么以及它们如何在自然世界中产生的机械模型。例如，有人告诉我们，我们对世界的有意识知觉"**只不过**是大脑对其无色、无形和无声的感觉输入的隐藏原因进行的最佳猜测"，并且"作为你（或我）的特定经验**只不过**是大脑对与自我相关的感官信号原因的最佳猜测"[60]。这些"只不过"的说法远远超出了预测加工理论在科学领域的立身之所。它们不是科学陈述，而是形而上学的。这些说法忽略了预测加工模型与个人意识经验之间的解释鸿沟，这正是盲点的例证。

知觉经验是大脑对外部世界隐藏原因的最佳猜测的说法带来了无尽的问题，这些问题正是盲点的典型表现。我们被困在自己的头脑里进行预测。我们感官的任务不是揭示世界（包括我们的身体），而是指出我们基于颅内模型所猜测的错误。这种预测困境本质上是唯我论的：直接经验给我们的只是我们自己的、私人的、内部的预测，而我们只能通过记录关于一个永远隐藏的外部世界的误差来更新这些预测。这是自然两分的认知神经科学版本。

这种知觉图景并不是科学上的必然，其他有关知觉的科学理论拒绝这种观点。詹姆斯·吉布森及其追随者倡导的生态心理学认为，知觉是动物作为整体的活动，而不只是来自头脑中的一个片段。[61] 知觉的内容表征的是环境结构及其对动物的可供性，而不是大脑中的一个模型。大脑加工过程促进了知觉的发生，但知觉本身并不等同于大脑加工过程。知觉是动物基于其感官和运动能力与世界相关联的一种方式。生成式认知科学也持这一观点。[62] 生态心理学和生成式认知科学都致力于创造一种避免将自然两分的知觉科学。

预测加工理论扭曲了知觉经验。即使大脑利用预测和误差信号进行处理，我们知觉的对象也不是这些信号，而是世界。大脑的猜测和更新猜测怎么能等同于我们在知觉中共同经验到的具体的存在呢？（实际上，大脑并不真的进行猜测或预测，这只是我们在特定背景和假设下对大脑建模的方式。）研究我们用预测模型解释的大脑过程如何支持我们对世界的知觉经验是一回事，宣称知觉经验的内容与大脑预测模型的内容是相同的则是另一回事。这样等同是没有依据的。

预测加工理论用大脑加工过程的内部模型悄然替代了知觉经验，同时还犯了具体性误置谬误，把抽象和理想化的第三人称大脑模型当成了第一人称对世界知觉经验的具体现象。最后，它混淆了描述的层级。正如我们并不感知视网膜图像一样，我们也不能对预测和误差信号有所知觉。预测加工模型与知觉经验之间仍然存在着根本性的差异。[63]

但实际情况更糟。将预测加工理论应用于知觉知识，特别是有关大脑的知觉知识时，理论会自我削弱。如果知觉不过是大脑对其感官输入的隐藏原因的最佳猜测，那么这同样适用于我们对大脑的知觉。原本被认为是客观存在、位于模型之外并且是意识来源的物理大脑，现在却变成了预测模型的生成内容。由此推断，当我们进行神经科学研究时，我们并没有真正直接接触物理大脑，而是在研究我们对一个隐藏且不可观察的所谓"大脑"的猜测。这一观点具有普遍性。我们感知到的任何事物，都只是从模型内部做出的猜测。模型将所有知觉到的事物都归入其内部，甚至吞噬了自身的物理基础。[64] 外部基础也由此变成了模型内的另一个假设。

你可能会试图反驳这个结论，认为每个模型都诉诸一个生成它的物理系统，所以模型之外必然有一个物理大脑，或者至少有一个外部的物理实在。但严格来说，这并不合逻辑。我们所知道的模型之外的世界可能如唯心主义者所认为的，完全是心理（设想）的，或者如柏拉图主义者所坚持的，是数学的。如果无法知道模型之外的情况，也就无法确定外部实在是什么以及哪些概念适用于它。

我们提出这个论点的意图不是为了深入探讨关于表象与物的"自体关系"（借用康德的术语）的深奥形而上学问题。相反，我们是想指出，当预测加工理论被作为一种产生意识的物理主义解释时，它自我削弱了，因为它无权使用模型之外的概念，即它所依赖的物理大脑。未能认识到这一点是盲点的又一例证，即理论假设了一个超出其自身范围的意识的物理来源，却无法解释这一点。

作为关于知觉经验或一般意识的理论，预测加工理论也在以其他方式自我削弱。该理论使得人们难以解释科学，因而也无法解释其自身。科学依赖于科学界和生活世界中的共同知觉知识。然而，预测加工理论将共享的知觉知识简化为每个人——或更确切地说，每个大脑——协调自己的私人模型与其他人的私人模型的结果。从任何给定模型的角度来看，其他模型的存在仅仅是一个猜测。每个感知者都只能依靠个人的误差信号在世界中导航。在这种唯我论的框架下，没有可信的方法可以解释科学知识。

这些难解问题的根源在于认为"我即我脑"，知觉发生在大脑内部。这就像说一只鸟就是它的翅膀、飞行发生在翅膀内部一样。[65] 鸟需要翅膀才能飞翔，但飞行并不在翅膀内部。飞行是动物作为整体与其所处环境之间的关系。同样，我们需要大脑来感知，但知觉并不在我们的大脑内部。知觉是我们与世界之间的关系。一旦我们把自己与大脑混为一谈，就会产生一个错误的印象，仿佛我们被困在头颅内部，就像在一个没有窗户的房间里，只能猜测外面的情况，并只能依靠猜测与从墙外听到的声音之间的差异来判断外界发生了什么。[66] 然而，我们并没有被困在头颅里，[67] "我"也不能还原为"我脑"。大脑是知觉的器官，而不是知觉者。知觉者是与世界紧密联系的整体的人或动物。

整合信息理论的救赎

另一种声称能够回答物理系统如何产生意识这一问题的理论是整合信息理论（the integrated information theory，IIT）[68]。整合信息理论的支持者认为，我们应该从现象学出发，对意识在经验中的显现进行考察。与其从物理系统出发推导意识，不如从意识经验开始，确定物理系统必须具备哪些属性才能产生意识。然而，与耐心探索我们如何经验意识的现象学家不同的是，整合信息理论的支持者马上就开始试图识别意识的基本经验属性，他们认为这些属性是无可置疑的，并且适用于每一种可想象的意识经验。

整合信息理论总结了五个基本属性，并将其作为理论的"公理"：（1）内在存在性：每种经验依据自身的内在或非关系视角存在；（2）构成性：每种经验由多种现象区分（phenomenal distinctions）构成；（3）信息性：每种经验都具有信息性，意味着它与其他可能的经验不同;(4)整合性:每种经验是统一的;(5)排他性:每种经验的内容是明确的。这些公理被转化为关于意识物理基质的基本属性的"假设"。

在整合信息理论中,"物理"被抽象地理解为因果效力,即系统的各部分如何相互影响或系统如何应对其状态的所有可能扰动。这种因果效力的概念被用来将现象学公理转化为物理假设。例如,每种经验从自身内在视角存在的公理被转化为这样的假设:经验的物理基质必须具有其自身的独立于外部因素的内在因果效力。

整合信息是在相互作用元素的因果层面上被定义的。该理论的创始人朱利奥·托诺尼将整合信息描述为"由一个元素复杂体生成的信息量,超越其各部分单独生成的信息量",并将它们的因果关系和动态相互作用纳入了考量。[69] 粗略地说,整合信息指的是超出系统各部分的信息总和且不局限于系统各部分的信息。

整合信息理论的核心论点是"意识就是信息整合"。[70] 据称,物理系统中存在的意识水平或数量与系统各部分生成的整合信息数量相对应。每一种意识经验的属性特征与非还原的内在因果结构(独立存在于其他事物之外)等同。这被描述为信息关系空间中的一种"形式",即系统各元素之间可能的因果关系。最后,整合信息理论更具体地表明,在清醒或做梦时与意识状态相关的功能性神经网络生成的整合信息量较高,而在深度睡眠或麻醉时,意识减弱或消失的脑状态生成的整合信息量较低。[71] 该理论还旨在说明如何将大脑的特定因果结构(整合信息形式下的理解)与意识的基本属性(根据理论公理给出的)一一对应。

整合信息理论为研究盲点提供了有趣案例。它的一些理论内容揭示了超越盲点的可能性,而另一些内容则强化了盲点。

一方面，整合信息的概念和测量方法为研究复杂系统提供了超越传统还原论的新视角。例如，整合信息理论家们展示了宏观系统因果关系的整合信息测量如何取代系统元素的微观因果关系对复杂系统的解释。[72]换句话说，整合信息的系统整体测量可能比部分因果互动解释具有更强的解释力。整合信息的概念和测量方法还被用来界定整合单元与其环境之间的边界，同时能够揭示生物组织的某些神秘特点。[73]

另一方面，整合信息理论的核心论点——意识是信息整合——摇身一变又成为将地图与领土混淆的典型案例。这是一种悄然替代（用整合信息替代经验）和具体性误置谬误（将整合信息这种对因果相互依存关系的抽象理解视为具体存在的事物）的典型案例。

整合信息可能与意识的某些方面密切相关，并且我们可以使用整合信息的度量来衡量与意识的这些方面相关的神经网络的复杂性，但这并不意味着意识就是整合信息。整合信息理论家认为这种同一性来自他们的主张，即物理系统因果结构的组成部分与整合信息理论的公理中规定的经验抽象性质之间存在同构关系，即一对一的结构对应关系。但即便存在的是同构关系，而非类比或形式上的相似性，这种同一性的主张也不具有逻辑必然性。同构关系仅适用于基于结构区分的抽象对象，并不必然意味着同一。意识经验是一种具体的现象，而不是一个抽象的对象。意识的抽象结构并不能解释意识的全部。

整合信息理论看到了研究意识时需要从现象学出发，但随即便以悄然替代的方式走向妥协立场。它从一开始就用一种基于抽象和理想化的公理演绎结构（axiomatic-deductive structure）取代了意识的实际现象。这种替代忽略了现象学的基本观点。很久之前，数学家胡塞尔就意识到,意识的实际现象是流动的和不确定的(这一点也由詹姆斯和梅洛-庞蒂提出),并不像数学物理中的实体那样趋向于某个理想极限。[74]柏格森甚至在更早之前就认识到了这一事实:相比于钟表时间,关于绵延的经验具有必然的流动性和不确定性。任何认真对待现象学并了解其历史的人都会立即质疑用公理演绎结构来解释意识的适当性。毕竟,科学解释并不必然是公理演绎的,比如生物学,它并不是通过公理演绎框架来解释生命的。真正从现象学出发意味着重视意识现象的实际流动性和不确定性,而不是一开始就假设它们都可以从公理属性中生成。

如果我们仔细考察整合信息理论的具体公理和假设——它们支持将意识与整合信息等同——就会发现其中充满了问题。正如哲学家蒂姆·贝恩所指出的,尽管这些公理以不言自明的方式存在,但实际上它们要么存在争议,要么定义不明确。[75]让我们回顾几个例子。

公理1(内在存在性)指出,每种经验以其自身的内部或非关系视角存在。这个公理依赖于内在属性(某物不依赖于外在而本身就具有的属性)这一有问题的概念。该公理实际上提出了一个强有力的形而上学主张:任何特定的经验都有其内在属性,独立于与任何其他事物的关系。然而,这远非一个自明的观点,许多理论家就反对这一观点。具身和生成式认知理论家认为,意识状态及其内容本质上依赖于它们的历史和环境的关系。幻觉主义者(将在下文讨论)认为,意识经验看似内在存在,但这不过是认知错觉罢了。而中观哲学家则会说,任何事物内在存在的概念本身就是不融贯的。[76]

公理2(构成性)指出,每个有意识的经验都是有结构的,由其特有的现象区分组成。但这个公理的定义不够明确。很多理论都会承认意识通常涉及某种程度或类型的现象差异，但它们在描述这些差异时却存在分歧。例如，某些类型的冥想状态被认为是有意识的，并且在现象上表现为无结构。[77] 公理2是否排除了这些状态？如果是这样，那么该公理是有争议的。或者，该公理以某种方式容纳了这些状态（或将其视为最小结构化的情况）？如果是这样，那么该公理是定义不明确的。

公理4（整合性）指出，每种意识经验都是统一的。这实际上是站在现象整体主义者的立场上参与关于现象整体主义和现象原子主义的辩论。[78] 现象整体主义者认为，在给定时间内的整体性意识经验不可还原为更简单的现象构建模块。而现象原子主义者则认为，这种整体感是一种虚幻的心理构建，不是真实的：经验完全可以被分解为基本的现象原子。现象整体主义或许是对的，但它绝对说不上是自明的。此外，如果无法通过内省的方式辨别整体主义或原子主义的真实性，那么基于内省理由将整体主义作为公理就是不可行的。

整合信息理论的其他两个公理同样存在定义不明确或自证不足的问题，但我们无须深入探讨这些细节。[79] 需要强调的是，将意识与整合信息等同起来的观点依赖于整合信息理论的公理及其转化为关于意识物理基质特性的假设。然而，这些公理本身就不稳固，并且这些假设并非从公理中逻辑推导出来的。将假设与公理联系起来的是相似性或类比，而非逻辑推导。因此，整合信息理论将意识与整合信息等同起来的核心观点是没有根据的。[80]

整合信息理论还存在一个更深层次的问题，这个问题直抵盲点的核心。此问题涉及整合信息理论的一个关键概念——信息。根据我们的观点，信息（无论是信息理论中的定义，还是整合信息理论中的定义）本质上是依赖观察者的，并且反映了研究主体的认知立场。[81] 信息是根据概率分布来定义的，而概率分布从部分和有限的角度反映了观察者或研究主体的不确定性。换句话说，世界的状态，或者说一个物理系统的状态，本身并不内在地携带信息；它们只从某些观察或认知的角度携带信息。信息以观察者（即理性认知主体）的存在为前提。从这个角度来看，用信息构建对意识的解释将是倒退的或循环的，因为信息的概念本身预设了意识，其形成是理性认知主体的经验知识。信息是某种经验的结构残余——主体对可能结果的不确定性。忘记关于信息的这一真相，是经验失忆症的一个典型案例。

物理主义与泛心论

现在，我们可以退一步，从更广泛的形而上学的角度来审视意识与盲点之间的关系。尽管我们讨论的科学意识理论可以在不同的形而上学框架下运作，但它通常被认为在物理主义的框架内动作。虽然一些泛心论者认为整合信息理论能够支持他们的立场，但另一些泛心论者也因为同样的原因对其提出批评。[82] 物理主义者认为，意识可以完全用物质实体和过程来解释，它们本质上都不是心灵的。对于物理主义者来说，生命、心灵和意识无非是物理元素复杂配置的结果，最终都可以还原成原子和基本粒子。然而泛心论者则辩称，宇宙的基本物理成分也是心灵的。对泛心论者来说，心灵或意识与夸克和光子一样基本。尽管物理主义者和泛心论者都认为人类意识是复杂的并源于更简单的实体和过程,但物理主义者认为这些实体和过程本质上是物理的和完全非心灵的,而泛心论者则认为它们本质上既是物理的又是心灵的。

我们的观点是,物理主义和当前版本的泛心论都理所当然地接受了科学的盲点观念,从而在盲点形而上学的范围内运作。我们将先从物理主义开始,然后再来考察泛心论。

物理主义作为一种形而上学命题,实际上是无用的。原因在于,"物理的"这一概念定义不清,而对其进行定义的尝试要么使物理主义变得错误、空洞,要么使其失去自然主义精神,这与物理主义的最初动机相悖。

以物理主义的核心主张为例,该主张认为除了物理实在别无他物,或者更精确地说,世界或宇宙完全由物理实体和过程构成。坦率地说,这一主张要么是错误的,要么是空洞的。一方面,如果我们将"物理的"定义为当代物理学所告诉我们的物理,那么物理主义就是错误的,因为当代物理学将不可避免地被另一种概念更新、得到改进与扩展的物理学所取代。另一方面,如果我们将"物理的"定义为某种未来的、完整的或理想的物理学(我们认为这一想法毫无意义[83]),那么物理主义又将是空洞的,因为我们几乎无法预见这种未来的物理学会是什么样子。

"物理主义要么是错误的,要么是空洞的"这个难题被称为"亨佩尔的两难困境",它以20世纪科学哲学家卡尔·古斯塔夫·亨佩尔的名字命名。[84]如果以今天的物理学来定义物理主义,那么它就是错误的,因为当代物理学是不完整的。但是,如果以未来或理想的物理学来定义物理主义,那么它又是琐碎的或空洞的,因为没有人能说出未来的物理学包含什么。也许,正如一些物理学家所争辩的那样，理想的物理学需要包含心灵或意识。[85]假设"物理的"是指物理学所必须指涉的一切，在这种情况下，传统物理主义所基于的物理与心智之间的二分法将毫无意义。最终的结论是，我们对什么是"物理的"没有明确的理解，因此无法将物理主义作为一个有意义的命题提出。

面对这一困境，一些哲学家认为我们应该去定义"物理的"，以排除激进或强硬的涌现论（意识从物理现实中涌现但不可还原）和泛心论（心灵是最基本的且无处不在，包括在微观物理尺度上）。这种做法会赋予物理主义明确的内容，但代价是试图预设"物理的"的含义，而不是将其交给物理学设定。

而我们拒绝上述做法。这违背了物理主义的原初精神，物理主义应该是科学的和自然主义的。"物理的"的含义应由物理学来决定，而不是靠纸上谈兵。毕竟，自17世纪以来，"物理的"这一术语的意义已经发生了翻天覆地的变化。物质曾被认为是惰性的、刚性的、不可穿透的，并且仅受决定论和局部相互作用的影响。今天，我们知道这种看法在几乎所有方面都是错误的：我们接受了几种基本力、没有质量的粒子（目前是光子和8种传递强核力的胶子）以及量子不确定性和非局域关系的存在。能够预想到的是，未来我们对于物理实在的认识仍将不断变化。因此，我们不能用简单规定"物理的"可以意味着什么来摆脱亨佩尔的两难困境。

泛心论哲学家盖伦·斯特劳森认为，正确理解的物理主义实际上包含了泛心论。[86]如果是这样，那么物理主义不仅允许甚至要求基本的物理实体同时是基本的心理实体。这一思路进一步表明，物理主义很难作为一种形而上学命题加以限定。物理主义最终将会演变为自然主义，即致力于实在的科学可理解性，从而与超自然主义相对。后者相信存在不受自然法则支配的现象或实体。我们可以接受自然主义，而不必附加无益的物理主义形而上学之观点。

斯特劳森的物理主义观念将我们引向泛心论。他为泛心论辩护的思路如下：

1. 一元论是真的。（实在是一个具体的整体，并没有分成本质上不同的种类，例如非物质的心灵和有形的身体。正如怀特海所说，自然是统一的而不是两分的。）
2. 经验是实在的。（斯特劳森称经验是幻觉的论点为"极大的荒谬"。[87]）
3. 所有实在的现象都是物理的。（物理主义是真实的。）
4. 因此，经验是物理的。
5. 经验不可能从非经验的实体和过程中涌现。（这是否定强硬或激进的涌现论。如果激进的涌现论是真的，经验就必须完全依赖于非经验实体和过程，尽管从纯粹的物理角度来看，经验是新出现的，但它会完全追溯到这些非经验实体和过程。但是我们没有这种涌现的概念或科学模型。）
6. 因此，至少某些基本的物理现象必须是经验的。
7. 如果至少某些基本的物理现象是经验的，那么存在很大的可能，所有基本的物理现象都是经验的。（否则自然会存在一种根本的异质性或两分，这与第一个观点相悖。）
8. 因此，所有物理现象都是经验现象，也就是说泛心论是真实的。

这一论点的巧妙之处在于，它通过断言物理主义和经验的实在性来推导泛心论。一方面，它否认自然两分以及意识的涌现性；另一方面，它认为物理实在必须从根本上是经验性的，这基于以下几点：自然不是两分的，一切都是物理的，经验是真实的，以及经验不可能（或不可理解地）从非经验现象中涌现。

这一论点在关于盲点的问题上存在模糊性。它虽然指出了一条超越盲点的方向，但最终仍然停留在盲点之中。

该论点通过拒绝盲点形而上学中的几个关键要素，如自然两分、正统的物理主义（物理实在基本上是非心理的）和关于经验的副现象论，指出超越盲点的方向。该论点提出了一种不可分割的自然观，其中经验是不可还原的。这为认识意识的优先性、身体的优先性以及意识与世界之间的神奇怪圈打开了大门。

尽管如此，这个论点仍然被盲点所困。它默认了客观主义的物理学观念（即物理学让我们通达独立于人类经验的实在），而没有认识到经验在物理学中无处不在（物理学的结构稳定性是经验的残余），因此用来表达意识难题的物理主义自然图景从一开始就是有问题的，而泛心论本应是这个难题的解决方案。因此，泛心论论点最终将经验作为额外的成分注入客观主义的物理实在概念之中。其结果是将经验客体化为物理世界中的一个对象。这是自相矛盾的，因为经验恰恰不是一个对象。经验是地平线，在可视范围内，任何对象或对象集合都可被指定。泛心论论点将经验置于自然之中，而没有承认经验是使得自然可理解的可能条件。经验无法被客体化，但泛心论论点却将其视为一种特殊的对象。这正是盲点的表现。

经验客体化在另一种被称为"内在本质"的泛心论者的论证中也显而易见。[88] 其论点如下：

1. 物理学只向我们揭示了物理现象的结构和关系属性。（例如，物理学仅仅通过电子的表现或与其他实体的关系告诉我们什么是电子，但它并没有告诉我们电子的内在本质，即电子自身是什么。）
2. 关系属性是由内在属性决定的。（关系依赖于处于关系中的事物自身拥有的属性。）
3. 某些物理现象的特定结构（如大脑）产生或构成了经验。
4. 因此，物理现象的内在属性必须包含这种生成或构成经验的能力。
5. 我们自己的内在觉知告诉我们现象属性是我们经验状态的内在属性。（例如，我们可以通过内省得知，我们感知到的蓝色是看到晴朗蓝天的视觉经验的内在现象属性。）
6. 现象属性是我们所知的唯一内在属性。
7. 因此，现象属性必然是物理现象的内在属性，至少是某些有组织的物理系统（如大脑）的内在属性。

如果我们在这个论证中加入对激进涌现的否定，并且声称如果现象属性是内在于某些物理现象，那么它们很可能内在于所有物理现象，那么我们就会得出泛心论的结论。

这个论证通过将经验解释为物理世界内在属性的特殊现象性质，从而将经验客体化。然而，这种方式不能充分解释经验。实际上，经验是任何属性得以明确的地平线。它是世界显现的先决条件，而不仅仅是世界的一部分。

这个论证还有两个大的问题。首先，它依赖于一个不明确且有问题的内在属性概念。其次，它基于我们通过内在觉知对经验的错误理解。

内在属性通常被理解为一种即使它是宇宙或生活中唯一的事物时也会拥有的性质。那么这个概念是否有意义呢？如果你认为某物之所以是其本身，是因为它属于一系列关系，那么这个概念就没有意义。为什么不说关系决定了关系的占有者，就像关系量子力学的观点一样？（详见第4章。）或者说关系与其占有者是相互依存的？中观哲学家与印度哲学对话者进行了几个世纪的讨论，据此提出了一些令人信服的理由拒斥内在属性的存在与可理解性。[89] 他们的论证启发了一些分析哲学家和量子物理学家，使他们坚持了关系优先于具有内在属性的实体的观点。[90] 无论如何，上述论证依赖于内在属性这一形而上学概念，而这个概念非常难以理解。

此外，我们并不能仅凭内在觉知知道经验状态的内在属性就是经验性质。仅靠内省，你如何判断出当你看向晴朗天空时所见的蓝色是你经验状态的内在属性，而不是由涉及你的身体、环境和个人历史的关系构成的？显然不能。事实上，仔细的内省恰恰表明相反的情况。它表明经验的性质是由关系构成的——包括占据一个身体、处于特定环境以及拥有一段历史。天空的蓝色并不是一种内在的心理属性，而是世界的经验属性，它被整个视觉环境、身体反应以及对过去相似经验的记忆所充盈。这些错综复杂的关系在其广度和深度上对于内省来说是无法穷尽的。更一般地说，内在觉知并不能让我们通达自身经验状态的性质，任何看似内在的东西都很可能最终被证明是关系性的。

当前版本泛心论的问题在于，泛心论者接受了盲点科学观和物理主义的实在图景，但随后又把意识像挥撒仙尘一样播撒到物理实在中。虽然这赋予了意识某种优先性，但这并不是替代盲点的正确方式。将意识视作一种特殊的构建物，并据此解释一切事物的显现，并不代表意识的优先性。只有承认第二种优先性，即地平线意识的优先性，并理解它如何必然包含身体的优先性，我们才能识别盲点的怪圈。归根结底，当前版本的泛心论只是在盲点范围内处理意识问题的一种权宜之计。

幻觉而已

一些理论家指出，如果对意识理论的探索最终走向泛心论，那么我们应该质疑意识是否真的存在。[91]这个观点将我们引向幻觉主义，这是在盲点内部处理意识问题的最后一种重要方式。

幻觉主义者认为意识只是一种幻觉，并不像它看起来那样真实。[92]他们关注的幻觉是一种认知错觉，即由于一种错误的思维方式而产生的误解。意识似乎具有内在的、主观的、质性的属性，即所谓的感受质或现象属性。幻觉主义者则认为根本不存在这种属性。

假设你不小心被热锅烫到了手指。如果从感受质（这是一个哲学概念，而不是日常用语）的角度思考，你会认为自己遇到了一种特定的现象属性，即剧烈疼痛的特性。你会认为它是主观的、私人的和质性的，并且内在于你的疼痛状态。幻觉主义者否认经验实际上具有这种属性。他们不否认疼痛的经验，他们否认存在疼痛的感受质。他们否认疼痛的经验由内在的、主观的、私人的和质性的属性构成。相反，他们认为疼痛的经验是大脑所产生的某种物理和信息状态。内省以一种简化的方式呈现了这种大脑状态，就像计算机屏幕上的桌面文件夹图标以简化的方式表示数据的位置和内容一样。内省将底层的大脑状态描述成好像它具有独特的质性特征一样,但事实并非如此。大脑状态完全由物理的、信息的和功能的属性组成,这些属性可以在不提及任何内在质性或现象的情况下得到描述。主观性和私人性的印象来自大脑的自我监控和自我表征的功能,大脑因此对其自身状态具有一种独特(但有限)的访问方式。

对于幻觉主义者来说,意识并不是现象属性的特殊媒介。它是一种复杂的认知和信息处理过程。所谓意识,就是以思考、注意、记忆、报告等方式灵活地使用信息。尽管意识似乎充满了现象属性,但这只是一种幻觉。这种幻觉来源于将错误的概念——即感受质或现象属性——应用于内省过程,从而简化和错误表征经验背后的大脑状态。

幻觉主义常常遭到反对者的嘲笑,因为它似乎否认了某些无可否认的东西——具有直接经验的意识或具有现象属性的觉知。[93] 这或许没错,但幻觉主义包含了一个重要洞见:感受质是理论构造,而不是直接从经验中得出的,而这个构造充满了问题。尽管哲学家们经常以较为温和的方式使用"感受质"这个词,但它并不仅仅意味着事物在被我们经验时的外观或感觉。"感受质"是一个专业术语,指的是我们经验事物时,决定它们看起来如何的内在、质性或现象学特征。如此理解的感受质属于理论假设而非数据。这会让我们认为,经验具有的质性特征,其同一性和本质不依赖于它们所处的关系,特别是不依赖于身体与环境之间的关系以及经验彼此之间的关系。

否认感受质的并不仅仅是幻觉主义者,现象学家也一样。他们认为,感受质的概念扭曲了实际的生活经验。正如梅洛-庞蒂所写:"只有当世界以奇观的形式出现,同时我们如同机制般的身体蕴含的心灵能够熟悉这些机制时,我们才能得到纯粹的感受质。然而,感知赋予质性以生命价值,我们首先要理解它对我们的意义,尤其是对我们沉重的身体的意义,因此感知总是包括对身体的指涉。"[94] 梅洛-庞蒂所说的"纯粹的感受质"是指具有内在质性特性的"原始感受",不涉及其所处的身体和环境关系,也不涉及任何超越自身的事物。这种观点反映了自然两分,即将自然分为物理属性(第一性质)和心理属性(第二性质),或用梅洛-庞蒂的话说,身体是响应物理刺激的机制,心灵是将其标记为感受质的接收者。梅洛-庞蒂反对幻觉主义者口中的感受质。他用一种"感觉质量"(sense qualities)的概念取而代之,这种感觉质量由活生生的身体与环境的有意义关系("如果这种红色不是地毯上的毛茸茸的红色,它实际上就不是同样的红色"[95])以及身体的情感和动机倾向("如果这种红色不是草莓那让人垂涎欲滴的红色,它实际上也不是同样的红色")所构成。

然而,现象学与幻觉主义之间存在很大的区别。现象学家(尤其是那些追随梅洛-庞蒂的人)承认意识的优先性、身体的优先性以及意识与世界之间的神奇怪圈,而幻觉主义者则认为意识是一种可以完全用客观的物理术语解释的幻觉。这种差别犹如白天与黑夜。

幻觉主义的问题并不在于它否认感受质,而在于它混淆了拙劣的感受质概念与直接经验。它将无可争议的直接经验事实与扭曲直接经验的智识理论混为一谈。否定感受质这个概念是一回事,说直接经验是大脑制造的幻觉则是另一回事。这种说法是自我否定的,因为不通过直接经验,我们无法获得任何关于大脑的知识。如果没有直接经验,我们就无法获得关于事物的知识。

幻觉主义者是典型的物理主义者。[96] 他们假设只有物理实在存在，科学能够揭示经验之外的客观实在，并且物理实在本质上是非经验性的。这种框架将无法解释经验。问题不在于感受质对物理主义解释的抵抗，而在于直接经验是科学的先决条件和基本成分。幻觉主义者认为可以通过大脑的信息处理机制和功能模型来完整地解释经验，但这是不可能的。这些模型实际上是经验的结构残余，它们预设了经验作为自身可能性和可理解性的必要条件。幻觉主义者这种认为可以完整解释直接经验而无须考虑其结构残余的想法是荒谬的。物理主义的幻觉主义仍然深陷盲点之中。

意识科学：经验确实很重要

三十年前，当查尔默斯首次提出"意识难题"并强调其重要性时，一些科学家大胆建议，由于这个问题在我们所称的盲点内难以解决，我们需要重新构建科学来研究意识。[97]1996年，《意识研究杂志》(*Journal of Consciousness Studies*) 在同一期上刊登了两篇独立的论文，前者由天体物理学家皮特·胡特和认知心理学家罗杰·谢帕德撰写，后者由神经科学家弗朗西斯科·瓦雷拉撰写。他们主张基于承认经验的优先性，对意识科学进行重大改革。[98] 他们指出，我们不可避免地使用意识来研究意识。因此，除非我们从经验失忆症中回过神儿来，并在科学观念中恢复经验的优先性，否则我们永远无法让意识科学立足。当我们抑制意识的优先性并试图将意识同化为其结构残余时，问题就出现了。但仅仅认识到使用意识来研究意识的必然性只是第一步。我们还要有更好的方法来使用意识。将意识问题转变为新的科学研究项目的方法论，是这些科学家提出的核心主张。我们在本章结束时，将重温他们关于意识科学的理念，该理念特别强调经验的重要性。

胡特和谢帕德的建议包含两个步骤：先把意识难题"颠倒"，然后将其"侧转"。第一步是从直接经验出发，而不是从独立于经验的物理世界出发，这样就将意识问题"颠倒"了过来。这一步是对盲点中存在的客观主义偏见的纠正，它将我们的视角从第三人称转变为第一人称。第二步是将经验的焦点从第一人称视角转向第二人称视角。经验本质上是跨主体的和可分享的，如果这点不成立，科学也无法存在。

第一步，我们需要将意识难题颠倒过来，也就是说，我们要问的是，所谓的物理对象是如何从经验中产生的，而不是问经验如何从物理对象（如大脑）中产生。例如，我们不再问如何根据没有流动性的物理时间来解释经验时间，特别是绵延在"当下"的流动性，而是问如何将物理时间解释为经验时间的抽象表现（参见第3章和第5章）。（事实上，这是胡塞尔在1905年关于时间意识的讲座中的主题之一，也是怀特海《自然的概念》的一部分。[99]）这种解释优先顺序的颠倒，从一个被认为是理所当然的客观物理世界转向作为任何科学世界表征基础的经验，标志着对现象学立场的采纳，而我们正是在这样的立场中认识到生活经验的优先性。

第二步，侧转意识难题，意味着认识到"我与你"的经验已经渗透到"我"的经验中。反思自身经验的能力源于我们在婴儿期和童年时期心理发展过程中内化自身外在视角的过程。在认知科学的语言中，这种反思自我经验的能力（元认知）是社交认知（关于自我和他人的认知）的一个特例。此外，描述一切经验的能力都依赖于我们与他人共享的语言。因此，当我们颠倒意识难题时，最初产生的第一人称单数视角并没有绝对的特权。相反，我们需要把经验视角转过来，使"我与你"的结构显现出来。

在我们看来，采取这两个步骤也就承认了意识的优先性和身体的优先性，改变了我们对意识问题的思考方式。对于神经科学来说，问题不再是大脑如何产生意识，而是大脑作为意识中的知觉对象，如何与作为意识具身条件一部分的大脑（包括大脑作为科学对象的知觉经验）相关联。问题在于如何将意识的优先性与身体的优先性联系起来，既不偏重其中一个，也不将一个完全归于另一个。这种情况本质上是反身的和自指的：我们不仅要将经验视为大脑中产生的东西，还要将大脑视为在经验中产生的东西。我们处在这个怪圈之中。

在神经科学中，神奇怪圈的存在在实时神经反馈的情况下愈加清晰。此时，实验参与者可以实时地在线访问自身大脑信号。假设你的任务是关注你的呼吸，同时你会看到一个图像，显示与你注意力集中或分散程度相对应的大脑活动（这是一个实际进行过的实验）。[100] 正如胡特和谢帕德所写的那样，"最终，我们遇到了这个神奇的怪圈：我在大脑图像中看到的某些'点亮'部分，可能恰好表征了此刻看到大脑图像所激活的相应神经活动。这或许会导致哥德尔悖论。"[101]

瓦雷拉提出了一项名为"神经现象学"（neurophenomenology）的神经科学研究计划，神经现象学将第一人称的意识描述与第三人称的大脑描述在"我与你"的经验领域内结合在一起。具体来说，这意味着在这两种描述之间建立"相互约束"的关系。现象学和神经科学在这种研究中成为平等的伙伴，二者通过在神经现象学实验室这一新的科学工作间中创造新的经验来推进研究。第一人称的经验方法，如冥想，被用来提炼注意和觉知；第二人称的质性方法，如对个人经验细节的访谈，被用来产生新的经验，成为推进现象学的试金石。新的现象学指导着对大脑的研究，同时对于大脑的研究又推动和改进了现象学，形成一个相互启发的循环。

神经现象学基于这样一个理念：深入研究意识，需要与那些在元觉知方面具有高超技巧的个体合作，这种元觉知在本章开头时有所描述。亚洲的冥想传统强调训练这样的技能，神经现象学便从这些传统中汲取养分，以扩展和丰富现象学。基本假设是，能够生成并维持"正念元觉知"（mindful meta-awareness）的个体，可以对其瞬间的经验做出质性上和时间上细致入微的报告，这些报告可以用来揭示大脑和身体其他部分的活动模式，而这些模式不在此情形下无法被捕捉。[102] 这种方法还涉及使用精确的质性方法采访个体，了解其隐性经验的细微特征。[103] 此般细致方式产生的现象学报告，可以帮助我们识别并赋予之前未被注意到的神经生理模式（如大脑与心脏的互动）以意义。同时，这些新的模式也可以用于获取有关经验的新知识。这就是瓦雷拉所说的现象学与神经科学之间的"相互约束"。

神经现象学已经在意识神经科学领域引发了一系列富有成效的研究，这一研究领域正在不断成长。[104] 我们在此特别提请注意神经现象学，是因为它可能代表了迄今为止为展望超越盲点的意识神经科学所做的最强有力的努力。[105]

第四部分
行星

第 9 章
地球

行星尺度上的盲点

在 21 世纪的前 25 年间，我们逐渐看清了两个基本事实，这两个事实都关乎人类在长达一万年间的全球文明工程。第一，由最富裕的几个国家的工业活动所引发的全球变暖正在改变地球的气候，这将严重影响这一文明工程。第二，全球范围内与工业活动相关的生境破坏可能会引发传染病的全球大流行，这也对这一文明工程构成了严重的威胁。因此，我们不能再持有这样的观点，认为近 80 亿人赖以生存的自然和技术系统的耦合体能够在未来无限期地持续运转。

对气候变化以及全球流行病风险的认识，融入了人们对地球本身的新认识。从 20 世纪初开始，一个关于地球的新科学观点缓慢且艰难地形成了。这一观点认为，地球不仅仅是一块球形的岩石，其外缘仅居住着一层薄薄的、无足轻重的生命体，相反，一系列新的概念工具创造了一个新视角，使我们得以从一组强耦合系统的角度来看待地球。其中一个系统是生命的整体（即生物圈），从这个新角度来看，生物圈是行星演化过程中的一个关键角色。地球不再是一个毫无生机的背景舞台，不再只服务于生命的表演；生命本身也对地质和大气循环提供反馈，并产生了不断变化、相互依存、相互之间有复杂作用的动态环节。简而言之，行星的变化导致了生命的变化，生命的变化导致了行星的变化，由此生命系统的自主性和能动性放大到了行星的尺度。

关于地球的新认识对于我们超越盲点的行动来说至关重要。在过去的两百年里，我们构建起一套基于盲点规范来对待地球的全球文化。随着人类将地球带入了一个全新的行星状态，人类塑造了这个行星的方方面面，因此我们将这个时代称为"人类世"（Anthropocene），而这种塑造所产生的负面影响现在已经变得非常明显。气候变化和全球流行病是其中最明显的表现。人类世标志着地球进行了版本的更新，而这个新版本的地球可能完全不适合我们发展人类文明。在最坏的情况下，我们看到的变化可能会导致人类文明工程的崩溃。

人类世是盲点的大规模反映。它是人类文明工程中一个特定的近期版本的结果：最初局限于现代欧洲，而现在逐渐变成了跨国的、通过科学的物质主义将世界客观化的科学工程。

颇具讽刺意味的是，人类世也促使我们开启了关于地球科学的新视角，可以帮助我们超越盲点。科学家现在认识到，地球必须被视为一个完整的整体——地球是由大气圈、水圈（海洋）、冰冻圈（冰）、岩石圈（岩石）和生物圈组成的一系列耦合的系统。生物圈加入这一系统中代表了科学思维的一个重要转变。生命被认为是地球整个演化史中的关键角色。

新科学学科的构建，形成了我们当前对地球和生物圈理解的基础，这对盲点的形成至关重要。这些新的科学学科包括网络理论、控制论、动力系统理论、混沌理论等。单独来看，这些领域都从不同方面对盲点关于生命、世界和经验的形而上学假设提出了挑战。这些我们所说的复杂系统理论代表了新的视角，我们可以用这些视角来考察科学如何运作，理解科学描述的内容，最重要的是认识科学与人类经验的关系。考虑到气候变化和人类文明工程可持续性的危机，我们将描述这种从系统角度看待地球（和所有行星）的新观念，以及这一观念所依赖的新科学。

当我们说科学要为这种关于地球及其生物圈的观念负责时，我们还要记住盲点从来就不仅仅是科学的问题。这是因为科学从来就不仅仅是对实在和真理的探索。从弗朗西斯·培根开始，科学的探究方法总是试图控制自然，以达到揭示实在和真理的目的。[1] 对培根来说，这种控制的目的在于减少疾病和饥荒，防止我们在风暴、洪水和地震中无所适从，以此改善人类的状况。当然，在这点上培根确实是对的。科学的惊人成就确实提供了一种对自然事件和自然过程的控制方式，而这种控制比以往任何时候都要强大。但是，科学和技术能力的发展是相伴而行的。通过科学工作间，技术也得到了发展，随之而来的是人类的生产能力不断扩大。科学时代和工业时代一同诞生，它们彼此之间相互依赖。

科学在19世纪和20世纪的持续发展和不断成功，都与大规模工业资源的开采、转化和消费能力的提高密不可分，无论它是在资本主义、社会主义还是共产主义的旗帜下发生的。人们大规模地收获能量并产生熵，这将很快改变地球耦合系统的功能。这一时期出现的经济、社会和文化体系与它们所依赖的科学和技术并不是分离的。反之亦然，科学机构、科学力量以及科学观点的出现，与支持科学并赋予科学强大力量和广泛影响的新兴文化之间也不是分离的。

结果，盲点的基本假设开始扎根于经济和社会制度中，并主导了工业化快速发展时期（有时被称为"大加速"时期）。鉴于这些系统必然与应对气候变化危机的持续失败有密切关联，我们还简要探讨了盲点作为一种占主导地位的科学形而上学在其崛起过程中与科学、工业、经济和文化的交织。此外，我们还试图概括地球和生命作为一个耦合的复杂系统的观点，是如何帮助我们找到新的方法，来重新构想人类文明进程及其与地球其他部分之间的关系的。

生机勃勃的行星：从地质学到生物圈再到盖亚

到19世纪末，我们今天所知的各个科学学科及其界限已经确立。在任何一所大学里，学生们都知道生物系研究生命、化学系研究化学物质、物理系研究运动的物质。如果你对关于地球的问题感兴趣，你就会直接去地质系学习。但是，对于在那个时代最聪明的青年地质学家之一弗拉基米尔·维尔纳茨基来说，将其从事的地质学与其他科学划分出严格的学科界限并没有什么意义。

维尔纳茨基的科学生涯始于他在矿物化学方面的研究。19世纪晚期，维尔纳茨基环游欧洲，热衷于将最现代的物理学方法应用到关于岩石的研究之中，并希望用精确的工具来研究我们所处行星的历史问题。然而，维尔纳茨基并不仅仅是一个地质学专家。虽然维尔纳茨基的科学生涯是从矿物研究开始的，但他总是会关注整体问题：当科学家通过研究局部获得了狭隘的叙事时，维尔纳茨基看到了整体的存在。

这种对不同学科领域进行整合的方法，使维尔纳茨基建立了一个新的学科领域——地球化学。地球化学通过研究地球物理成分的微观组成，来展现地球的历史。但是，维尔纳茨基也看到，不仅仅是物理和化学成分构成了地球动态的整体，生物学也必须在基础层面融入地球的叙事之中，因此他创造了第二个新的学科领域——地球生物化学。

维尔纳茨基拥有广阔的视角，他既关注岩石的演化，也关注生命的演化。虽然每个物种都是由其特定的局部生态位形成的，但也是由地球上的整个生命活动形成的。演化的影响是双向的。地球也是由生命整体所塑造的。正如维尔纳茨基所说的那样，"当一个有机体走入环境之中，它不仅需要适应环境，环境也需要适应它"[2]。"行星生命的历史"与"行星的生命历史"密切交织在一起。

这种微观和宏观的结合使得维尔纳茨基在行星的背景下对关于生命的语言进行了至关重要的补充。在与瑞士地质学家爱德华·休斯讨论的基础上，维尔纳茨基提出，如果我们不理解生命是行星力量的核心，那么我们对地球的研究就不完整。在他看来，如果不理解地球生物圈的动态过程，就无法真正理解地球。将"生物圈"一词加入地球科学的词汇中，承认了生命是一种与火山和潮汐同等重要的行星力量。生命是一个行动者，它塑造了数十亿年的复杂世界。维尔纳茨基在1926年写道：

在辐射的激活下，生物圈的物质对太阳能进行收集并重新分配，最终将其转化为能够在地球上做功的自由能。这种强大的宇宙力量赋予了这颗行星一种新的特性。倾注在地球上的辐射让生物圈呈现出无生命的行星表面所无法拥有的特性，从而改变了地球的面貌。[3]

维尔纳茨基继续写道：

生命只存在于生物圈中；生物体只存在于地壳薄薄的外层上，并且总是通过清晰而牢固的边界与周围的惰性物质区隔开来。活的生物体从来不是由惰性物质产生的。在生物体生存、死亡和分解的过程中，生物体的原子在生物圈中一遍又一遍地循环，但有生命的物质总是由生命本身产生的。[4]

对于维尔纳茨基来说，生物圈是一个从地壳（岩石圈）下面延伸到大气层边缘的区域。在这个壳层内——现在被称为"临界域"（critical region）——生命的活动直接改变了物质和能量的流动："生命物质的演化不断渗透进整个生物圈……影响着其中的惰性自然体。这就是为什么我们可以而且必须谈论生物圈整体的演化过程。物种的演化变成了生物圈的演化。"[5]

维尔纳茨基认为，生命塑造世界的力量既是古老的，又是持续的。他写道："生命逐渐进行缓慢的调整，占领了生物圈，而这个过程还没有结束。"[6]

维尔纳茨基认为，生物圈作为地球演化中的一个重要概念，其重要性与其他参与地球演化的要素不相上下，然而这一观点迟迟未能被人们广泛接受。直到这种想法出现了一个更激进的版本，人们才开始充分意识到这一观点的重要性。

20世纪60年代初，独立科学家詹姆斯·洛夫洛克受雇于初创的NASA（美国国家航空航天局）。他是一个博学多才的人，NASA聘请他帮助设计能够在火星上寻找生命的实验。洛夫洛克反思了两种方式的差异，一种是搜寻"我们所知的生命"，另一种是发明未知的搜索技术。洛夫洛克认识到，一个强大的生物圈会改变其所在行星的大气层。20亿年前，地球上的微生物创造了大气中的高氧含量。氧气的存在使地球的大气层失去了原先的化学平衡，由此地球无法继续维持毫无生机的世界。对洛夫洛克来说，尤其值得注意的是，生命设法将大气状态（即氧气浓度）维持在大致稳定的水平上，这种情况长达数亿年之久。在思考生命维持这种力量的化学路径时，洛夫洛克突然想到，生命和整个地球之间一定存在反馈机制，可以长时间地将大气维持在一种非平衡状态。洛夫洛克认为，正如生物体可以维持其内部条件（如盐度或温度）一样，这种反馈将地球上的生物和非生物成分结合在一起，从而维持稳定的非平衡状态。更进一步，洛夫洛克认为生命可以进化出反馈机制，让行星维持在对自身有利的条件中。

洛夫洛克最初想把这个想法称为"自我调节的地球系统论"。[7]其中的基本术语就是"自我调节"和"系统"。洛夫洛克提出了一个明确的设想，他认为地球是一个系统的集合，由空气、水、土壤和生命联系在一起，它们之间紧密相连或者相互耦合。我们不能割裂地看待这些系统，因为每个系统的属性和行为都依赖于其他系统。这种耦合暗示了行星系统的共同演化。生物圈、大气圈、水圈、冰冻圈和岩石圈共同演化，导致了地球的属性在全球范围内发生变化，例如地球平均温度的变化。根据洛夫洛克的说法，即使外部条件以某种方式发生改变，例如太阳发生缓慢的变化，使地球的属性不太有利于生命生存，这种自我调节也依然有助于将地球的属性维持在一个有利于生命生存的水平。

这种强调自我调节和控制的系统观点并不是洛夫洛克臆想出来的。当时人们对控制论的兴趣日益增长，洛夫洛克的工作也属于其中的一部分。所谓控制论，指的是研究生物和人工系统中的通信和控制。控制论起源于对自我调节系统的研究。它强调系统过程之间的循环因果关系或递归因果关系，而不是线性因果关系。[8]例如，组成细胞的生化过程随着时间递归地产生自身，因此细胞的生化过程和细胞产物之间存在相互决定的关系（参见第6章）。正如我们将要看到的，这种基于系统的思维将代表一种看待世界和科学的新方法。

当然，洛夫洛克的新想法并不叫作"自我调节的地球系统论"。相反，他将自己的想法命名为"盖亚假说"（Gaia hypothesis），后来又把它叫作"盖亚理论"（Gaia theory）。[9]盖亚是希腊神话中的大地女神，洛夫洛克的邻居、小说家、《蝇王》的作者威廉·戈尔丁推荐洛夫洛克使用这样一个更有吸引力的名字来命名其理论。

然而，盖亚理论不是一个完整的理论，在这一理论中并没有说清楚自我调节所需的反馈来自哪里。这部分的说明是由林恩·马古利斯提供的，他是一位才华横溢而反传统的生物学家，他与洛夫洛克共同创立了完整的盖亚理论。马古利斯的研究重点是生物圈的微生物基础，她因"明确合作而非简单的竞争关系在生命演化过程中的关键作用"而声名远扬。她积累了大量决定性的证据，证明了共生形式的合作是简单的原核细胞发展为真核细胞的推动力。[10]真核细胞及其细胞核和细胞器（如线粒体）是地球上所有复杂细胞生命形式（植物、动物和真菌）的基础。

微生物生命组成的巨大网络及其演化构成了盖亚理论（洛夫洛

克和马古利斯理论结合起来的版本）的生物圈基础。微生物种群与地球物理和地球化学环境之间的循环回路构成了自我调节机制，通过这种机制，人们提出了一种能够进行自我调节的完全耦合的系统。洛夫洛克及其合作者提出的一个例子是浮游植物产生的二甲硫醚（DMS）。[11] 二甲硫醚是一种与云的形成有关的化学物质，而浮游植物是海洋中能进行光合作用的微生物。反馈的逻辑链条始于地球表面接收到的太阳能发生的小幅增加（扰动），这本身就会使地球变暖。但是，更多的太阳光也会导致浮游植物种群的增长，因为它们的生存依赖太阳能。这将会导致释放更多的二甲硫醚。但是二甲硫醚会导致云层的形成，这样一来地球的云层就会变得更厚，有更多的太阳光会被反射回宇宙。由此就完成了这样的反馈回路，行星的温度又会回归正常。请注意，我们在这里描述的是微生物与地球物理和地球化学环境之间的负反馈。所谓负反馈，指的是系统的扰动会减少，系统会回归初始状态，由此形成了自我限制的反馈回路。系统观同样也包括了正反馈的可能性，这种反馈会放大系统的扰动。此外，如果我们超越对反馈的经典机械式的理解，系统理论还发展出了许多自主网络模型，例如自创生的细胞，这种细胞能够产生自身的操作过程并进行自我约束（参见第6章中的讨论）。对于马古利斯而言，"自创生"是一个非常重要的概念，它说明了盖亚（地球的耦合系统）是如何自我产生和自我调节的。[12]

　　一个以微生物活动为基础的密集且不断发展的递归循环网络，代表了洛夫洛克和马古利斯的盖亚理论最完整的图景，他们花了几十年的时间来对这一理论进行阐述和完善。这一理论一开始提出的时候是极具争议的。有些科学家认为，这一理论把目的论的原则带进了演化之中。但是，这种批评产生的根源在于没有考虑该理论的控制论逻辑。根据控制论，将地球耦合系统维持在有利于生命存活的条件下是通过递归的因果循环发生的，而不是通过朝向某一目标进行艰苦努力而达到的。其他人则认为，这样一个能够自我调节的行星规模的系统不可能通过自然选择出现。这种批评也存在问题。最初的盖亚假说和后来的盖亚理论，只是要求地球的属性能够通过个体复杂系统中密集的递归因果关系网络合法地出现，而不依赖于作用于繁殖种群的自然选择。[13] 关于生物圈反馈在产生完整的行星内部平衡方面的演化和有效性，仍然存在重要的问题。[14] 然而，最近的研究成果指出，演化机制可能会选择全球范围的负反馈来维持这样一个系统。[15]

然而，对于我们来说，重要的并不是洛夫洛克和马古利斯提出的假设是否正确，即地球上的生命可以在全球环境下达到完全的自平衡。这样一种行星自我调节的完整形式是否已经实现，或者是否能够实现，仍然是一个悬而未决的问题。相反，我们希望读者关注维尔纳茨基、洛夫洛克和马古利斯提供的一种针对盲点科学叙事的替代性方案。考虑到洛夫洛克和马古利斯在提出盖亚理论之后发生的各种事情，以及盖亚理论在认识人类世和气候变化带来的生存危机方面所发挥的作用，这种对盲点替代方案的关注尤为必要。

地球系统科学、气候变化和人类世

盖亚理论强调生命作为一个系统（生物圈）与其他非生物地球系统之间的密切的耦合关系，这一理论的提出是地球系统科学（ESS）发展过程中的关键一步。地球系统科学被定义为"旨在理解地球作为复杂适应性系统的结构与功能的跨学科工作",这门科学现在已经成为理解地球演化以及行星演化的基础。[16] 气候科学家威尔·斯特芬对地球系统科学的历史进行了如下回顾:

几万年来,世界上各个地方的本土文化都已经认识到了环境中出现的循环和系统,而人类在其中是不可或缺的一部分。然而,直到20世纪初,人们才把当代的系统思维应用于对地球的理解,进而导致了地球系统科学这门学科的出现。由于人们认识到了生命对地球的物理和化学环境具有显著的影响,再加上冷战时期环境科学和复杂系统科学的兴起,地球系统科学这门学科由此诞生了。[17]

在追踪地球系统科学的历史时,斯特芬等人引用了维尔纳茨基在1926年撰写的论述生物圈的文章,以及20世纪70年代对盖亚理论进行详细阐述的论文,将其视为地球系统科学领域奠基性的重要著作。

在后来的地球系统科学家看来,气象学家弗朗西斯·布雷瑟顿在1986年发表的第一张布雷瑟顿图(Bretherton diagram)是一个里程碑式的成果。布雷瑟顿图体现了系统的观点,将地球的动态系统表示为一系列由箭头连接的方框(每个方框代表了不同的系统和子系统),而箭头细致地说明了它们之间的耦合关系。布雷瑟顿图看起来像一个电子电路图,这给读者产生的印象就是地球系统是一个复杂纠缠的因果关系。然而,这种显而易见的复杂性刻画了人们对地球的本质认识:地球必须被视为一个整体,而整体则从那些看似独立的组成部分(每个组成部分由各自独立的学科进行研究)中涌现出来。随着研究人员对地球系统科学各个组成部分和子系统

（如冰川演变、二氧化碳循环和洋流）的动态关系进行深入研究，很快就有越来越多的布雷瑟顿图被绘制了出来，以此展现地球不同方面的行为。

地球系统科学强调系统层面的思考和涌现，代表了一种不同于还原主义的科学路径。尽管地球系统科学研究者的工作有时会使用还原方法（从系统的组成部分来看待系统整体），但它对系统的看法并不是还原主义的。地球系统科学认识到，涌现的系统水平对于行为的理解来说至关重要。因此，没有一个单独的学科可以引领理解地球的道路。地球是一颗"生机勃勃的行星"，它的核心系统之一就是生物圈。地球并不是一个通过地质学、生物学、化学或物理学等任一学科就可以理解的领域，甚至把这些学科加在一起我们也无法达到对地球的全面理解。我们还需要一些全新的东西加入我们的讨论。地球系统科学不仅仅是一项学科交叉的事业，它还超越了学科。学科交叉的工作意味着来自不同学科的研究人员跨越学科的界限一起工作。但在超越学科的研究中，随着研究者们构建了全新的视角和方法，这些学科之间的界限逐渐消失。

值得注意的是，军方在20世纪五六十年代对气候相关的科学研究提供了启动资金，使得这一新兴的领域能够开始建立气候动力学的全球视角。"世纪营"（Camp Century）就是其中一个与气候相关的军方项目，它是一个建立在格陵兰岛冰盖高地上的核能军事基地。人类首次进行深冰芯钻探作业就是在这里开展的。科学家从冰层表面下约1.5千米处采集远古时期的水，经过分析之后，地球过去12000年间的历史就可以展现在我们的眼前。这些冰芯详细记录了上一个冰期结束时的情况及其伴随的气候变化。这种变化的迅速程度令人震惊。人们逐渐认识到，地球的全球气候条件可能在几个世纪甚至在几十年的时间尺度上发生巨大变化,这一事实将困扰这一新兴的研究领域。

这一领域的早期工作已经取得了一些成果,使人们认识到人类的集体活动能够影响地球的动态系统。全球变暖可能是由化石燃料的使用导致的,这种认识可以追溯到1908年,当时瑞典物理学家和化学家斯万特·阿伦尼乌斯预测,由于人类对煤炭的使用,地球的平均温度将会上升。[18] 然而,直到20世纪50年代,关于这种全球变暖的可能性仍然存在争议。特别是一些研究人员认为,海洋有能力吸收和储存所有我们排放到大气中的额外的二氧化碳。此外,我们也没有高质量的大气二氧化碳测量数据用于追踪人类活动造成的全球大气输入。但是,在1956年,地球化学家和海洋学家查理斯·基林在冒纳凯阿火山顶上建立了一个二氧化碳观测站。冒纳凯阿火山的高度足以让此处采集的样本代表全球平均大气浓度的真实测量值。仅仅几年后,基林观测站的数据显示,由于人类燃烧化石燃料,二氧化碳的浓度显著增加。此外,基林的合作者罗杰·雷维尔和汉斯·苏斯的研究很快表明,虽然海洋提供了大量的二氧化碳储存空间,但是随着二氧化碳水平的上升,海洋不太可能在未来能够继续充当吸收二氧化碳的"水池"。他们在1957年发表的一篇关于海洋吸收二氧化碳的里程碑式的论文中提出了一个著名的观点:"人类现在正在进行一场大规模的地球物理实验,这种实验在过去不可能发生,在未来也不可能重现。"[19]

雷维尔、基林及其合作者的工作并没有止步于学术界。通过政府的科学咨询网络,气候变化的潜在威胁一直传达到了美国总统办公室。1965年11月5日,林登·约翰逊在美国国会联席会议上提出了全球变暖的问题,他说:"我们这一代人通过……化石燃料燃烧产生的二氧化碳正在逐步增加，这在全球范围内改变了大气的成分。"[20] 回顾历史，值得我们注意的是，早在20世纪60年代，美国最高层领导人就意识到了气候变化的危机。当然，人们并没有为之付诸行动，其间这些研究也从未引起过公众的广泛关注。

然而，科学家对人类影响气候的担忧在20世纪80年代确实有所上升。在80年代初期，人们开始对全球变暖的"信号"进行预测和测量，这意味着全球平均气温的上升超过了每年都在发生变化的固有背景噪声。测量全球变暖的信号并阐明不断变化的地球气候所带来的广泛后果，推动了地球系统科学这一科学领域在国际范围内的跨学科交流。许多新的国际科学合作应运而生，它们的目标非常明确，就是要阐明新兴地球系统科学的范围和方法。许多项目和组织也纷纷成立，它们的英文首字母缩写看起来令人眼花缭乱：1980年启动的世界气候研究计划（WCRP）、1986年启动的地圈-生物圈计划（IGBP）、1991年启动的生物多样性研究全球计划（DIVERSITAS）、1996年创建的关于全球环境变化的国际人类维度计划（IHDP），以及1988年创建的政府间气候变化专门委员会（IPCC），这个机构非常有名，承担了十分重要的工作。

到了20世纪80年代末、90年代初，全球变暖终于在全球平均温度的测量中凸显出来。变暖的"信号"在噪声之上越来越显著。1988年7月的一个酷热的日子里，气候科学家詹姆斯·汉森在美国国会做证时声称："气候变化就在眼前。"汉森的证词成为世界各地的新闻，标志着温室效应、全球变暖和气候变化进入了广泛的公众意识和辩论之中。

在接下来的几十年里，"气候变化是人为造成的"逐渐成为科学共识并不断得到加强。作为一项科学事业，地球系统科学在全球范围内的发展明确了化石燃料的消耗和温室效应导致的额外热量积累之间的关联。但是，地球系统科学不仅表明煤炭、汽油和天然气燃烧排放的二氧化碳正在使地球变暖，它还通过跨学科的视角揭示了气候变暖引发的一系列连锁反应。

到了 21 世纪初，人类给地球系统带来变化的总体规模和程度开始成为人们关注的焦点。通过地球系统科学的视角，科学家可以看到我们不仅仅是在改变地球的温度，而且也正在改变地球的演化状态。2000 年，地质学家保罗·克鲁岑和尤金·斯托默提出，地球正在进入一个全新的地质时代，他们称之为"人类世"。[21] 我们现在所处的地质时代被称为"全新世"，始于约 12000 年前最近一个冰期的末期。我们所说的"全球文明工程"指的是新石器时代农业革命之后发生在全球范围内人类社会中的所有事情，这些活动都发生在全新世相对温和湿润的气候条件下。克鲁岑和斯托默指出，人类活动的规模当前已经达到了决定行星系统耦合状态过程的程度。

人类世的定义最初仅限于地层学，关注的仅仅是我们这个时代是否会在地球岩石记录上留下清晰的印记。然而，在地球系统科学的背景下，人类世的定义问题很快扩展到了一系列关于人类文明和地球系统边界的问题。这些边界代表了我们文明的进程将把地球多重系统的行为推向一个截然不同的状态，一个很可能对人类文明进程有害的状态。地球系统科学的边界视角清楚地表明了我们对地球的影响程度。例如，现在人类在地球上移动的氮和磷等关键元素比以往所有自然过程的总和还要多。[22] 我们已经"殖民"了地球上超过 50% 的空置土地供人类使用。我们改变了全球海洋的 pH 值，使海洋的酸性变得更强了。我们造成生物圈多样性的大规模减少，这可能会导致第六次物种大灭绝。最后，也是最明显的一点，我们通过排放温室气体，改变了整个大气层的组成和辐射传递特性。

尽管人类世这一概念现在被用来框定这些事件，并在科学之外被人们频繁地使用，但是这个概念并非毫无问题。马古利斯不厌其烦地提醒我们，"我们生活在一个由人类主导的星球上"。这一观点虽然意在提醒我们注意人类行为对生物圈带来的具有毁灭性的广泛影响，但考虑到当前真正主宰这个星球的其实是微生物，因此这种观点其实是人类中心主义的。[23]正如布鲁斯·克拉克所指出的那样，"这个概念显然把人类这个物种单列出来并凸显了其地位。很长一段时期以来，马古利斯一直都在煞费苦心地将人类与其他陷入困境的、同样生活在这个行星上的伙伴放在同等位置上进行考量"[24]。哲学家凯瑟琳·迪恩·摩尔也呼吁人们注意人类世的概念是一种以人类为中心的偏见。[25]另一个问题是，人类世叙事将全人类描绘成一个主宰地球系统的物种，但人类世并不是全人类的产物，而是特定人群的产物，特别是那些对西方殖民主义负有责任的人，西方殖民主义是人类世背后的关键历史驱动力。[26]凯尔·怀特指出："对于许多原住民来说，'人为气候变化'或'人类世'并不是足够精确的术语，因为它们听起来像是所有人类都以同样的方式受到殖民主义和工业化的牵连和影响。"[27]出于这些原因，尽管我们使用"人类世"这一术语，但我们还是要呼吁读者注意这一概念中存在的缺陷，并关注这一概念如何编码了我们希望克服的盲点的方方面面。

如果没有地球系统科学的构建及其新兴的跨学科视角，我们就不可能认识到地球进入了这个由人类塑造的新阶段。这个阶段已被贴上了"人类世"的标签，虽然这一做法存在一定问题。地球系统科学不仅仅是一门新的科学，它也代表了一种对科学的新需求。地球系统科学必须将复杂性而非还原主义作为首要原则。此外，由于人类对陆地物理系统的影响已经变得十分普遍，如果我们要预测该系统的未来发展轨迹，我们就必须解决一个"棘手的问题"，那就是感知、行为和后果之间的反馈回路究竟是什么样的。

通过这种方式，地球系统科学揭示了人类改造地球的本质和范围。它展示了地球在过去是如何作为一个复杂系统进行运作的。它向我们展示了人类活动从农业时代开始是如何改变地球这个复杂系统的行为的。最重要的是，这门科学揭示了许多可能的路径，范围非常广泛，展现了我们从现在走向未来的多种发展道路。其中有许多路径都会导致一个这样的地球：在这样的环境中，即使人类文明工程并非完全无法实现，也将面临极大的挑战，难以蓬勃发展。地球系统科学向我们展示了人类现在所面临的生存危机，并告诉我们需要采取哪些行动来缓解这些危机。

对此，我们却没有做出任何反应。

尽管地球系统科学向全世界的科学家揭示了全球变暖的事实，但是世界上还是有些政治和经济大国拒绝采取有意义的行动。尽管各国政府签署了许多条约（其中最著名的条约是《巴黎协定》），但是目前还没有任何一个碳排放大国能够大幅减少其碳排放。在我们写作本书的这段时间里，也就是约翰逊总统向美国国会发出全球变暖警告的 55 年后，全球范围内正在经历多起极端天气事件：太平洋西北部 43.3 摄氏度的高温、加利福尼亚和澳大利亚的大规模山火、灾难性的大西洋飓风、北欧的特大洪水、印度和巴基斯坦的滚滚热浪、南部非洲的极端降雨等等。我们正深陷气候危机之中，甚至大幅减少二氧化碳排放量也不足以阻止系统中已经十分显著的变暖过程。

尽管造成这种不作为的原因是多方面的，我们需要对此进行详细的研究，但是科学是一股强大的力量，我们不能忽视与之相关的思想是如何在文化中变得根深蒂固的。在《黑暗时代的理性》一书中，哲学家戴尔·贾米森讨论了政治学、经济学以及道德哲学为何未能应对气候危机的问题。[28] 贾米森著作的标题很能说明问题，它强调了一种关于理性的特殊理想是如何在我们政治和经济体系的逻辑中表达出来的。这些体系所展现的逻辑结构和理性理想并不是凭空产生的。相反，它们是一种知识论的表达，这种知识论是在17、18世纪与我们所说的盲点一同形成的。我们可以发现盲点的理性理想，它声称为科学代言，并支撑起了新兴工业时代的政治经济学。正如我们接下来所要讨论的，正是这种机械化的政治经济学文化及其盲点观念将我们带入了人类世，并且在应对紧迫问题时毫无作为。

盲点、文化与政治经济学

从17世纪末到19世纪中叶，亚当·斯密和大卫·李嘉图等思想家发展了工业资本主义的基本思想，如生产、需求、市场、投资、风险和利润。与此同时，工业的物质生产能力呈指数级增长，通过欧洲的殖民活动推动了整个欧洲大陆和世界范围内的快速变化。为了应对这些变化所带来的严重混乱和割裂，人们提出了资本主义的替代方案——社会主义，正如卡尔·马克思和弗里德里希·恩格斯在其著作中所说的那样。最终，资本主义和社会主义这两种政治经济学愿景将主导世界的组织结构。它们是资源和能源密集型工业主义的思想基石,这种工业主义在改变人类文化并最终改变地球的动力系统方面始终是不屈不挠的。

资本主义(以及后来的社会主义)的崛起与科学的发展相互重叠,这一现象并非偶然。科学及其衍生的技术所提供的知识,直接推动新的工业社会在生产能力方面呈现出惊人的增长。例如,牛顿物理学帮助工程师建造维持工厂运转的机器,而化学的进步诞生了新一代的染料、发酵罐和肥料。尽管科学的进步和资本主义的发展显然在时间上是重叠的,但科学发展与资本主义的发展是否有共同的原因,我们对此仍然不是十分清楚。科学史领域的学者以及研究资本主义史的学者往往倾向于将这两者视为相关但相互独立的事件。例如,美国经济史学家罗斯托就认为科学和资本主义有着密切关联,科学有助于解释现代资本主义的兴起。根据历史学家卢卡斯·里佩尔、林郁沁和威廉·德林格的说法,罗斯托"认为现代科学和现代科学态度的逐渐演化,是将充满活力的资本主义经济体与羸弱的前身经济体和替代经济体区分开来的决定性因素"[29]。然而,在这些经典的历史讨论中,科学仍然存在于一个独立的空间中,是一种不为追求利益而堕落的纯粹知识的探索。如果某些科学思想被证明能给工业企业带来收益,这也会被人们视为科学带来的衍生后果,与科学家真正关心的问题无关。罗伯特·默顿对科学共同体的著名论述尤其体现了这一点,他对科学共同体的描述是"其规范结构有效地将其成员与市场的需求区隔开来"[30]。

这种科学与政治经济学领域相分离的观点已经被新一代学者所抛弃。最近,科学和工业政治经济学相互纠缠的历史,无论是在资本主义国家还是在社会主义国家,已经成为一个热点研究主题。一些女性主义学者,特别是唐娜·哈拉维、桑德拉·哈丁和伊芙琳·凯勒，还有一些从事科学技术论（STS）研究的学者对这一主题的关注提供了后续研究的基础。[31] 这些学者试图理解，在当代科学兴起以及工业文化全球化快速发展的进程中，观念（知识）和物质是如何交织在一起的。《奥西里斯》(Osiris) 杂志曾出版过一卷主题为"科学与资本主义：相互纠缠的历史"的论文集，编者里佩尔、德林格和林郁沁写道："我们认为，思考、计算、规划、预测、组织和理论化不仅应在资本主义发展史中占据核心位置，而且这些看似抽象且无实体的活动可以并且应该作为真正的实践形式被加以研究，因为它们能够在世界范围内意想不到的偏远地区产生深远的影响。"[32] 地球进入人类世的事实似乎证明了这种说法的正确性。

从这个新角度来看，17世纪和18世纪兴起的资本主义可以被视为一个认知系统，与科学中被构建和赋予价值的体系密不可分。正如历史学家哈罗德·库克所说，"我们可以说，经济和科学就像身体和心灵一样相伴而行"[33]。在谈到欧洲的科学革命时，库克直言不讳地说："在商人掌握权力的地方，他们也掌握着他们最看重的可测量的物质知识。"[34]

因此，我们首先就要理解科学和工业政治经济学之间错综复杂的历史。鉴于科学与早期工业资本主义的紧密联系，我们应该认识到，科学的盲点及其对自然、物质、生命和经验价值的有限视角，会与资本主义的思维、计算、规划和价值体系密切交织在一起。此外，我们认为，工业社会政治经济学中这些紧密交织的盲点，深刻地揭示了我们人类社会为什么无法理解人类世的起源，为什么无法理解人类世所带来的生存危机、全球南方和北方国家之间的分歧以及殖民者与土著民族之间的不平等关系。[35]

我们承认，科学与工业化背后的价值体系之间存在一种相互依存的关系，对这种关系的揭示需要用到历史学、经济学和政治学等学术工具，并且需要花费一整本书的篇幅来进行阐述。我们在这里只提出几点自己的主张。为了了解科学盲点是如何与工业政治经济学的哲学根基交织在一起的，我们将回到盲点的观念特征清单，理解这些特征是如何在工业世界观的政治经济学和文化中体现出来的。

我们从数学实体的物化开始。尽管在当下，完全数学化的经济学理论是政治决策的标准工具，但直到牛顿之后，计算在经济和政治政策中的应用才逐渐成为欧洲国家内部辩论的核心。威廉·德林格在《计算价值：金融、政治与量化时代》一书中写道："在英语世界，特别是在政治的背景之下，数字的计算作为一种思考和认知的方式受到了特别关照，这一观念大约在18世纪初首次在英国扎根。在此之前，数字思维在政治事务中占据着相当边缘的地位。"[36] 正是在这一时期，一种关于政治理性的新理念出现了。以数字形式表达的辩论进入了政治意识，最终形成了一种数学框架。然而，在此之前，理性与数学之间的联系主要是受到了哲学家的关注，而在数学应用于自然现象的背景下，这一联系也受到了自然哲学家的关注。德林格写道："在17世纪的大部分时间里，量化的思维在政治实践或公共文化中并没有显示出特别突出的地位。"[37]

但是，随着科学的成功，关于经济决策的政治争论开始用计算的量化语言来表达。国会议员、政治评论家威廉·普尔特尼在1727年写道："事实和数字是最牢不可破的证据。"[38] 在普尔特尼做出如此评论的几年前，经济学作家，同时也被人们指控为海盗的约翰·克鲁克山更明确地指出了这一联系，他写道："真理和数字总是相同的。"[39] 到18世纪中叶，定量推理被赋予了新的权威。

根据德林格的说法,这"标志着英国人进行了一场决定性的、集体公民认识论层面的大转变"[40]。这一时期定量推理的兴起不仅仅是一个关于会计核算的问题,而且是政治经济学的本体论和认识论数学化的开端。什么是已知的,以及我们如何得知,取决于将知识转化为数学术语的能力,直到数学逐渐具备了独立的本体论意义。

因此,政治经济学的量化数学观与这一时期取得了胜利的自然科学的定量数学观一同出现。这种观念对我们这个时代产生的下游效应是形成了一种完全数学化的经济学。现代经济理论家需要精通微积分,并能熟练地运用数学推理和建模工具。这种数学推理的使用本身并不一定是个问题。然而,当经济学理论中的数学变量被用来表示独立的"事物",而不被视为经验实在的还原抽象,并且从经验实在到还原抽象的过渡过程被人们所遗忘时,我们就会发现这是另一个悄然替代、具体性误置谬误和经验失忆症的案例。我们最终得到了一个功能强大的工具,但其功能十分有局限性,这会给我们带来危险。

要理解这种危险及其与盲点形而上学的联系,我们可以考虑所谓的新古典经济学的案例,即物理学家使用的标准模型在经济学中呈现的版本。在新古典经济学思想中有两个重要组成部分,分别是理性行动者和有效市场假说(EMH)。个体被认为是为了自身的经济利益而做出理性行动的人,而市场价格被认为充分反映了所有的可用信息。新古典经济学理论认为,当作为理性主体的个体聚集在一起时,个体会在拥有完全信息的背景下行动,并有效地对资本进行分配。通过这种方式,市场可以准确地对物品进行定价。当各种效用函数(例如供给和需求)之间出现平衡时,我们就可以实现有效的分配。这种均衡在数学上表示为特定价格点上几个函数的交点。

有效市场假说及其对理性行动者的假设受到了强烈的批评，因为它以高度抽象和理想化的形式看待人类行为（和经验），这与现实情况几乎没有任何相似之处。这些批评对我们的论点来说至关重要，因为这些批评反映了新古典经济学盲点的还原主义、客观主义和数学结构的物化。该理论假设了高度简化的"经济原子"，并假设我们可以从中推导出关于整个系统行为的数学规则。所有的理性行动者都是相同的，因为他们对于经济效益最大化的愿望是相同的，因此他们的行为也是相同的。有效市场假说将效用函数物化，在经济学辩论中赋予它们实在的地位，并排除了一些现实世界的特征，而这些特征无法被效用函数捕捉到。这一概念在关于如何处理新古典经济学的"外部性"的长期争论中最为引人注目，由此成为一个长期以来备受经济学家关注的话题。生物圈及其功能是我们关注的最重要的外部因素。新古典主义模型甚至无法意识到生物圈的存在，这可以被视为其最大的盲点，由此也极大地推动了环境经济学和生态经济学等替代模型的出现。

当谈到应对气候变化的议题时，新古典主义观点的局限性暴露无遗。威廉·诺德豪斯的工作通常被认为是新古典主义观点在气候变化方面的绝佳应用，他也因此获得了2018年的诺贝尔经济学奖。然而，诺德豪斯认为，全球气温上升3.5摄氏度对经济来说是一种最佳选择。[41]这一结果源于新古典主义经济学对不同经济部门在气温升高情况下的反应所进行的模拟。然而，我们已经看到，全球气温在升高了1.1摄氏度后，不仅影响了经济，也影响了社会秩序。这些经验的实在让诺德豪斯的计算看起来不仅是一种致命的错误，而且是一种"狄更斯式"的极端假设，即无论气候变化造成多大的社会破坏，经济都会照常运转。

新古典经济学及从中构建的政治经济学体现了盲点的物质主义和自然两分，它们除了作为生产的物质资源之外，并不知道如何赋予世界价值（这也再一次地涉及外部性的问题）。这种失败导致了那些主张对气候变化采取行动的人，对于如何理解自然价值的问题进行了长期的辩论。一些人认识到了新古典经济学观点的影响力，由此建议必须用"生态系统服务"（ecosystem services）这一术语来考察气候变化的问题。这一术语的核心思想是，只有通过标准经济模型对这些服务进行正确定价，政治经济学才能最终理解生物圈的价值。尽管这种观点有一些合理之处，但这也使得政治经济学没有认识到这样一种事实，那就是人类经济从属于生物圈，而不是相反。

我们非常熟悉推动了工业时代"大加速"的政治经济学是如何失败的。戴尔·贾米森指出，当谈到气候变化时，经济学的问题"不是没有正确的数字，而是存在比数字所能揭示的更多风险"[42]。但是数字不能揭示存在于经济学的还原主义、物质主义本体论之外的实体。贾米森告诉我们："单靠经济学无法告诉我们在面对气候变化时应该做什么。"[43] 但是，在盲点的世界观中，还原方法使得一切事物都"只不过是"客观化的物理实体，无论这些事物是基本粒子还是抽象的理性行动者，我们都无法解释到底什么才是真正重要的。贾米森继续说道："并非所有的（经济学）计算都能得到开展，即使这些计算能够进行，它们也不会告诉我们所要知道的一切。"[44] 如果我们的世界——经验世界——有一些重要的方面不符合物理主义的实在图景，包括其在经济学中的表现，那么就必然会有一些我们需要重视的方面，我们只能对此保持麻木的态度。这就是为什么工业时代的政治经济学会促使社会进行如此贪婪的消费活动，这也就是为什么它们完全无法应对消费活动带来的危险，即使这些危险就在我们眼前。最后，贾米森说："在最好的情况下，经济学是一门科学，而它并不能告诉我们应该做什么。在最坏的情况下，经济学是一种意识形态，一种伪装成报告了事物本质的规范性观点。"[45] 而我们一直关注的是，盲点如何塑造了这一意识形态，又如何被这一意识形态所塑造。

复杂系统科学

科学能够揭示自然世界运行的深层模式，并为改善人类的现状提供方法，在这点上科学理所当然值得受到称赞。但是，科学及其衍生出的技术也在塑造人类世困境的过程中扮演了关键角色。科学带来的工业资源的开采与消费直接驱动了人类世困境的产生。而正如我们刚刚所论述的那样，通过在文化、政治和经济中采用一种错误地被认为与科学有关的盲点世界观，科学也间接导致了人类当前的困境。

然而，科学与这种世界观并不相同。在我们的文化中，盲点形而上学和盲点认识论可能已经与大部分科学紧密地联系在一起，但科学与它们并不是一回事。科学正努力成为一种自我纠正的叙事体系，并建立在与经验的对话之上。这种对话是公共的、开放的，并以探究问题为核心。科学不能被其实践者们的哲学偏好所束缚。随着科学工作间为经验的扩大提供了新的工具，科学对此做出的回应是为自己的叙事开辟新的途径。因此，我们不仅扩展了我们的地图，而且还用新的符号重新绘制地图，以表征我们新发现的自然。

通过这种方式，科学本身的新发展也挑战了"把盲点视为科学和实在的理所当然的概念"的观点。我们已经讨论了宇宙学、量子力学、生物学、认知科学和关于意识的神经科学中这些对盲点的挑战是如何兴起的。在本章的最后,我们将介绍如何利用推动地球系统科学成功的新工具和新视角继续这些挑战。在追踪这一领域历史的过程中,从维尔纳茨基到洛夫洛克再到马古利斯,我们注意到了系统思维的关键作用。然而,这种非还原主义式的对世界进行概念化的方法,并不局限于对地球的研究。相反,它代表了科学探究在本质上的深刻转变,这种转变一直持续到今天,并被冠以一个广域的标题——复杂系统理论。

斯特凡·瑟纳、鲁道夫·哈内尔和彼得·克利梅克编写的一本关于复杂系统理论的教科书,开篇就这样写道:"复杂系统科学不是物理学、生物学或社会科学的后代,而是三者的独特组合。"[46] 当我们勾勒该领域的主要特点以及理解这一领域是如何促进与盲点相异观点的发展时,我们首先要注意的是它的跨学科性。复杂系统理论诞生于先前科学避之不及的各种主题的各种观点。

复杂系统可以被描述为协同演化的多层网络。通过这一描述,我们将展示复杂系统理论所体现的观点与经典物理学的观点(盲点形而上学就是从经典物理学诞生的)有何不同。

我们从共同演化开始。在经典物理学的模型中,物质和能量的演化是由微分方程呈现的。求解这些方程需要边界条件。确定边界条件要求我们将系统(例如粒子的集合)与其环境区隔开来。环境的属性保持恒定,并用于确定所需的边界条件。然后这些数据被输入微分方程中,如果它们能被求解,这就决定了系统的演化方向。虽然我们可以事先指定边界条件的时间依赖性,但系统和环境不能同步演化。这意味着我们通常不可能让系统和环境同时决定彼此未来状态的相互作用。换句话说,物理学的经典方法(也是形成盲点的方法)不允许共同演化的发生。

因此,正如我们前面所讨论的,达尔文意义上的生物演化,即有机体和环境共同演化从而产生新事物,并不属于经典物理学的范畴。生命以物理学为基础,但又超越了物理学。在物理学中,复杂性通常意味着由许多粒子组成的系统。这是统计力学的研究领域。然而,统计力学中大多数问题需要粒子系统具有所谓"遍历性"(ergodicity)的性质。也就是说,只要有足够的时间(或者有许多相同的系统副本),所有可能的系统状态最终都会实现。根据前几章讨论的相空间框架,遍历性意味着"生活"在多维相空间中的系统的所有点都将被探索一遍。这种遍历性的假设就是统计力学如何为不同演化轨迹分配概率的问题。但是,生物学(和文化)意义上的演化并不像斯图尔特·考夫曼一直以来所说的那样是遍历性的。[47]相反,每一步演化都取决于系统及其环境的整个历史,以及当前条件下的有限可能性。考夫曼将演化的这一方面特性称为"相邻的可能性"。[48]相邻的可能性是"所有可能世界的子集,这些世界在下一步中是可到达的,并且强烈依赖于世界的状态"[49]。对于经历演化过程的系统,相空间不能被预先确定。系统的轨迹是路径依赖的(系统的当前状态取决于系统到达那里的路径),并取决于相邻的位置(它能去哪里取决于它在哪里)。没有预先存在的上帝之眼来决定一切的可能性。生命不存在可预先确定状态的相空间。

因此,我们现在有了一种方法,这种方法认为自然的本质就是创造性的。由于系统与环境的共同演化不断开辟相邻范围内可能的新未来,大自然实际上也推动了新事物的出现。怀特海已经认识到了这一点,他写道:"自然从未完结,它总是在不断超越自身。这是自然的创造性前进。"[50]

网络是复杂系统的另一个关键特征。网络由节点和节点间的链路组成。一个常见的网络表征就是地铁线路图,其中每个车站代表一个节点,在这些车站之间运行的列车线路代表链路。然而,复杂系统中的网络远比地铁更具动态性。与系统的寿命相比,节点之间的链路可以在较短的时间内被破坏并进行重组。链路的强度、方向和性质也会随时间而发生改变。社交网络就是展现这种行为的一个很好的案例。朋友和朋友集群之间的社会关系在不断地发生转变,随着时间的推移这些关系会变得更强或更弱。世界的大部分事物都可以从网络的角度来看待,包括细胞中蛋白质之间的相互作用、大脑的大规模分布式活动、生态系统中的食物网、公司之间的经济关系以及民族国家之间的政治关系等等。

网络的视角不是还原主义的。它也摒弃了微小主义,并不认为微小事物及其属性比它们所构成的更大事物更为基础。它还拒斥微观还原的方法,反对理解复杂系统的最佳方法是将其分解为各个要素,并根据部分的性质来解释整体的性质。它并不认为复杂系统的节点是原子,不认为是预先指定的原子属性决定了网络的架构。相反,网络的架构和行为是系统和系统的环境共同演化产生出来的涌现属性。在动态变化开始之前,只知道节点的属性并不能给我们提供网络的演化轨迹。一个原因是节点之间的交互可以随着网络的发展而发展。相比之下,牛顿关于一组恒星之间的力或引力的描述不会随时间发生演变。但在生态系统的生物体网络中,相互作用的性质和强度将根据网络如何演化到当前状态,以及根据该状态的配置而发生变化。

同样重要的是，大多数的复杂系统都涉及多层网络。例如，在考虑应对气候变化时，研究人员必须考虑组成地球系统的生物地球物理网络、为人类文明提供动力的能源系统网络、供应这些能源系统的运输网络、为运输系统提供资金的经济网络以及应对生物地球物理网络变化的社会/政治网络。因此，每个网络层中的每个节点都可以再次出现在其他网络层中，并且在层内和层间形成连接。由于我们在大规模交互中仅仅看到了总体动力学中的一些重要方面，因此我们几乎无法从节点的属性"看出"多层次网络的行为。再加上我们几乎不可能去确定节点的属性，除非这些属性在网络中出现了，因为网络的交互会使节点按照某种属性行动。因此，正如我们在讨论"生命"时所看到的那样，局部和全局的要素以及模式是相互决定的。

用于探索复杂系统的工具也值得我们关注。在这里，科学工作间的关键作用再次显现出来。复杂网络几乎总是必须通过计算机模拟而不是通过分析的手段来进行探索。虽然引力总是发生在物体之间的相互作用中，但蛋白质-蛋白质网络中的某些节点，只有在网络中的全局条件演变到允许它们"开启"时才会"开启"。我们没有办法解析出这种动力学的精确解。相反，我们只能通过计算来模拟这种行为。因此，复杂系统理论的基本工具是计算机。

在数字计算机出现之前，系统的数学模型大部分是由线性微分方程组成的。线性系统是输入变化和输出变化之间成正比的系统。然而，科学研究的大多数系统都是非线性的。事实上，据说数学物理学家斯坦尼斯拉夫·乌拉姆曾说过："使用'非线性科学'这样的术语，就好比把动物学的大部分内容说成是'非大象类动物研究'一样。"[51] 一般来说，非线性方程无法用解析的方法求解（即以定义明确的形式提出问题并找到唯一解），特殊情况除外。然而，随着数字计算机的出现，非线性系统可以通过数学模拟来进行探索（即使用递进法在计算机上探索系统数学模型的近似行为）。使用这种方法，流体力学领域中困扰科学家几个世纪的难题终于被系统科学打开了突破口。值得注意的是，20世纪80年代大气环流模型的出现，揭示了流体动力学模拟对于我们理解地球气候的重要作用。

由多层网络组成的复杂系统本质上是非线性的。这种相互作用的本质在许多情况下甚至都无法写成微分方程组来进行初步表示。出于这一原因，复杂系统科学更加依赖计算机模拟。因此，只有随着廉价且易得的模拟工具的出现，复杂系统科学作为一个跨学科的领域才能具有更加丰富的内涵。今天，复杂系统的方法正在被人们应用于各种各样的环境中，我们用复杂系统科学来理解行星的地球物理演化、生命的起源、细胞的行为、大脑的工作、社会系统的动力学和股票市场的变化。

我们在本章的最后对复杂系统科学进行了简要的概述，特别是地球系统科学背景下的复杂系统科学。但是，我们并不认为单靠这门科学就可以带领我们超越盲点，我们也不认为当我们面对环境和社会的挑战时这门科学就能带领我们找到人类社会的出路。与经典科学一样，复杂系统科学中出现的技术可能会给人类造成巨大危害。社交媒体对民主规范的影响就是一个明显的例子。如果认为复杂系统科学不存在盲点，这也是一个天真而愚蠢的想法。相反，我们强调复杂系统科学的重要性，是因为这门科学挑战了盲点中的还原主义。复杂系统科学从一开始就接受了一种非还原主义的观点，这种观点关注复杂系统中相互纠缠的循环关系及其涌现性质，并将这种关系和性质置于系统的核心地位，同时也将我们自己视为与我们的研究对象不可分割的一部分。由此，我们可以一窥超越盲点的科学世界观究竟是什么样的。我们认为这一迹象充满了希望。

结 语

我们在本书的开头提出了一个悖论。科学告诉我们，我们人类在宇宙万物中处于边缘位置；但科学同时也告诉我们，我们在揭示实在的过程中处于核心位置。在浩瀚的宇宙中，我们是一个渺小且偶然的存在，然而我们的经验在科学知识中无处不在。我们在前面的章节中已经看到了许多这样的案例。

我们可以也应该拥抱这种悖论，而不是试图去回避它。我们是科学叙事的作者，我们也是其中的角色。作为作者，我们创造科学。作为故事中的角色，我们是浩瀚宇宙中微不足道的一部分。根据我们在宇宙学和生物学方面的发现，我们必须这样描绘自己的地位。即便如此，我们也不能忘记，这些最渺小的人物——我们人类自己——同时也是故事的作者。我们使用科学的工具写作科学的故事，我们作为"学习者共同体"，在集体的科学工作间中创造了科学这一工具。这就是科学知识的怪圈。

我们认为，我们必须把自己作为科学创造者，这一事实值得被重新铭刻在科学的叙事中。科学取决于我们如何经验世界。我们没有办法把自身从故事中抽离出来，从上帝的角度来叙述科学。遗忘这一事实意味着屈服于盲点，也意味着在科学中迷失了自己的方向，迷失在科学塑造社会的所有重要的方式之中。

我们的目的是要引起人们对盲点的关注。为此，我们描绘了盲点的核心思想，呈现了盲点如何塑造了我们世界观中的科学领域。我们描述了盲点中相互重叠的思想框架如何历经几个世纪最终塑造了我们今天理解的科学事业。但正如我们所说的，科学事业和盲点世界观并不是一回事，20—21世纪科学知识的进步要求我们把盲点抛诸脑后。

我们做出这个选择经过了深思熟虑。因为科学是一个集体项目。最终能推动科学前进的，只能是理论构建和实验操作相互纠缠的合作之舞，而不是一个个体在研究中提出的批判性反思。我们的希望是，通过将盲点纳入我们的集体视域，我们将能更好地找到超越盲点的新道路，使我们的科学和文明能够在接下来的一千年中继续生存并发展。尽管如此，在本书的结尾，我们还是想为研究者和公众提出一个设想，说明目前来看最佳的科学实践会是什么样子的。正如我们一直在努力进行的探索那样，我们想知道未来可能会在何处出现新的有效视角，而这种视角又是以何种方式产生的。

超越盲点的第一步是从历史和哲学上认识到当前科学中的理论构建如何承载了过去观点的沉重负担。随着研究共同体的发展，当我们在各种解释框架之间做出决定时，科学家经常会面临一些关键的节点。正统和非正统观点之间的分歧往往来源于未经检验的假设。有时这些假设纯粹是科学的和方法论的。然而在有些时候，这些假设依赖于潜藏的哲学承诺。这些潜藏的哲学承诺从教授到学生代代相传，直到它们成为一个领域的正统观念，而且"人人都知道这点"。通过揭示这段历史，这些几乎从未被明确表达出来的哲学承诺，终于可以浮现在我们的眼前。这样一来，它们就成为一组影响了科学实践但并非总是必要的观念，这引发了人们的争论。最终，科学共同体可能会选择保留这些承诺，或者开始探索替代方案。

我们在本书中论述的大部分内容都在努力完成上述项目的第一部分——挖掘和阐明盲点的历史及其隐含的哲学承诺，以试图理解盲点形而上学如何渗透到现代科学实践的背景之中。我们这样做的目的是能在下一步探索出替代性方案。因此，在这一过程中，我们考察了现代科学中的各种观点和趋势，这些观点和趋势似乎代表了进入后盲点视角的可能途径：网络理论、复杂系统理论、量子贝叶斯主义、关系量子力学、生物自主性、具身认知、生成和神经现象学。我们当然不是说这些路径就是一个连贯的哲学和方法论，也不意味着这些学科就可以替代盲点。事实上，我们还没有完全搞明白盲点的替代方案究竟是什么。我们认为，这种努力确实是或者应该是 21 世纪科学和科学哲学的主要工作之一。然而，关于当前的最佳实践，我们认为值得阐明一些一般性的建议。

回想一下，我们已经解释了与盲点有关的四种病症：（1）悄然替代；（2）具体性误置谬误；（3）结构不变量的物化；（4）经验失忆症。因此，当研究人员在自己的领域内面临选择或者试图评估各种理论观点和研究方法时，我们开出的最简单的处方是："不要重复那些错误。"仅仅意识到这些视角和过程支持并强化了盲点的病症，并不足以推动我们找到替代性方案。这些替代性方案不会把抽象的理论结构误认为是具体的生活经验，也不会忘记抽象的上升螺旋总是植根于那些不可还原的重要经验。它们还能让我们认识到，通过这种过程，具身经验的各个方面被孤立地提取出来，从而转化为构建抽象概念的结构不变量。简而言之，我们要寻找一种能够认识并接受科学和经验之间怪圈的替代性方案，而不是找到一条能帮助我们忽视或消除怪圈的方法。

请注意，这并不意味着我们要拒绝抽象。通常来说，用数学语言表示的理论结构是科学最有力的工具之一。正如怀特海所说的那样，抽象并非问题所在。我们的问题在于未能理解抽象的本质，并用它们取代了具体，这就是一种悄然替代。因此，在科学领域内，研究者需要注意的问题是，对抽象的解释或解读是否误解了人类经验和生活世界。或者，那些正在接受审议的解释是否能够理解，或者至少承认，抽象产生于生活世界和集体的科学工作间，并依赖于它们的意义？

越是接近科研前沿和社会政策前沿的科学主题，我们在其上实施这一最佳实践的需求就越紧迫。例如，在矿物导电性的实验室研究中，关于不同哲学承诺带来不同影响的问题可能并不那么重要（即使在这门学科中，盲点的问题仍然可能出现）。但在那些哲学承诺可以塑造整个研究的领域，如宇宙学、量子力学基础研究和关于意识的科学研究领域，或者在那些能够产生巨大社会后果的领域，如人工智能领域，质询研究中潜在的哲学承诺至关重要。

到目前为止，我们对科学最佳实践进行了简单的探索，并且已经关注到了科学和科学哲学中的工作。同样重要的是，我们需要考虑如何向整个社会展示科学的最佳实践。在这里，盲点带来了很大的影响。盲点的哲学承诺以多种方式兜售给公众，公众听到的是"这就是科学告诉我们的"。盲点可能会以科学纪录片的形式告诉人们，我们不过是基因编程的产物（但是基因并非编程，它们需要嵌入它们的生态系统的生物整体的存在才能被表达出来）。还有令人窒息的科学新闻，声称我们的后代会将自己上传到计算机中（但是你的自我或人格并不是一个可计算的数据结构）。或许还有公开讲座或专栏文章声称物理学现在已经回答了为什么"有物存在"而不是"无物存在"的问题（但这不是科学能回答的问题）。这种故事反映了一种基于盲点的科学必胜主义。那些支持这一观点的人可能会认为这是唯一一种能够保卫科学不受攻击的方法。虽然我们同意保卫科学至关重要，尤其是在我们今天这个时代，科学否定主义盛行，虚假信息猖獗，但是对盲点的过分强调无助于实现保卫科学的目标，而且很有可能会适得其反。

事实上，基于盲点的科学必胜主义不是一种无伤大雅的夸张修辞，而是一种遗患无穷的不自量力。它会让我们建立起科学家冷酷无情的刻板印象，觉得他们"和我们不一样"（正如最近的一项民意调查所揭示的那样）。当基于盲点的想法作为事实呈现给公众，而只有那些天真无知的人才会提出质疑时，这很可能会加剧公共政策辩论中对科学的反对意见（例如反对减缓气候变化的行动或反对疫苗接种）。此外，正如我们所论证的那样，将自然或环境的本质视为一种资源，这关系到把客观的量化指标提升到很高的位置，甚至比人类的经验更为重要，而人类经验恰恰是这些量化指标的来源。在气候变化问题上，人类在很长一段时间里都无所作为，部分原因是我们的思维定式。在这种思维定式中，地球变成了一套"生态系统服务"，作为可以货币化的价值提供给人类的技术领域。

因此，科学和社会领域的最佳实践包括如何向公众讲述科学的故事。毫无疑问，这个故事关涉人类深邃的想象力以及我们战胜无知和偏见的能力。但是，如果把这个故事讲述成一个超人类的故事，那么它本质上就变成了一个宗教叙事，变成了叙述人类追求超越自身有限性的完美知识。与其说科学是人类在广阔天地间领略奇伟奥义的一种手段，不如说是带领我们对这种奥秘进行更深入的探索、揭示经验世界的新手段，并从中获得愉悦，其中最重要的是我们获取新手段的价值。离开盲点，我们才能正确地理解客观性作为公共知识手段的重要性，而不会将其转化为可疑的本体论。最重要的是，我们可以认识到，作为人类活动的科学是多么不同凡响，我们为科学的完整性而战可以说是势在必行。我们不能让科学一直埋没于近几百年的哲学信念中，这些哲学信念和当下的我们毫不相关，它们不能告诉我们现在身处何方，也不能告诉我们将去往何处。

致 谢

这本书缘起于我们三人之间的对话。我们三人之间的思想碰撞开始于 2017 年马塞洛·盖瑟邀请亚当·弗兰克和埃文·汤普森成为达特茅斯学院跨学科参与研究所（ICE）的访问研究员。随后我们于 2019 年在 ICE 举办了以"盲点：经验、科学和对真理的探索"为主题的研讨会。我们感谢达特茅斯学院和邓普顿基金会对 ICE 的支持，正是在这些机构的帮助下我们才能成功召开这些会议。我们还要感谢研讨会的参与者们——米歇尔·比特博尔、克里斯·福克斯、耶南·伊斯梅尔、彼得·刘易斯、米凯拉·马斯米、罗伯特·沙夫、马克·斯普雷瓦克和彼得·谢，他们对我们的想法进行了友好且有益的批判。

2022 年，罗伯特·沙夫在加州大学伯克利分校佛教研究中心举办了"佛教、物理学与哲学再议"会议，这对我们的理论来说是另一个大有助益且激励人心的试验场。与会者米歇尔·比特博尔、克雷格·卡伦德、约翰·邓恩、克里斯·福克斯、杰伊·加菲尔德、耶南·伊斯梅尔、休·普赖斯、卡洛·罗韦利、罗伯特·沙夫、弗朗西斯卡·维多托和杰西卡·威尔逊对我们的想法提供了许多有益的批判性回应。

有许多人在我们写作的不同阶段阅读了手稿的部分内容,并为我们提出了许多有益的建议,他们包括:米歇尔·比特博尔、罗伯特·克里斯、杰伊·加菲尔德、阿丽莎·内伊、罗伯特·沙夫和丽贝卡·托德。麻省理工学院出版社的两位匿名评审给我们提供了非常实用的修改建议。我们也感谢不列颠哥伦比亚大学哲学专业的研究生阅读了我们的手稿并提供反馈,他们包括:泰森·戴维斯·巴顿、劳拉·比克尔、阿尔伯特·科特古诺、埃琳娜·霍姆格伦、亚历山德拉·朱厄尔、艾米丽·劳森、耶莱娜·马尔科维奇、安东尼·阮、马修·佩里、姚颖(音)、杰伦·伊尔迪兹、上田有辉、达维德·扎普利和安吉拉·赵。

本书核心思想的早期版本作为在线文章发表在 2019 年的《永世》(*Aeon*)杂志上。我们感谢编辑莎莉·戴维斯帮助我们改进写作,感谢她对这篇文章的贡献。

我们最后要感谢我们的版权代理人和编辑。罗斯·尹经纪公司的霍华德·尹代理本书,为这本书寻找到了一个好的归宿。本书由麻省理工学院出版社的菲利普·劳克林担任编辑。我们也感谢马塞洛·格莱瑟的代理人迈克尔·卡莱尔和埃文·汤普森的代理人安娜·戈什的帮助和支持。

注 释

引 言

1. See Jonardon Ganeri, "Well-Ordered Science and Indian Epistemic Cultures," *Isis* 104 (2013): 348–359.
2. Maurice Merleau-Ponty, *Phenomenology of Perception*, trans. D. Landes (London: Routledge Press, 2013), 84.
3. See Hasok Chang, *Inventing Temperature: Measurement and Scientific Progress* (Oxford: Oxford University Press, 2007).
4. Robert Crease, *The Workshop and the World: What Ten Thinkers Can Teach Us about Science and Authority* (New York: Norton, 2019).
5. Thomas Nagel, *The View from Nowhere* (New York: Oxford University Press, 1986).
6. See Jimena Canales, *The Physicist and the Philosopher: Einstein, Bergson, and the Debate That Changed Our Understanding of Time* (Princeton, NJ: Princeton University Press, 2015).
7. Michel Bitbol 也认为我们科学世界观的盲点是纯粹经验，参见：Michel Bitbol, "Beyond Panpsychism: The Radicality of Phenom-enology," in *Self, Culture, and Consciousness*, ed. S. Menon, N. Nagaraj, and V. Binoy (Singapore: Springer, 2017), 337–356.
8. William James, "The Thing and Its Relations," *Journal of Philosophy, Psychology and Scientific Methods* 2, no. 2 (1905): 29.
9. Kitarō Nishida, *An Inquiry into the Good*, trans. Masao Abe and Christopher Ives (New Haven: Yale University Press, 1992).
10. See Fujita Masakatsu, "The Development of Nishida Kitarō's Philosophy: Pure Experience, Place, Action-Intuition," in *The Oxford Handbook of Japanese*

Philosophy, ed. Bret W. Davis (Oxford: Oxford University Press, 2019), 389–415.
11. Nishida, *An Inquiry into the Good,* 7.
12. 当这本书写完后，我们才注意到 William Byers 撰写的 *The Blind Spot: Science and the Crisis of Uncertainty* (Princeton, NJ: Princeton University Press, 2011)。Byers 关于盲点的观点和他对科学的分析，与我们的想法惊人地相似。

第1章

1. Edmund Husserl, *The Crisis of European Sciences and Transcendental Phenomenology,* trans. David Carr (Evanston, IL: Northwestern University Press, 1970), 14.
2. Galileo, "The Assayer," in *Discoveries and Opinions of Galileo,* trans. Stillman Drake (New York: Anchor Books, 1957), 237–238.
3. Husserl, *The Crisis of European Sciences,* 51. Italics in original.
4. See Lee Hardy, *Nature's Suit: Husserl's Phenomenological Philosophy of the Physical Sciences* (Athens: Ohio University Press, 2013).
5. Nancy Cartwright, *How the Laws of Physics Lie* (Oxford: Clarendon Press, 1983).
6. Nancy Cartwright, *The Dappled World: A Study of the Boundaries of Science* (New York: Cambridge University Press, 1999).
7. Robert Crease, *The Workshop and the World: What Ten Thinkers Can Teach Us about Science and Authority* (New York: Norton, 2019).
8. See Crease, *The Workshop and the World,* chap. 1.
9. Carolyn Merchant, *The Death of Nature: Women, Ecology, and the Scientific Revolution* (New York: Harper, 1980), 80, 164.
10. Carolyn Merchant, "The Scientific Revolution and *The Death of Nature,*" *Isis* 97 (2006): 515.
11. Crease, *The Workshop and the World,* 211.
12. Cartwright, *The Dappled World,* 2–3.
13. Cartwright, 25.
14. Crease, *The Workshop and the World,* 212–213. See also William Finnegan, *Barbarian Days: A Surfing Life* (New York: Penguin, 2015).
15. Michel Bitbol, "Is Consciousness Primary?," *NeuroQuantology* 6 (2008): 53–72.
16. John Locke, *An Essay Concerning Human Understanding,* ed. Roger Woodhouse (London: Penguin, 1997), bk. 2, chap. 8, sec. 21, 137–138.
17. See Hardy, *Nature's Suit.*
18. Cartwright, *How the Laws of Physics Lie,* essay 4.
19. Husserl 关于"指号"的讨论，可参见：Edmund Husserl, *Logical Investigations,* trans. J. N. Findlay (London: Routledge Press, 1970), Investigation I: Expression and Meaning, 181–203.

20. Ian Hacking, *Representing and Intervening: Introductory Topics in the Philosophy of Natural Science* (Cambridge: Cambridge University Press, 1983), 22–23.
21. Cartwright, *The Dappled World*, 34.
22. Alfred North Whitehead, *The Concept of Nature* (Cambridge: Cambridge University Press, 1920; Ann Arbor: University of Michigan Press, 1957). Citations refer to the 1957 edition.
23. Whitehead, *The Concept of Nature*, 30–31.
24. Arthur Eddington, *The Nature of the Physical World* (Cambridge: Cambridge University Press, 1928), xi–xii.
25. Whitehead, *Concept of Nature*, 29.
26. Whitehead, 3.
27. Whitehead, 29.
28. Whitehead, 40.
29. Whitehead, 30.
30. Isabelle Stengers, *Thinking with Whitehead: A Free and Wild Creation of Concepts*, trans. Michael Chase (Cambridge, MA: Harvard University Press, 2011), 76, 136.
31. Alfred North Whitehead, *Science and the Modern World* (New York: Macmillan, 1925), 51, 55, 58.
32. Whitehead, 51.
33. Whitehead, *Concept of Nature*, 41.
34. Stengers, *Thinking with Whitehead*, 34.
35. Whitehead, *Concept of Nature*, 44. See also 32: "自然两分之所以总是会悄悄混进科学哲学,是因为我们极难将火焰的红色和温暖这样的感觉,与碳氧分子的剧烈运动以及由此产生的辐射能量、物质体的各种功能,全都统一到一个关联体系中。如果我们无法构建这样一个包罗万象的体系,我们就会面对一个分裂的自然:一边是温暖和红色,另一边是分子、电子与以太。"
36. Whitehead, 44.

第 2 章

1. We rely on E. A. Burtt, *The Metaphysical Foundations of Modern Science* (Mineola, NY: Dover, 2003); R. G. Collingwood, *The Idea of Nature* (Clarendon: Oxford Univer-sity Press, 1945); E. J. Dijksterhuis, *The Mechanization of the World Picture*, trans. C. Dikshoorn (Clarendon: Oxford University Press, 1961).
2. Alfred North Whitehead, *Science and the Modern World* (New York: Macmillan, 1925), 7.
3. See Edward Grant, *The Foundations of Modern Science in the Middle Ages: Their Religious, Institutional, and Intellectual Contexts* (Cambridge: Cambridge University

Press, 1996). See also Peter Harrison, *The Fall of Man and the Foundations of Science* (Cambridge: Cambridge University Press, 2007).

4. 关于前苏格拉底哲学家著作的翻译和讨论，可参见：G. S. Kirk, J. E. Raven, and M. Schofield, The Presocratic Philosophers: A Critical History with a Selection of Texts, 2nd ed. (Cambridge: Cambridge University Press, 1983).
5. See Collingwood, *Idea of Nature*, 29–30.
6. 关于恩培多克勒的讨论以及《论自然》一文的翻译，参见：Kirk et al., *Presocratic Philosophers*, 280– 332.
7. Aristotle, *Metaphysics*, trans. C. D. C. Reeve (Indianapolis: Hackett, 2016), 8, 10.
8. See Dijksterhuis, *Mechanization of the World Picture*, 22–24.
9. Dijksterhuis, 82.
10. See Dijksterhuis, 8–13.
11. David Lindberg, *The Beginnings of Western Science: The European Scientific Tradition in Philosophical, Religious, and Institutional Context, Prehistory to A.D. 1450*, 2nd ed. (Chicago: University of Chicago Press, 2007), 77.
12. 关于伊壁鸠鲁偏斜思想如何在中世纪晚期传入欧洲的描述，可参见：Stephen Greenblatt, *The Swerve: How the World Became Modern* (New York: Norton, 2011).
13. Aristotle, *Metaphysics*, 11.
14. Collingwood, *Idea of Nature*, 50.
15. Collingwood, 55–56.
16. Collingwood, 55–72.
17. See Francis M. Cornford, *Plato's Cosmology* (Indianapolis: Hackett, 1997); Plato, *Timaeus*, trans. Donald J. Zeyl (Indianapolis: Hackett, 2000).
18. Collingwood, *Idea of Nature*, 72–79.
19. Lindberg, *Beginnings of Western Science*, 37.
20. David Lindberg, *The Beginnings of Western Science*, 1st ed. (Chicago: University of Chicago Press, 1992), 282. This sentence does not appear in the second edition of this book.
21. See Lindberg, *Beginnings of Western Science*, 2nd ed., 299–300.
22. Lindberg, 2nd ed., 308.
23. Johannaes Buridanus, *Questiones in Metaphysicam Aristotelis*, bk. XII, question 9. Edition of Iodocus Badius Ascensius, Paris, 1518; fol. 73 recto. For an account of Buridan's discovery of the law of inertia, see E. A. Moody, "Laws of Motion in Medieval Physics," *Scientific Monthly* 72 (1951): 18–23.
24. Whitehead, *Science and the Modern World*, 9.
25. Robert Crease, *The Workshop and the World: What Ten Thinkers Can Teach Us about Science and Authority* (New York: Norton, 2019).

26. 关于培根"侵扰"自然的含义，参见：Carolyn Merchant, "Francis Bacon and the 'Vexations of Art': Experimentation as Intervention," *British Journal for the History of Science* 46, no. 4 (2013): 551–559.
27. See Eric Schliesser, "Why Does Newton Use 'Axiom or Laws of Motion,'" *Digressions & Impressions* (blog), January 26, 2016, https://digressionsnimpressions.typepad.com/digressionsimpressions/2016/01/why-does-newton-use-axioms-or-laws-of-motion.html.
28. 爱因斯坦的这些评论出现在他与物理学专业学生埃斯特·萨拉曼的对话中。参见：Max Jammer, *Einstein and Religion: Physics and Theology* (Princeton, NJ: Princeton University Press, 1999), 123.
29. See Geoffrey Gorham, "Newton on God's Relation to Space and Time: The Cartesian Framework," *Archiv für Geschichte der Philosophie* 93 (2011): 281–320.
30. As quoted in Gorham, "Newton on God's Relation to Space and Time," 312.
31. 这里我们借鉴了 Thomas Nagel 提出的"无源之见"。参见：Thomas Nagel, *The View from Nowhere* (New York: Oxford University Press, 1986)。以及 Bernard Williams 的"世界的绝对概念"这一观点，参见：Bernard Williams, *Descartes: The Project of Pure Inquiry* (London: Pelican, 1978)。
32. Quoted in Jennifer Coopersmith, *The Lazy Universe: An Introduction to the Principle of Least Action* (Oxford: Oxford University Press, 2017), 25.
33. See Alfred North Whitehead, *The Concept of Nature* (Cambridge: Cambridge University Press, 1920; Ann Arbor: University of Michigan Press, 1957), and Whitehead, *Science and the Modern World*.
34. See Eugene Wigner, "The Unreasonable Effectiveness of Mathematics in the Natural Sciences," *Communications on Pure and Applied Mathematics* 13, no. 1 (1960): 1–14.

第3章

1. Aristotle, *Physics*, bk. IV, chaps. 10–14. For a translation, see Joe Sachs, *Aristotle's Physics: A Guided Study* (New Brunswick, NJ: Rutgers University Press, 1998).
2. Henri Bergson, *Time and Free Will: An Essay on the Immediate Data of Consciousness*, trans. F. L. Pogson (Mineola, NY: Dover, 1913).
3. See Alfred North Whitehead, *The Concept of Nature* (Cambridge: Cambridge University Press, 1920; Ann Arbor: University of Michigan Press, 1957), chap. 3. Citations refer to the 1957 edition.
4. Isabelle Stengers, *Thinking with Whitehead: A Free and Wild Creation of Concepts*, trans. Michael Chase (Cambridge, MA: Harvard University Press, 2011), 56.
5. Bergson, *Time and Free Will*, 106, 107.
6. Sachs, *Aristotle's Physics*, 122.

7. Bergson, *Time and Free Will*, 107–110.
8. Edmund Husserl, *On the Phenomenology of the Consciousness of Inner Time (1893–1917)*, trans. John Barnett Brough (Dordrecht: Springer, 1991), 32.
9. 关于 FOCS-1 的参考文献，参见：https://cmte.ieee.org/future directions/2018/12/04/n-amazingly-accurate-atomic-clock/。
10. William James, *The Principles of Psychology* (Cambridge, MA: Harvard University Press, 1981), 573–574.
11. See Marc Wittmann, "Moments in Time," *Frontiers in Integrative Neuroscience* 5 (2011): 66, https://doi.org/10.3389/fnint.2011.00066; Marc Wittmann, "The Inner Sense of Time: How the Brain Creates a Representation of Duration," *Nature Reviews Neuroscience* 14 (2013): 217–223.
12. See Marc Wittman, *Felt Time: The Psychology of How We Perceive Time*, trans. Erik Butler (Cambridge, MA: MIT Press, 2016).
13. Whitehead, *Concept of Nature*, 53–54.
14. 关于亚里士多德围绕天体和时间提出的复杂观点，参见：Ursula Coope, *Time for Aristotle* (New York: Oxford University Press, 2005).
15. 这些都是体现了时间定律、运动学定律和动力学定律的例子。这些定律必定与守恒定律形成对照。守恒定律反映了某种性质（在时间中）的守恒，例如在亚原子过程中发生的能量守恒或电荷守恒。物理定律反映了"生成"与"存在"在本质上的张力。
16. 在牛顿关于一个单一的普遍时间的假设中，暗含着信息以无限速度传播的意思。这是牛顿超距作用概念的核心，也就是说引力在广袤的空间中也能瞬间起作用。即便我们现在知道情况不是这样的，毕竟光速是有限的而且引力扰动以光速传播。但是在牛顿的时代，牛顿的理论作为近似值也是非常有意义的。
17. Isaac Newton, Scholium to the Definitions in *Philosophiae Naturalis Principia Mathematica*, bk. 1 (1689), trans. Andrew Motte (1729), rev. Florian Cajori (Berkeley: University of California Press, 1934), 6.
18. Alfred North Whitehead, *Science and the Modern World* (New York: Macmillan, 1925), 44.
19. 关于行星轨道的简单牛顿模型不需要包括行星形成过程中的热和黏性的细节；而且，如果不是在很长的时间尺度上使用，牛顿模型往往会忽略引力引起的潮汐力。
20. 当形状成为关键因素时，物体被视为固体，并通过对多个粒子进行求和（对于连续体则是积分）来获得其属性。
21. George F. R. Ellis, "Physics in the Real Universe: Time and Spacetime," *General Relativity and Gravitation* 38 (2006): 1797–1824.
22. 物理学家 Nicolas Gisin 和他的同事已经在最近的几篇论文中探索过这点，并把它称为"无限精度原理"。参见：Flavio Del Santo and Nicolas Gisin, "Physics without Determinism: Alternative Interpretations of Classical Physics," *Physical Review* A 100 (2019): 062107, https://doi.org/10.1103 /PhysRevA.100.062107. 也可以参见：George F. R. Ellis, Krysztof A. Meissner, and Hermann Nicolai, "The Physics of Infinity," *Nature Physics* 14 (2018): 770–772, https:// doi.org/10.1038/s41567-018-0238-1.

23. David Hilbert, *David Hilbert's Lectures on the Foundations of Arithmetics and Logic, 1917–1933*, ed. W. Ewald and W. Sieg (Heidelberg: Springer, 2013), 730.
24. 关于热和热力学的简史，可以参见：Marcelo Gleiser, *The Dancing Universe: From Creation Myths to the Big Bang* (Lebanon, NH: Dartmouth College Press, 2005), chap. 6.
25. 这个计算不包括"内在的"变量，例如这个分子可能的旋转运动，如果存在多个 m 这样的旋转运动，自由度将增加到 6+m。
26. 这个平衡平均速度是由麦克斯韦–玻尔兹曼分布得到的，它与温度 T 的平方根成正比。
27. Hans Reichenbach, *The Direction of Time* (New York: Dover, 1956), 113.
28. A. Connes and C. Rovelli, "Von Neumann Algebra Automorphisms and Time-Thermodynamics Relation in Generally Covariant Quantum Theories," *Classical Quantum Gravity* 11 (1994): 2899–2917.
29. Carlo Rovelli, *The Order of Time* (New York: Riverhead Books, 2018), 34.

第 4 章

1. See Alfred North Whitehead, *Science and the Modern World* (New York: Macmillan, 1925),chaps. 3–6.
2. 洛克给出了关于第一性质的不同清单，所以我们并不十分清楚哪些是他认为的第一性质。参见：Robert A. Wilson, "Locke's Primary Qualities," *Journal of the History of Philosophy* 40 (2002): 201–228.
3. Whitehead, *Science and the Modern World*, 54.
4. Whitehead, vii.
5. Whitehead, 18.
6. Alfred North Whitehead, *Process and Reality*, corrected ed. David Ray Griffin and Donald W. Sherburne (New York: Free Press, 1978), 20.
7. 一个循环运动的电荷创造出一个磁场，这个磁场垂直于它的运动方向，就像穿过靶心的一支箭。
8. David Z. Albert, *Quantum Mechanics and Experience* (Cambridge, MA: Harvard Uni-versity Press, 1994).
9. 例如，如果我们有一个叠加态，两个状态对这个叠加态的贡献是均等的，参数

a 和 b 的值在 $t=0$ 时将是 $a = b = \sqrt{2}/2$。要获得粒子在任意一个状态下的概率，需要将系数平方，所以 $a^2 = b^2 = 1/2$，或者说各占 50%。（对于专家来说，a 和 b 这两个系数可能是复数。在这类情况下，平方实际上是复数的绝对值。）

10. 对于专家来说，EPR 使用了量子力学的位置表述，它的状态函数通常被称为波函数，由希腊字母 Ψ（发音为"psi"）表示。
11. Albert, *Quantum Mechanics and Experience*.
12. Oliver Morsch, *Quantum Bits and Quantum Secrets: How Quantum Physics Is Revolutionizing Codes and Computers* (New York: Wiley–VCH, 2008).
13. N. David Mermin, "What's Wrong with This Pillow?," *Physics Today* 42 (1989): 9–11.
14. G. C. Ghirardi, A. Rimini, and T. Weber, "Unified Dynamics for Microscopic and Macroscopic Systems," *Physical Review D* 34 (1986): 470–491.
15. For an overview, see Sheldon Goldstein, "Bohmian Mechanics," *Stanford Encyclopedia of Philosophy* (Fall 2021 ed.), https://plato.stanford.edu/archives/fall2021/entries/qm-bohm/.
16. Carlo Rovelli, "Relational Quantum Mechanics," *International Journal of Theoretical Physics* 35 (1996): 1637–1678.
17. Rovelli, 1643.
18. See Don Howard, "Who Invented the 'Copenhagen Interpretation'? A Study in Mythology," *Philosophy of Science* 71 (2004): 669–682. See also Slobodan Perovic, *From Data to Quanta: Niels Bohr's Vision of Physics* (Chicago: University of Chicago Press, 2021).
19. Jan Faye, "Copenhagen Interpretation of Quantum Mechanics," *Stanford Encyclopedia of Philosophy* (Winter 2019 ed.), https://plato.stanford.edu/entries/qm-copenhagen/.
20. John von Neumann, *Mathematical Foundations of Quantum Mechanics*, new ed., ed. Nicholas A. Wheeler (Princeton, NJ: Princeton University Press, 2018). The original German text appeared in 1932.
21. Eugene Wigner, "Remarks on the Mind–Body Question," in *The Scientist Speculates: An Anthology of Partly-Baked Ideas*, ed. I. J. Good (New York: Basic Books, 1961), 171–184.
22. See C. A. Fuchs, "Notwithstanding Bohr, the Reasons for QBism," *Mind and Matter* 15 (2017): 245–300.
23. E. T. Jaynes, "Clearing Up Mysteries—the Original Goal," in *Maximum Entropy and Bayesian Methods*, ed. J. Skilling (Dordrecht: Kluwer, 1989), 7.
24. John B. DeBrota and Blake C. Stacey, "FAQBism," April 14, 2018, 1, https://arxiv.org/abs/1810.13401.

25. DeBrota and Stacey, 6.
26. N. David Mermin, "QBism Puts the Scientist Back into Science," *Nature* 507 (2014): 421–423.
27. N. David Mermin, "Why QBism Is Not the Copenhagen Interpretation and What John Bell Might Have Thought of It," in *Quantum [Un]Speakables II: Half a Century of Bell's Theorem*, ed. Reinhold Bertlmann and Anton Zeilinger (Cham: Swit-zerland: Springer, 2017), 88.
28. Thomas Nagel, *The View from Nowhere* (New York: Oxford University Press, 1986).
29. See John B. DeBrota, Christopher A. Fuchs, Jacques L. Pienaar, and Blake C. Stacey, "Born's Rule as a Quantum Extension of Bayesian Coherence," *Physical Review A* 104 (2021): 02207.

第 5 章

1. See Jimena Canales, *The Physicist and the Philosopher: Einstein, Bergson, and the Debate That Changed Our Understanding of Time* (Princeton, NJ: Princeton University Press, 2015).
2. Canales.
3. Henri Bergson, *Duration and Simultaneity: Bergson and the Einsteinian Universe*, ed. Robin Durie, trans. Mark Lews and Robin Durie (Manchester: Clinamen Press, 1999).
4. 对柏格森错误的讨论，参见：Steven Savitt, "What Bergson Should Have Said to Einstein," *Bergsoniana* 1 (2021), https://doi.org/10.4000/bergsoniana.333. 关于柏格森对爱因斯坦理论中数学细节的密切关注，参见：Canales, *The Physicist and the Philosopher*, and C. S. Unnikrishnan, "The Theories of Relativity and Bergson's Philosophy of Duration and Simultaneity during and after Einstein's 1922 Visit to Paris" (2020), https://arxiv.org/abs/2001.10043.
5. C. S. Unnikrishnan, "Theories of Relativity," 4.
6. 关于柏格森评议的记录和爱因斯坦的回应，参见 Henri Bergson, "Remarks on the Theory of Relativity (1922)," *Journal of French and Francophone Philosophy—Revue de la philosophie française et de langue française* 28, no 1 (2020): 167–172. 一份早期的翻译版本可以在 Bergson, *Duration and Simultaneity*, 154–159 中找到。关于柏格森的名人身份，参见 Emily Herring, "Henri Bergson, Celebrity," *Aeon*, May 6, 2019, https://aeon.co/essays/henri-bergson-the-philosopher-damned-for-his-female-fans.
7. Maurice Merleau-Ponty, "Einstein and the Crisis of Reason," in Maurice Merleau-Ponty, *Signs*, trans. Richard C. McCleary (Evanston, IL: Northwestern University Press, 1964), 195.

8. Bergson, *Duration and Simultaneity*, xxvii.
9. Bergson, "Remarks on the Theory of Relativity (1922)," 167.
10. Bergson, 170.
11. Bergson, 169.
12. Bergson, 171.
13. Bergson, 170.
14. Bertrand Russell, *A,B, C of Relativity* (New York: Routledge Press, 2009), 138.
15. Bergson, "Remarks on the Theory of Relativity (1922)," 170.
16. A. Einstein, "On the Electrodynamics of Moving Bodies," in H. A. Lorentz, A. Einstein, H. Minkowski, and H. Weyl, *The Principle of Relativity: A Collection of Original Memoirs on the Special and General Theory of Relativity*, trans. W. Perrett and G. B. Jeffrey (New York: Dover, 1952), 40.
17. Einstein, 40.
18. See William Lane Craig, "Bergson Was Right about Relativity (Well, Partly)!," in *Time and Tense: Unifying the Old and the New*, ed. Stamatios Gerogiorgakis (Munich: Philosophia Verlag, 2016), 317–352.
19. Einstein, "On the Electrodynamics of Moving Bodies," 39.
20. Bergson, "Remarks on the Theory of Relativity (1922)," 169, 170.
21. Durie, "Introduction," in Bergson, *Duration and Simultaneity*, xiv.
22. Durie, ix.
23. Henri Bergson, *Time and Free Will: An Essay on the Immediate Data of Consciousness*, trans. F. L. Pogson (Mineola, NY: Dover, 1913).
24. Henri Bergson, *Matter and Memory*, trans. Nancy Margaret Paul and W. Scott Palmer (New York: Zone Books, 1991).
25. Alfred North Whitehead, *The Concept of Nature* (Cambridge: Cambridge University Press, 1920; Ann Arbor: University of Michigan Press, 1957), 55. Citation refers to 1957 edition.
26. See Unnikrishnan, "Theories of Relativity."
27. 关于双胞胎悖论的解释，参见：Paul Davies, *About Time: Einstein's Unfinished Revolution* (New York: Simon and Schuster, 1995), 59–67.
28. Bergson, *Duration and Simultaneity*, 145.
29. See Savitt, "What Bergson Should Have Said to Einstein," and Tim Maudlin, *Philosophy of Physics: Space and Time* (Princeton, NJ: Princeton University Press, 2021), 83.
30. J. C. Hafele and R. E. Keating, "Around-the-World Atomic Clocks: Predicted Relativistic Time Gains," *Science* 177 (1972): 166–168. For discussion, see Savitt, "What Bergson Should Have Said to Einstein," and Unnikrishnan, "Theories of Relativity."

31. See Jeremy Proulx, "Duration in Relativity: Some Thoughts on the Bergson-Einstein Encounter," *Southwest Philosophy Review* 32 (2017): 159.
32. See Craig, "Bergson Was Right."
33. Bergson, *Duration and Simultaneity*, 132.
34. Bergson, 123. See also Proulx, "Duration in Relativity," 160.
35. See Savitt, "What Bergson Should Have Said to Einstein"; Proulx, "Duration in Relativity"; and Peter Kügler, "What Bergson Should Have Said about Special Relativity," *Synthese* 198 (2021): 10273–10288.
36. N. David Mermin, "QBism as Cbism: Solving the Problem of 'the Now,'" December 30, 2013, https://arxiv.org/abs/1312.7825. See also N. David Mermin, "Making Better Sense of Quantum Mechanics," *Reports on Progress in Physics* 82 (2019): 012002, https://doi.org/10.1088/1361-6633/aae2c6.
37. Savitt, "What Bergson Should Have Said to Einstein," 95–96.
38. Proulx, "Duration in Relativity," 163.
39. Whitehead, *Concept of Nature*, 53.
40. 为了让时间真正像一个空间坐标，符号需要保持一致，使得等式 $ds^2 = + c^2(dt)^2 + (d\mathbf{X})^2$ 成立。这是一个四维欧几里得空间，这个空间的坐标是 ct 和 $\mathbf{X}$，它没有任何关于时间流的信息，因此和四维闵可夫斯基时空完全不同。在相对论中，认为时间只是另一个空间维度是不对的，尽管这个错误经常出现。
41. 在闵可夫斯基时空的图形表述中，光速定义了光锥，光锥即与空间和时间坐标中的一个形成的45度角的锥形表面。物理学上允许发生的事件存在于光锥之内，由因果关系相联系。光锥之外的事件被称为"类空间"事件，它们之间没有因果关系。
42. See Hans Reichenbach, *The Direction of Time* (New York: Dover, 1956), 11–12.
43. Hilary Putnam 提供了一个关于块宇宙理论的经典论证，参见："Time and Physical Geometry," *Journal of Philosophy* 64 (1967): 240–247。正如 Carlo Rovelli 观察到的那样，Putnam 假设 Einstein 对同时性的定义存在本体论上的价值，而这个定义主要是为了方便将不同时钟测量出的时间联系起来。然而，我们关心的是如何区分数学抽象概念和我们对实在的感知。通过引用对四维空间的抽象数学结构，块宇宙理论没有解决理解时间流动这一明显经验事实的难题，参见：*The Order of Time* (New York: Riverhead Books, 2018), 149–150.
44. Hermann Weyl, *Philosophy of Mathematics and Natural Science*, rev. 以及基于 Olaf Helmer 翻译的英文增修版本 (Princeton, NJ: Princeton University Press, 1949), 116。
45. See Proulx, "Duration in Relativity," 153.
46. Bergson, *Duration and Simultaneity*, 107. Bergson'semphases.
47. See Proulx, "Duration in Relativity," 153.

48. *Albert Einstein—Michele Besso Correspondence, 1903–1955* (Paris: Hermann, 1972), 537–553.
49. See Rovelli, *The Order of Time*, 114–115.
50. 这个例子是由 Matthew Schwartz 在他的统计力学笔记中提出的，参见：https://scholar.harvard.edu/files/schwartz/files/physics_181_lectures.pdf。
51. 在量子力学中，位置和动量成为在希尔伯特空间中被定义的厄米算符。我们可以定义位置和动量的期望值，而且这些值对不确定性原理来说很重要。一个量子物体的精确位置或动量的概念是没有意义的，这也就增加了对量子模糊观点的支持。
52. Lee Smolin 有力地论证了这个观点，参见：*Time Reborn: From the Crisis of Physics to the Future of the Universe* (Toronto: Vintage Canada, 2013)。
53. 填充宇宙的物质主要有三大类，每类物质对膨胀速率的贡献不同。主导成分决定了膨胀速率：辐射或有效的无质量相对论性粒子（包括光子和中微子）；非相对论性大质量粒子（包括弱相互作用的暗物质）；以及一种有效的宇宙学常数或真空能量，比如暗能量。
54. 关于 20 世纪宇宙学的历史，参见：Marcelo Gleiser, *The Dancing Universe: From Creation Myths to the Big Bang* (Lebanon, NH: Dartmouth College Press, 2005)。
55. 关于对物理理论中的统一思想的批判，参见：Marcelo Gleiser, *A Tear at the Edge of Creation: A Radical New Vision for Life in an Imperfect Universe* (New York: Free Press, 2010); Peter Woit, *Not Even Wrong: The Failure of String Theory and the Continuing Challenge to Unify the Laws of Physics* (London: Jonathan Cape, 2006); Sabine Hossenfelder, *Lost in Math: How Beauty Leads Physics Astray* (New York: Basic Books, 2018); Lee Smolin, *Three Roads to Quantum Gravity: A New Understanding of Space, Time, and the Universe* (New York: Basic Books, 2001)。
56. Isaiah Berlin, "Logical Translation," in Isaiah Berlin, *Concepts and Categories: Philosophical Essays*, ed. Henry Hardy (New York: Viking, 1979), 76.
57. See, for example, Erik Verlinde, "On the Origin of Gravity and the Laws of Newton," *Journal of High Energy Physics* 29 (2011), https://doi.org/10.1007/JHEP04(2011)029.
58. 当粒子的质量与周围环境的辐射温度之比远小于 1 时（$m/T \ll 1$），我们使用"有效无质量"来表述。
59. 早期宇宙物理学的某些模型预测了不同种类和质量的物质团块的存在，这些物质团块可能是在一段被称为"暴胀"的快速膨胀期后形成的。其中包括微型黑洞和振荡子，后者是我们其中一人和他人共同发现并命名的；参见：Marcelo Gleiser, "Pseudostable Bubbles," *Physical Review D* 49 (1994): 2978–2981。虽然它们对宇宙的总质量密度有潜在的重要贡献，但它们不会决定宇宙的膨胀速率。
60. 对于专家来说，这个值把宇宙假设为一个平坦宇宙，其中有 4.8% 的正常物质，

26.2% 的暗物质和 69% 的暗能量。
61. 更精确地说，光子也受到暗物质井的引力影响，结果只有两个：落入其中或者成功逃逸。这两种相反的运动导致了它们频率的微小变化，这被称为"声学振荡"。如今这些振荡作为宇宙微波背景温度的平滑度中的十万分之一的微小变化而被探测器读取。这些探测出的（类似地图的）图像至关重要，因为它们使我们能够重建宇宙仅 40 万岁时的普遍存在条件。
62. David Albert, *Time and Chance* (Cambridge, MA: Harvard University Press, 2000).
63. Sean M. Carroll and Jennifer Chen, "Spontaneous Inflation and the Origin of the Arrow of Time" (2004), https://arxiv.org/abs/hep-th/0410270.
64. See Roberto M. Unger and Lee Smolin, *The Singular Universe and the Reality of Time* (Cambridge: Cambridge University Press, 2015), and Smolin, *Time Reborn*.
65. 回顾这一领域，参见：A. Ijjas and Paul J. Steinhardt, "Bouncing Cosmology Made Simple," *Classical and Quantum Gravity* 35 (2018): 135004. 了解另一种关于弹跳宇宙学的进路，参见：Stephon Alexander, Sam Cormack, and Marcelo Gleiser, "A Cyclic Approach to Fine Tuning," *Physics Letters B* 757 (2016): 247–250.
66. See Roger Jackson, "Dharmakīrti's Refutation of Theism," *Philosophy East and West* 36 (1986): 315–348, and Parimal G. Patil, *Against a Hindu God: Buddhist Philosophy of Religion in India* (New York: Columbia University Press, 2009).

第 6 章

1. Georges Canguilhem, *Knowledge of Life*, trans. Stefanos Geroulanos and Daniela Ginsburg (New York: Fordham University Press, 2008), 90.
2. Hans Jonas, *The Phenomenon of Life: Toward a Philosophical Biology* (Evanston, IL: Northwestern University Press, 2001), 91.
3. Hans Jonas, "Is God a Mathematician? The Meaning of Metabolism," in Jonas, *The Phenomenon of Life*, 64–98.
4. Francisco J. Varela, *Principles of Biology Autonomy* (New York: Elsevier North-Holland, 1979); Alvaro Moreno and Matteo Mossio, *Biological Autonomy: A Philosophical and Theoretical Inquiry* (Dordrecht: Springer, 2015).
5. See Daniel J. Nicholson, "The Return of the Organism as a Fundamental Explanatory Concept in Biology," *Philosophy Compass* 9 (2014): 347–359; Tobias Cheung, "From the Organism of a Body to the Body of an Organism: Occurrence and Meaning of the Word 'Organism' from the Seventeenth to the Nineteenth Centuries," *British Journal for the History of Science* 39 (2006): 319–339.
6. 关于"理论生物学俱乐部"，参见：Erik L. Peterson, *The Life Organic: The Theoretical Biology Club and the Roots of Epigenetics* (Pittsburgh, PA: University of Pittsburgh Press, 2017); Emily Herring and Gregory Radick, "Emergence in Biology:

From Organicism to Systems Biology," in *The Routledge Handbook of Emergence*, ed. Sophie Gibb, Robin F. Hendry, and Tom Lancaster (London: Routledge Press, 2019), 352–362. For Barry Commoner, see his "Is DNA the 'Secret of Life'?," *Clinical Pharmacology and Therapeutics* 6 (1965): 273–278. 关于有机体在 20 世纪末及 21 世纪生物学中的回归，参见：Nicholson, "The Return of the Organism." See also Evan Thompson, *Mind in Life: Biology, Phenomenology, and the Sciences of Mind* (Cambridge, MA: Harvard University Press, 2007), chaps. 5–7.

7. See Scott F. Gilbert and Sahotra Sarkar, "Embracing Complexity: Organicism for the 21st Century," *Developmental Dynamics* 219 (2000): 5.
8. Commoner, "Is DNA the 'Secret of Life'?," 276–277. See also Barry Commoner, "Unraveling the DNA Myth: The Spurious Foundation of Genetic Engineering," *Harper's Magazine* 304, no. 1821 (2002): 39–47.
9. Commoner, "Is DNA the 'Secret of Life'?," 273.
10. Nicholson, "The Return of the Organism," 353.
11. Erwin Schrödinger, *What Is Life? with Mind and Matter and Autobiographical Sketches* (Cambridge: Cambridge University Press, 1992).
12. Schrödinger, 125.
13. Eugene Wigner, "Physics and the Explanation of Life," *Foundations of Physics* 1, no. 1 (1970): 35–45.
14. 关键参考文献包括：Varela, *Principles of Biological Autonomy*; Robert Rosen, *Life Itself: A Comprehensive Inquiry into the Nature, Origin, and Fabrication of Life* (New York: Columbia University Press, 1991); Stuart A. Kauffman, *Investigations* (New York: Oxford University Press, 2000); Tibor Gánti, *The Principles of Life*, with commentary by James Gresemer and Eros Szathmary (Oxford: Oxford University Press, 2003); Moreno and Mossio, *Biological Autonomy*.
15. Immanuel Kant, *Critique of Judgment*, trans. W. S. Pluhar (Indianapolis, IN: Hackett, 1987).
16. Kant, 252–253. For discussion, see Evan Thompson, *Mind in Life: Biology, Phenomenology, and the Sciences of Mind* (Cambridge, MA: Harvard University Press, 2007), 129–140.
17. See Moreno and Mossio, *Biological Autonomy*; Matteo Mossio, Maël Montévil, and Giuseppe Longo, "Theoretical Principles for Biology: Organization," *Progress in Biophysics and Molecular Biology* 122 (2016): 24–35.
18. See Juan Carlos Letelier, Maria Luz Cárdenas, and Athel Cornish-Bowden, "From *L'Homme Machine* to Metabolic Closure: Steps towards Understanding Life," *Journal of Theoretical Biology* 286 (2011): 100–113.
19. Jean Piaget, *Biology and Knowledge: An Essay on the Relations between Organic*

Regu-lations and Cognitive Processes (Chicago: University of Chicago Press, 1971).
20. Piaget, 155–156.
21. Varela, *Principles of Biological Autonomy*, 55–58.
22. Francisco J. Varela, "The Creative Cycle: Sketches on the Natural History of Circularity," in *The Invented Reality*, ed. Paul Watzlavick (New York: Norton, 1984), 311–312.
23. Humberto R. Maturana and Francisco J. Varela, *Autopoiesis and Cognition: The Realization of the Living* (Dordrecht: D. Reidel, 1980).
24. Rosen, *Life Itself*.
25. Stuart A. Kauffman, "Cellular Homeostasis, Epigenesis, and Replication in Randomly Aggregated Macromolecular Systems," *Journal of Cybernetics* 1 (1971): 71–96; Stuart A. Kauffman, "Autocatalytic Sets of Proteins," *Journal of Theoretical Biology* 119 (1986): 1–24.
26. Kauffman, *Investigations*.
27. Moreno and Mossio, *Biological Autonomy*; Mossio et al., "Theoretical Principles for Biology: Organization."
28. Mossio etal., "Theoretical Principles for Biology: Organization," 7.
29. Mossio etal., 7.
30. See Moreno and Mossio, *Biological Autonomy*, chap. 3.
31. See Fermin Fulda, "Natural Agency: The Case of Bacterial Cognition," *Journal of the American Philosophical Association* 3 (2017): 69–90.
32. Moreno and Mossio, *Biological Autonomy*, 98.
33. See Ezequiel Di Paolo, "Autopoiesis, Adaptivity, Teleology, Agency," *Phenomenology and the Cognitive Sciences* 4 (2005): 429–452.
34. Francisco J. Varela, "Living Ways of Sense-Making: A Middle Path for Neuroscience," in *Disorder and Order: Proceedings of the Stanford International Symposium (September 14–16, 1981)*, ed. Paisley Livingston (Saratoga, CA: Anma Libri, 1984), 208–224; Francisco J. Varela, "Patterns of Life: Intertwining Identity and Cognition," *Brain and Cognition* 34 (1997): 72–87.
35. Artemy Kolchinsky and David H. Wolpert, "Semantic Information, Autonomous Agency and Non–Equilibrium Statistical Physics," *Interface Focus* 8 (2018): 20180041, http://dx.doi.org/10.1098/rsfs.2018.0041.
36. Evan Thompson, "Living Ways of Sense–Making," *Philosophy Today*, suppl. (2011): 114–123.
37. See Di Paolo, "Autopoiesis, Adaptivity, Teleology, Agency," and Ezequiel Di Paolo and Evan Thompson, "The Enactive Approach," in *The Routledge Handbook of Embodied Cognition*, ed. Lawrence Shapiro (London: Routledge Press, 2014), 68–78.

38. Ezequiel Di Paolo, "Extended Life," *Topoi* 28 (2009): 16n5. See also Ezequiel Di Paolo, "The Enactive Conception of Life," in *The Oxford Handbook of 4E Cognition*, ed. Albert Newen, Leon De Bruin, and Shaun Gallagher (Oxford: Oxford University Press, 2018), 71–94.
39. Theodosius Dobzhansky, "Nothing in Biology Makes Sense Except in the Light of Evolution," *American Biology Teacher* 35 (1973): 125–129.
40. Moreno and Mossio, *Biological Autonomy*, 113.
41. Moreno and Mossio, 116. See also Thompson, *Mind in Life*, 167–170.
42. Marcelo Gleiser and Sara Imari Walker, "Toward Homochiral Protocells in Noncatalytic Peptide Systems," *Origins of Life and Evolution of the Biosphere* 39 (2009): 479–493; see also Pier Luigi Luisi, *The Emergence of Life: From Chemical Origins to Synthetic Biology*, 2nd ed. (Cambridge: Cambridge University Press, 2019).
43. Moreno and Mossio, *Biological Autonomy*, 135–137. See also Kepa Ruiz-Mirazo, Jon Umerez, and Alvaro Moreno, "Enabling Conditions for 'Open-Ended Evolution,'" *Biology and Philosophy* 23 (2008): 67–85.
44. Kepa Ruiz-Mirazo, Juli Pereto, and Alvaro Moreno, "A Universal Definition of Life: Autonomy and Open-Ended Evolution," *Origins of Life and Evolution of the Biosphere* 34 (2004): 323–346.
45. See Daniel J. Nicholson, "Organisms ≠ Machines," *Studies in History and Philosophy of Biological and Biomedical Sciences* 44 (2013): 669–678, and Daniel J. Nicholson, "Is the Cell *Really* a Machine?," *Journal of Theoretical Biology* 477 (2019): 108–126.
46. 分解的、近似可分解的和不可分解的概念来源于 Herbert Simon, *The Sciences of the Artificial* (Cambridge, MA: MIT Press, 1969)。
47. Nicholson, "Is the Cell *Really* a Machine?"
48. Nicholson, 110.
49. Nicholson, 123.
50. Nicholson, 122.
51. Stuart Kauffman, *A World beyond Physics: The Emergence and Evolution of Life* (New York: Oxford University Press, 2019).
52. Giuseppe Longo, Maël Montévil, and Stuart Kauffman, "No Entailing Laws, But Enablement in the Evolution of the Biosphere," *Proceedings of the 14th Annual Conference Companion on Genetic and Evolutionary Computation* (New York: ACM, 2012), 1379–1392, https://dl.acm.org/doi/10.1145/2330784.2330946; Giuseppe Longo and Maël Montévil, "Extended Criticality, Phase Spaces, and Enablement in Biology," *Chaos, Solitons and Fractals* 55 (2013): 64–79. See also Giuseppe Longo and Maël Montévil, *Perspectives on Organisms: Biological Time, Symmetries and*

53. Longo et al., "No Entailing Laws," 1390.
54. See David D. Nolte, "The Tangled Tale of Phase Space," *Physics Today* 63 (2010): 33–38.
55. Longo et al., "No Entailing Laws," 1384.
56. Stephen Jay Gould and Elisabeth S. Vrba, "Exaptation—a Missing Term in the Science of Form," *Paleobiology* 8 (1982): 4–15.
57. Longo et al., "No Entailing Laws."
58. Stuart Kauffman, "Answering Schrödinger's Question, 'What Is Life?,'" *Entropy* 22 (2020): 8, https://doi.org/10.3390/e22080815.
59. 这一观点提出了关于涌现的哲学问题。考夫曼关于生命不存在可预设的相空间的观点是哲学家 Paul Humphreys 所称的"历时涌现"（即随时间的涌现）的一个例子。目前在科学哲学和形而上学领域中，有大量关于涌现的技术性文献。我们在此选择不讨论这些文献，因为它们超出了对盲点的批判范围。参见：Paul Humphreys, *Emergence: A Philosophical Account* (New York: Oxford University Press, 2016); Jessica M. Wilson, *Metaphysical Emergence* (New York: Oxford University Press, 2021); Robert C. Bishop, Michael Silberstein, and Mark Pexton, *Emergence in Context: A Treatise in Twenty-First Century Natural Philosophy* (New York: Oxford University Press, 2022).
60. Stuart Kauffman, "Is There a Fourth Law for Non-Ergodic Systems That Do Work to Construct Their Expanding Phase Space?" (2022), https://doi.org/10.48550/arXiv.2205.09762.
61. Francisco J. Varela, "Laying Down a Path in Walking," in *Gaia: A Way of Knowing: Political Implications of the New Biology*, ed. William Irwin Thompson (Hudson, NY: Lindisfarne Press, 1987), 48–64.
62. See Longo and Montévil, *Perspectives on Organisms*; Ana M. Soto, Giuseppe Longo, Paul-Antoine Miquel, Maël Montévil, Matteo Mossio, Nicole Perret, Arnaud Pocheville, and Carlos Sonnenschein, "Toward a Theory of Organisms: Three Founding Principles in Search of a Useful Integration," *Progress in Biophysics and Molecular Biology* 122 (2016): 77–82; D. M. Walsh, *Organisms, Agency, and Evolution* (Cambridge: Cambridge University Press, 2015).
63. Kauffman, *A World Beyond Physics*, 128.

第 7 章

1. See Francisco Varela, Evan Thompson, and Eleanor Rosch, *The Embodied Mind: Cognitive Science and Human Experience*, rev. ed. (2017; repr., Cambridge, MA: MIT Press, 1991).

2. Varela et al., *The Embodied Mind*. See also Evan Thompson, *Mind in Life: Biology, Phenomenology, and the Sciences of Mind* (Cambridge, MA: Harvard University Press, 2007); Ezequiel Di Paolo, Elena Clare Cuffari, and Hanne De Jaegher, *Linguistic Bodies: The Continuity between Life and Language* (Cambridge, MA: MIT Press, 2018).
3. See John Vervaeke, Timothy Lillicrap, and Blake A. Richards, "Relevance Realization and the Emerging Framework in Cognitive Science," *Journal of Logic and Computation* 22, no. 1 (2012): 79–99.
4. 我们采用的术语"识别相关性",来自：Vervaeke et al., "Relevance Realization."
5. See Brian Cantwell Smith, *The Promise of Artificial Intelligence: Reckoning and Judg-ment* (Cambridge, MA: MIT Press, 2019). Melanie Mitchell, *Artificial Intelligence: A Guide for Thinking Humans* (New York: Farrar, Straus and Giroux, 2019). Erik J. Larson, *The Myth of Artificial Intelligence: Why Computers Can't Think the Way We Do* (Cambridge, MA: Harvard University Press, 2021). For the classic yet still highly relevant critique of AI, see Hubert Dreyfus, *What Computers Can't Do: A Critique of Artificial Reason* (New York: Harper & Row, 1972), and *What Computers Still Can't Do: A Critique of Artificial Reason* (Cambridge, MA: MIT Press, 1992).
6. John Searle, *Minds, Brains and Science* (Cambridge, MA: Harvard University Press, 1986).
7. See Mitchell, *Artificial Intelligence*, and Larson, *The Myth of Artificial Intelligence*.
8. See Mitchell, *Artificial Intelligence*, 110–116.
9. Smith, *The Promise of Artificial Intelligence*.
10. 相关概述参见：Murray Shanahan, "The Frame Problem," *Stanford Encyclopedia of Philosophy*, last revised February 8, 2016, https://plato.stanford.edu/archives/spr2016/entries/frame-problem/.
11. Daniel C. Dennett, "Cognitive Wheels: The Frame Problem of AI," in *Minds, Machines and Evolution: Philosophical Studies*, ed. Christopher Hookway (Cambridge: Cambridge University Press, 1984), 129–151.
12. 这适用于狭义框架问题的技术版本,以及被称为广义框架问题或认识论框架问题的广义版本。参见,Shanahan 所著的《框架问题》。我们所描述的框架问题是其广义版本。
13. See Mitchell, *Artificial Intelligence*, chap. 9.
14. David Silver, Julian Schrittwieser, Karen Simonyan, Ioannis Antonoglou, Aja Huang, Arthur Guez, Thomas Hubert, et al., "Mastering the Game of Go without Human Knowledge," *Nature* 550 (2017): 354–359; Michael Nielsen, "Is AlphaGo Really Such a Big Deal?," *Quanta Magazine*, March 29, 2016.

15. Silver et al., "Mastering the Game of Go."
16. Gary Marcus and Ernest Davis, *Rebooting AI: Building Artificial Intelligence We Can Trust* (New York: Pantheon Books, 2019), 145–146. See also Larson, *The Myth of Artificial Intelligence*, 161–162.
17. Smith, *The Promise of Artificial Intelligence*, 77–78.
18. Contrary to Nielsen, "Is AlphaGo Really Such a Big Deal?"
19. Mitchell, *Artificial Intelligence*, 166.
20. John Pavlus, "The Computer Scientist Training AI to Think with Analogies" (Interview with Melanie Mitchell), *Quanta Magazine*, July 14, 2021, https://www.quantamagazine.org/melanie-mitchell-trains-ai-to-think-with-analogies-20210714/#.
21. See Vervaeke et al., "Relevance Realization."
22. Mitchell, *Artificial Intelligence*, 166–167, 256. For an example of recent advances on open-ended learning, see DeepMind's "Open-Ended Learning Leads to Generally Capable Agents," July 27, 2021, https://www.deepmind.com/publications/open-ended-learning-leads-to-generally-capable-agents.
23. Mitchell, *Artificial Intelligence*, 168–169. See also Gary Marcus, "Innateness, AlphaZero, and Artificial Intelligence" (2018), arXiv:1801.05667.
24. Mitchell, *Artificial Intelligence*, 172.
25. Mitchell, 268.
26. See Mitchell, 270.
27. Smith, *The Promise of Artificial Intelligence*, 7–8.
28. Hubert Dreyfus, "Intelligence without Representation: Merleau-Ponty's Critique of Mental Representation," *Phenomenology and the Cognitive Sciences* 1, no. 4 (2002): 413–425.
29. Smith, *The Promise of Artificial Intelligence*, 24, 28, 38, 67.
30. Stephen Grossberg, "Adaptive Resonance Theory: How a Brain Learns to Consciously Attend, Learn, and Recognize a Changing World," *Neural Networks* 37 (2013): 1–47. See also Stephen Grossberg, *Conscious Mind, Resonant Brain: How Each Brain Makes a Mind* (New York: Oxford University Press, 2021).
31. Smith, *The Promise of Artificial Intelligence*, xiv.
32. Smith, 35.
33. See Mitchell, *Artificial Intelligence*, 106–108, 195–196; Kate Crawford, *Atlas of AI: Power, Politics, and the Planetary Crisis of AI* (New Haven: Yale University Press, 2021), chap. 4; Abeba Birhane, "The Impossibility of Automating Ambiguity," *Artificial Life* 27 (2021): 44–61.
34. Birhane, "The Impossibility of Automating Ambiguity," 44.

35. Mitchell, *Artificial Intelligence*, 106–107.
36. Smith, *The Promise of Artificial Intelligence*, 50.
37. See Melanie Mitchell and David C. Krakauer, "The Debate Over Understanding in AI's Large Language Models," *Proceedings of the National Academy of Sciences* 120, no. 13 (2023): e2215907120.
38. Mitchell, *Artificial Intelligence*, 104–105.
39. Abeba Birhane, Pratyusha Kalluri, Dallas Card, William Agnew, Ravit Dotan, and Michelle Bao, "The Values Encoded in Machine Learning Research," June 21, 2022, arXiv:2016.15590 [cs.LG].
40. Crawford, *Atlas of AI*, 135–136.
41. Crawford, 8.
42. Crawford, 15.
43. Crawford, 8.
44. See Varela etal., *The Embodied Mind*; Thompson, *Mind in Life*.
45. Di Paolo et al., *Linguistic Bodies*, 21.
46. Stephen Grossberg, "A Path toward Explainable AI and Autonomous Adaptive Intelligence: Deep Learning, Adaptive Resonance, and Models of Perception, Emotion, and Action," *Frontiers in Neurorobotics*, June 25, 2020, doi.org/10.3389/fnbot.2020.00036.
47. Crawford, *Atlas of AI*, 8.
48. Smith, *The Promise of Artificial Intelligence*, xix–xx.
49. Smith, xx.

第 8 章

1. SeeD. E. Harding, *On Having No Head: Zen and the Rediscovery of the Obvious* (London: Buddhist Society, 1961; London: Sholland Trust, 2014). See also Brentyn J. Ramm, "Pure Awareness Experience," *Inquiry* (2019), doi:10.1080/0020174X.2019.1592.
2. Ludwig Wittgenstein, *Tractatus Logico-Philosophicus*, trans. D. F. Pears and B. F. McGuinness (London: Routledge Classics, 2001), 5.633, 69.
3. The term *aware-spac*e comes from Harding, *On Having No Head*. See also Ramm, "Pure Awareness Experience."
4. See Maurice Merleau–Ponty, *Signs*, trans. Richard C. McCleary (Evanston, IL: Northwestern University Press, 1964), 166.
5. Harding, *On Having No Head*.
6. See Gilbert Harman, "The Intrinsic Quality of Experience," in *The Nature of Consciousness: Philosophical Debates*, ed. Ned Block, Owen Flanagan, and Guven

Güzel-dere (Cambridge, MA: MIT Press, 1997), 663–676.
7. See Thomas Metzinger, *Being No One: The Self-Model Theory of Subjectivity* (Cambridge, MA: MIT Press, 2003), 163–179.
8. See Evan Thompson, *Mind in Life: Biology, Phenomenology, and the Sciences of Mind* (Cambridge, MA: Harvard University Press, 2007), 282–287.
9. See Evan Thompson, *Waking, Dreaming, Being: Self and Consciousness in Neuroscience, Meditation, and Philosophy* (New York: Columbia University Press, 2015), chap. 5.
10. "见证意识"这一概念源自印度哲学。我们在此严格按照现象学意义使用这一术语，而不涉及其传统背景中的形而上学，即该背景认为唯一的终极实在是意识。参见：Bina Gupta, *The Disinterested Witness: A Fragment of Advaita Vedānta Phenomenology* (Evanston, IL: Northwestern University Press, 1998). See also Miri Albahari, "Witness-Consciousness: Its Defini-tion, Appearance, and Reality," *Journal of Consciousness Studies* 16, no. 1 (2009): 62–84.
11. See John D. Dunne, Evan Thompson, and Jonathan Schooler, "Mindful Meta-Awareness: Sustained and Non-Propositional," *Current Opinion in Psychology* 28 (2019): 307–311. See also John D. Dunne, "Buddhist Styles of Mindfulness: A Heuristic Approach," in *Handbook of Mindfulness and Self-Regulation*, ed. Brian D. Ostafin, Michael D. Robinson, and Brian Meier (New York: Springer, 2015), 251–270.
12. The subtitle of Harding's *On Having No Head* is *Zen and the Rediscovery of the Obvious*. See also Brentyn Ramm, "The Technology of Awakening: Experiments in Zen Phenomenology," *Religions* 12, no. 3 (2021): 192, https://doi.org/10.3390/rel12030192.
13. 关于Dōgen的生平与思想的介绍，参见：Hee-Jin Kim, *Eihei Dōgen: Mystical Realist* (Boston: Wisdom Publications, 2004).
14. Robert H. Sharf, "Epilogue: Mind in World, World in Mind," in Sharf, *What Can'tBe Said: Paradox and Contradiction in East Asian Thought*, ed. Yasuo Deguchi, Jay L. Garfield, Graham Priest, and Robert H. Sharf (New York: Oxford University Press, 2021), 192.
15. 我们采用的术语"封闭性"和"超越性"，来源于：Graham Priest, *Beyond the Limits of Thought* (Oxford: Oxford University Press, 2002).
16. See Edmund Husserl, *The Idea of Phenomenology*, trans. Lee Hardy (Dordrecht: Kluwer Academic, 1999), 23, 33, 37; Edmund Husserl, *Ideas: General Introduction to Pure Phenomenology*, trans. W. R. Boyce Gibson (New York: Macmillan, 1931; London: Routledge, 2002), sec. 32. Citations refer to the 2002 edition.
17. "修心"这一术语来源于：Pierre Hadot, *Philosophy as a Way of Life*, trans. Michael

Chase (Oxford: Blackwell, 1995).
18. See Michel Bitbol, "Is Consciousness Primary?," *NeuroQuantology* 6 (2008): 53–72.
19. 关于"意识的水平"概念的更多信息，参见：J. J. Valberg, *Dream, Death, and the Self* (Princeton, NJ: Princeton University Press, 2007). 在此语境中，"水平"（horizon）一词源自 Husserl。参见：Salius Geniusas, *The Origins of the Horizon in Husserl's Pheno-menology* (New York: Springer, 2012).
20. See Bitbol, "Is Consciousness Primary?"
21. Maurice Merleau-Ponty, *Phenomenology of Perception*, trans. D. Landes (London: Routledge Press, 2013), 84.
22. 我们采用的术语"神奇的怪圈"来源于：Douglas Hofstadter, *Gödel, Escher, Bach: An Eternal Golden Braid* (New York: Basic Books, 1979), and Douglas Hofstadter, *I Am a Strange Loop* (New York: Basic Books, 2007). 另见：Fran-cisco J. Varela, "The Creative Circle: Sketches on the Natural History of Circularity," in *The Invented Reality*, ed. Paul Watzlavick (New York: Norton, 1984), 309–323; and Sharf, "Epilogue: Mind in World, World in Mind."
23. Merleau–Ponty, *Phenomenology of Perception*, 454.
24. See Ezequiel Di Paolo, "The Enactive Conception of Life," in *The Oxford Handbook of 4E Cognition*, ed. Alfred Newen, Leon De Bruin, and Shaun Gallagher (Oxford: Oxford University Press), 71–94.
25. Merleau–Ponty, *Phenomenology of Perception*, 456.
26. See David Suarez, "Nature at the Limits of Science and Phenomenology," *Journal of Transcendental Philosophy* 1, no. 1 (2020): 109–133.
27. 哲学家 David Chalmers 在 20 世纪 90 年代提出了"意识难题"概念。参见：David J. Chalmers, *The Conscious Mind: In Search of a Funda-mental Theory* (New York: Oxford University Press, 1996).
28. Thomas H. Huxley, *Lessons in Elementary Physiology* (London: Macmillan, 1866), 193.
29. John Tyndall, as quoted by William James, *The Principles of Psychology* (Cam-bridge, MA: Harvard University Press, 1981), 150. See also Marcelo Gleiser, *The Island of Knowledge: The Limits of Science and the Search for Meaning* (New York: Basic Books, 2014), 266–267.
30. "解释鸿沟"这一术语来源于哲学家 Joseph Levine。参见：Joseph Levine, "Materialism and Qualia: The Explanatory Gap," *Pacific Philosophical Quarterly* 64, no. 4 (1983): 354–361.
31. John Locke, *An Essay Concerning Human Understanding*, ed. Roger Woolhouse (London: Penguin, 1997), bk. 4, chap. 3, sec. 13, 484.
32. G. W. Leibniz, *Philosophical Essays*, ed. and trans. Roger Ariew and Daniel Garber

(Indianapolis: Hackett, 1989), 215.

33. See Thomas Nagel, "What Is It Like to Be a Bat?," *Philosophical Review* 83 (1974): 435–450, and Chalmers, *Conscious Mind*.
34. See Bitbol, "Is Consciousness Primary?"
35. 有关自然主义二元论，详见：Chalmers, *Conscious Mind*, and David Chalmers, "Facing Up to the Hard Problem of Consciousness," *Journal of Consciousness Studies* 2, no. 2 (1995): 200–219. For panpsychism and its relationship to naturalistic dual-ism, see William Seager, "Consciousness, Information, and Panpsychism," *Journal of Consciousness Studies* 2, no. 3 (1995): 272–288.
36. "额外成分"这一术语来源于Chalmers。参见论文：Chalmers, "Facing Up to the Hard Problem of Consciousness."
37. 最新综述参见：Anil K. Seth and Tim Bayne, "Theories of Consciousness," *Nature Reviews Neuroscience* (2022), https://doi.org/10.1038/s41583-022-00587-4.
38. See Christof Koch, Marcello Massimini, Melanie Boly, and Giulio Tononi, "Neural Correlates of Consciousness: Progress and Problems," *Nature Reviews Neuro-science* 17 (2016): 307–321.
39. Koch et al., 307–321.
40. See Francesca Siclari, Benjamin Baird, Lampros Perogamvros, Giulio Bernardi, Joshua J. LaRocque, Brady Riedner, Melanie Boly, Bradley R. Postle, and Giulio Tononi, "The Neural Correlates of Dreaming," *Nature Neuroscience* 20 (2017): 872–878. See also Jennifer M. Windt, Tore Nielsen, and Evan Thompson, "Does Consciousness Disappear in Dreamless Sleep?," *Trends in Cognitive Sciences* 20 (2016): 871–882.
41. See Melanie Boly, Marcello Massimini, Naotsugu Tsuchiya, Bradley R. Postle, Christof Koch, and Giulio Tononi, "Are the Neural Correlates of Consciousness in the Front or in the Back of the Cerebral Cortex? Clinical and Neuroimaging Evidence," *Journal of Neuroscience* 37 (2017): 9603–9613, and Brian Odegard, Robert T. Knight, and Hakwan Lau, "Should a Few Null Findings Falsify Prefrontal Theories of Conscious Perception?," *Journal of Neuroscience* 37 (2017): 9593–9602.
42. See Ned Block, "What Is Wrong with the No-Report Paradigm and How to Fix It," *Trends in Cognitive Sciences* 23 (2019): 1003–1013.
43. See Evan Thompson, *Waking, Dreaming, Being: Self and Consciousness in Neuroscience, Meditation, and Philosophy* (New York: Columbia University Press, 2015). See also Thomas Metzinger, *The Ego Tunnel: The Science of the Mind and the Myth of the Self* (New York: Basic Books, 2010), and Anil Seth, *Being You: A New Science of Con-sciousness* (New York: Dutton, 2021).
44. Seth, for example, makes this claim in *Being You*, 30–31.

45. Bitbol, "Is Consciousness Primary?"
46. See Evan Thompson, "Could All Life Be Sentient?," *Journal of Consciousness Studies* 29 (2022): 229–265.
47. 关于将意识仅限于有大脑的动物的观点，参见：Simona Ginsburg and Eva Jablonka, *The Evolution of the Sensitive Soul: Learning and the Origins of Conscious-ness* (Cambridge, MA: MIT Press, 2019); Peter Godfrey-Smith, *Metazoa: Animal Life and the Birth of the Mind* (New York: Farrar, Straus, and Giroux, 2020). 关于所有生命都是有感知能力的观点，参见：Arthur Reber, *The First Minds: Caterpillars, 'Karyotes, and Consciousness* (New York: Oxford University Press, 2019). For critical discussion of these options, see Thompson, "Could All Life Be Sentient?".
48. See Eric Schwitzgebel, "Is There Something It's Like to Be a Garden Snail?" (2020), http://www.faculty.ucr.edu/~eschwitz/SchwitzPapers/Snails-201223.pdf.
49. See, for example, Seth, *Being You*, 31–33.
50. See Thompson, *Mind in Life*.
51. See Seth, *Being You*.
52. See Jakob Howy, *The Predictive Mind* (New York: Oxford University Press, 2013).
53. Seth 在《成为你自己》第 87–89 页和 111–112 页中提到，"受控幻觉"这一术语是由心理学家 Chris Frith 提出的。神经科学家 Rodolfo Llinás 表达了类似的观点，他认为知觉是一种由感官约束的梦幻般的状态。参见：Rodolfo Llínas, "Perception as an Oneiric State Modulated by the Senses," in *Large-Scale Neuronal Theories of the Brain*, ed. Christof Koch and Joel L. Davis (Cambridge, MA: MIT Press, 1994), 111–124. See also Aaron Sloman, "Experiencing Computation: A Tribute to Max Clowes," April 2014, https://www.cs.bham.ac.uk/research/projects/cogaff/sloman-clowestribute.html; and Aaron Sloman, "What the Brain's Mind Tells the Mind's Eye," November 29, 2005, https://www.cs.bham.ac.uk/research/projects/cogaff/sloman-vis-affordances.pdf.
54. Llínas, "Perception as an Oneiric State Modulated by the Senses."
55. 有关预测加工理论的相关讨论，参见：Kevin S. Walsh, David McGovern, Andy Clark, and Redmond G. O'Connell, "Evaluating the Neurophysi-ological Evidence for Predictive Processing as a Model of Perception," *Annals of the New York Academy of Sciences* 1464, no. 1 (2020): 242–268; Johan Kwisthout and Iris van Rooij, "Computational Resource Demands of a Predictive Bayesian Brain," *Computational Brain and Behavior* 3 (2020): 174–188; Madeleine Ransom, Sina Faze-pour, Jelena Markovic, James Kryklywy, Evan T. Thompson, and Rebecca M. Todd, "Affect-Biased Attention and Predictive Processing," *Cognition* 203 (2020), https://doi.org/10.1016/j.cognition.2020.104370.

56. Luiz Pessoa (@PessoaBrain), "No one calls the brain the Newtonian Brain," Twitter, March 26, 2022, 1:04 p.m., https://twitter.com/PessoaBrain/status/1507765399391195138.
57. "数学不是领土"的观点来源于：Mel Andrews, "The Math Is Not the Territory: Naviga-ting the Free Energy Principle," *Biology and Philosophy* 30 (2021), https://doi.org/10.1007/s10539-021-09807-0.
58. See Jakob Hohwy and Anil Seth, "Predictive Processing as a Systematic Basis for Identifying the Neural Correlates of Consciousness," *Philosophy and the Mind Sciences* (2020), https://doi.org/10.33735/phimisci.2020.II.64.
59. 意识的"生成问题"这一术语来源于：William Seager, *Metaphy-sics of Consciousness* (London: Routledge Press, 1991).
60. Seth, *Being You*, 120; see also 80; Anil K. Seth, "The Real Problem," *Aeon*, November 2, 2016, https://aeon.co/essays/the-hard-problem-of-consciousness-is-a-distraction-from-the-real-one.
61. J. J. Gibson, *The Ecological Approach to Visual Perception* (Hillsdale, NJ: Erlbaum, 1979). See also Anthony P. Chemero, *Radical Embodied Cognitive Science* (Cambridge, MA: MIT Press, 2009).
62. See Alva Noë, *Action in Perception* (Cambridge, MA: MIT Press, 2004); Ezequiel Di Paolo, Thomas Buhrmann, and Xabier Barandiaran, *Sensorimotor Life: An Enactive Proposal* (Oxford: Oxford University Press, 2017).
63. See Alva Noë, "Review of Andy Clark, *Surfing Uncertainty: Prediction, Action, and the Embodied Mind*," *Mind* 127 (2018): 611–618.
64. See Jan Westerhoff, *The Non-Existence of the Real World* (Oxford: Oxford University Press, 2020), 66–68.
65. 我们引用的这个类比来自：Evan Thompson, *Why I Am Not a Buddhist* (New Haven: Yale University Press, 2020), 123.
66. 这一图像的灵感来源于：Jakob Hohwy, *The Predictive Mind* (Oxford: Oxford University Press, 2013), 15–16.
67. See Alva Noë, *Out of Our Heads: Why You Are Not Your Brain and Other Lessons from the Biology of Consciousness* (New York: Hill and Wang, 2009); Evan Thompson and Diego Cosmelli, "Brain in a Vat or Body in a World? Brainbound versus Enactive Views of Experience," *Philosophical Topics* 39 (2011): 163–180; and Thomas Fuchs, *Ecology of the Brain: The Phenomenology and Biology of the Embodied Mind* (Oxford: Oxford University Press, 2018).
68. See Giulio Tononi, "Integrated Information Theory," *Scholarpedia* 10, no. 1 (2015): 4164, doi:10.4249/scholarpedia.4164.
69. Giulio Tononi, "Consciousness as Integrated Information: A Provisional Mani-festo,"

Biological Bulletin 215 (2008): 216–242.
70. Tononi, 216–242.
71. Giulio Tononi, Melanie Boly, Marcello Massimini, and Christof Koch, "Inte-grated Information Theory: From Consciousness to Its Physical Substrate," *Nature Reviews Neuroscience* 17 (2016): 450–461.
72. Erik P. Hoel, Larissa Albantakis, and Giulio Tononi, "Quantifying Causal Emer-gence Shows that Macro Can Beat Micro," *Proceedings of the National Academy of Sci-ences* 110 (2013): 19790–19795; Erik P. Hoel, Larissa Albantakis, William Marshall, and Giulio Tononi, "Can the Macro Beat the Micro? Integrated Information Across Spatiotemporal Scales," *Neuroscience of Consciousness* 1 (2016): 1–13.
73. Miguel Aguilera and Ezequiel A. Di Paolo, "Integrated Information in the Ther-modynamic Limit," *Neural Networks* 114 (2019): 136–146.
74. See Husserl, *Ideas*, sec. 73–74.
75. See Tim Bayne, "On the Axiomatic Foundations of the Integrated Information Theory of Consciousness," *Neuroscience of Consciousness* 4 (2018): 1–8.
76. See Jay Garfield, *The Fundamental Wisdom of the Middle Way: Nāgārjuna's Mūla-madhyamakakārikā* (New York: Oxford University Press, 1995), 89–90, 220–224; Jan Westerhoff, *Nāgārjuna's Madhyamaka: A Philosophical Investigation* (Oxford: Oxford University Press, 2009), chap. 2.
77. See Thompson, *Waking, Dreaming, Being*, chaps. 3 and 8. See also Thomas Metzinger, "Minimal Phenomenal Experience: Meditation, Tonic Alertness, and the Phenomenology of 'Pure' Consciousness," *Philosophy and the Mind Sciences* 1 (2020), https://doi.org/10.33735/phimisci.2020.I.46.
78. See Tim Bayne, "Unity of Consciousness," *Scholarpedia* 4, no. 2 (2009): 7414, doi:10.4249/scholarpedia.7414.
79. See Bayne, "On the Axiomatic Foundations. " See also Bjorn Merker, Kenneth Williford, and David Rudrauf, "The Integrated Information Theory of Conscious-ness: A Case of Mistaken Identity," *Behavioral and Brain Sciences* 45 (2022): E41, doi:10.1017/S0140525X21000881.
80. 关于这一方向的进一步批评，参见：Merker et al., "The Integrated Information Theory of Consciousness."
81. 整合信息理论有关这一点的讨论详见：Mike Beaton and Igor Aleksander, "World-Related Integrated Information: Enactivist and Phenomenal Perspec-tives," *International Journal of Machine Consciousness* 4 (2012): 439–455.
82. 参见：Giulio Tononi and Christof Koch, "Consciousness: Here, There, and Every-where?," *Philosophical Transactions of the Royal Society B* 370 (2015): 201460167, https://doi.org/10.1098/rstb.2014.0167; Hedda Hassel Mørch, "Is the Integrated Information

Theory of Consciousness Compatible with Russellian Panpsychism?," *Erkenntnis* 84 (2018): 1065–1085. 关于批评整合信息理论可能导致泛心论的观点，参见：Merker et al., "The Integrated Information Theory of Consciousness."
83. See Marcelo Gleiser, *The Island of Knowledge: The Limits of Science and the Search for Meaning* (New York: Basic Books, 2014).
84. Carl G. Hempel, "Comments on Goodman's Ways of Worldmaking," *Synthese* 45 (1980): 193–199. See also Tim Crane and D. H. Mellor, "There Is No Question of Physicalism," *Mind* 99 (1990): 185–206, and Noam Chomsky, *New Horizons in the Study of Language and Mind* (Cambridge: Cambridge University Press, 2000).
85. Henry Stapp, "Quantum Approaches to Consciousness," in *The Cambridge Handbook of Consciousness*, ed. Philip David Zelazo, Morris Moscovitch, and Evan Thompson (New York: Cambridge University Press, 2007), 881–907.
86. Galen Strawson, "Realistic Monism—Why Physicalism Entails Panpsychism," *Journal of Consciousness Studies* 13, nos. 10–11 (2006): 3–31.
87. Galen Strawson, "The Consciousness Deniers," *New York Review of Books*, March 13, 2018.
88. 这一论证的版本可以追溯到 Arthur Eddington 和 Bertrand Russell，并可在许多当代泛心论作者的著作中找到。参见：William E. Seager, "The 'Intrinsic Nature' Argument for Panpsychism," *Journal of Consciousness Studies* 13, nos. 10–11 (2006): 129–145.
89. See Westerhoff, *Nāgārjuna's Madhyamaka*, chap. 2.
90. 关于在分析哲学中受中观派（Madhyamaka）启发而提出的"没有内在属性"的论点，参见：Westerhoff, *The Non-Existence of the Real World*, 195–213. For quantum mechanics, see Carlo Rovelli, *Helgoland: Making Sense of the Quantum Revolution* (New York: Riverhead Books, 2021), 148–158.
91. Keith Frankish, "The Mental Life of Mountains," *New Humanist*, April 22, 2022, https://newhumanist.org.uk/articles/5951/the-mental-life-of-mountains.
92. 幻觉主义或幻象论的经典著作是：Daniel C. Dennett, *Consciousness Explained* (Boston: Little Brown, 1991). 另见：Keith Frankish, "Illusionism as a Theory of Consciousness," *Journal of Consciousness Studies* 23. nos. 11–12 (2016): 11–39.
93. See Strawson, "The Consciousness Deniers."
94. Merleau–Ponty, *Phenomenology of Perception*, 52.
95. Merleau–Ponty, 5.
96. 还有另一种幻觉主义或幻象论，我们可以称之为佛教幻象论。这种观点基于佛教哲学中的某些传承，认为普通意识的主客体结构以及意识具有内在本质的印象，都是经验性和认知上的幻觉。佛教幻象论并未建立在物理主义的基础上，并且在某种程度上与我们对盲点的批判观点一致。探讨这种幻象论会超出本章的讨论范围。参见：Jay Garfield, "Illusionism and Givenness," *Journal of Consciousness Studies* 21 (2016): 73–82. For a critical response, see Evan Thompson, "Sellarsian Buddhism: Comments on Jay Garfield, *Engaging Buddhism: Why It Matters to Philosophy*," *Sophia* 57 (2018): 565–579.

97. Chalmers, *The Conscious Mind*.
98. See Piet Hut and Roger Shepard, "Turning the 'Hard Problem' Upside Down and Sideways," *Journal of Consciousness Studies* 3, no. 4 (1996): 313–329; Francisco J. Varela, "Neurophenomenology: A Methodological Remedy for the Hard Problem," *Journal of Consciousness Studies* 3, no. 4 (1996): 330–349; Michel Bitbol, "Science as If Situation Mattered," *Phenomenology and the Cognitive Sciences* 1 (2002): 181–224.
99. Edmund Husserl, *On the Phenomenology of the Consciousness of Inner Time (1893–1917)*, trans. John Barnett Brough (Dordrecht: Springer, 1991); Alfred North Whitehead, *The Concept of Nature* (Cambridge: Cambridge University Press, 1920; Ann Arbor: University of Michigan Press, 1957).
100. Kathleen A. Garrison, Dustin Scheinost, Patrick D. Worhunksy, Hani M. Elwafi, Thomas A. Thornhill IV, Evan Thompson, Clifford Saron, Gaëlle Desbordes, Hedy Kober, Michael Hampson, Jeremy R. Gray, R. Todd Constable, Xenophan Papademtris, and Judson A. Brewer, "Real-Time fMRI Links Subjective Experience with Brain Activity during Focused Attention," *Neuroimage* 81 (2013): 110–118.
101. Hut and Shepard, "Turning the Hard Problem Upside Down and Sideways," 320–321.
102. Dunne et al., "Mindful Meta-Awareness: Sustained and Non-Propositional"; Antoine Lutz and Evan Thompson, "Neurophenomenology: Integrating Subjective Experience and Brain Dynamics in the Neuroscience of Consciousness," *Journal of Consciousness Studies* 10 (2003): 31–52; Sina Fazelpour and Evan Thompson, "The Kantian Brain: Brain Dynamics from a Neurophenomenological Perspective," *Current Opinion in Neurobiology* 31 (2015): 223–229.
103. See Claire Petitmengin and Jean-Philippe Lachaux, "Microcognitive Science: Bridging Experiential and Neuronal Microdynamics," *Frontiers in Human Neuroscience* 27 (2013), https://doi.org/10.3389/fnhum.2013.00617.
104. See Christopher Timmerman, Prisca R. Bauer, Olivia Grosseries, Audrey Vanhaudenhuyse, Franz Vollenweider, Steven Laureys, Tania Singer, Mind and Life Europe (MLE) ENCECON Research Group, Elena Antonova, and Antoine Lutz, "A Neurophenomenological Approach to Non-Ordinary States of Consciousness: Hypnosis, Meditation, and Psychedelics," *Trends in Cognitive Sciences* 27, no. 2 (2023): 139–159, https://doi.org/10.1016/j.tics.2022.11.006.

105. See Thompson, *Waking, Dreaming, Being*.

第 9 章

1. See Carolyn Merchant, *The Death of Nature: Women, Ecology, and the Scientific Revolution* (New York: HarperOne, 1980).
2. Vladimir Vernadsky, as quoted in A. V. Lapo, "Problemy biogeokhimii" ["Prob-lems of Biogeochemistry"], *Works of the Biogeochemical Laboratory* 16 (1980): 123, http://scihi.org/vladimir-vernadsky-biosphere/.
3. Vladimir I. Vernadsky, *The Biosphere*, trans. David B. Langmuir (New York: Springer Science + Business Media, 1998), 44.
4. Vernadsky, 56.
5. Quoted in Alexej M. Ghilarov, "Vernadsky's Biosphere Concept: An Historical Perspective," *Quarterly Review of Biology* 70 (1995): 197.
6. Ghilarov, 196.
7. James Lovelock, *Homage to Gaia: The Life of an Independent Scientist* (New York: Oxford University Press, 2000), 255.
8. See James Lovelock, *Gaia: A New Look at Life on Earth* (New York: Oxford University Press, 1979), 49. For discussion of the role cybernetics played in the Gaia theory, see Bruce Clarke, *Gaian Systems: Lynn Margulis, Neocybernetics, and the End of the Anthropocene* (Minneapolis: University of Minnesota Press, 2020).
9. James E. Lovelock, "Gaia as Seen through the Atmosphere," *Atmospheric Environment* 6 (1972): 579–580. See also Lovelock, *Gaia*.
10. See Lynn Margulis, *Symbiosis in Cell Evolution: Microbial Communities in the Archean and Proterozoic Eras*, 2nd ed. (New York: Freeman, 1992); Lynn Margulis, *Symbiotic Planet: A New Look at Evolution* (New York: Basic Books, 1998).
11. Robert J. Charlson, James E. Lovelock, Meinrat O. Andreae, and Stephen G. Warren, "Oceanic Phytoplankton, Atmospheric Sulphur, Cloud Albedo and Cli-mate," *Nature* 326 (1987): 655–661.
12. See Lynn Margulis and Dorion Sagan, *What Is Life?* (New York: Simon and Schuster, 1995). See also Clarke, *Gaian Systems*.
13. 更进一步的讨论参见：Evan Thompson, *Mind in Life: Biology, Phenomenology, and the Sciences of Mind* (Cambridge, MA: Harvard University Press, 2007), 119–122.
14. James W. Kirchner, "The Gaia Hypothesis: Fact, Theory, and Wishful Thinking," *Climatic Change* 52 (2002): 391–408.
15. Timothy M. Lenton, Stuart J. Daines, James G. Dyke, Arwen E. Nicholson, David M. Wilkinson, and Hywel T. P. Williams, "Selection for Gaia across Multiple Scales,"

Trends in Ecology and Evolution 33 (2018): 633–645.
16. Will Steffen, Katherine Richardson, Johan Rockström, Hans Joachim Schelln-huber, Opha Pauline Dube, Sébastien Dutreuil, Timothy M. Lenton, and Jan Lub-chenco, "The Emergence and Evolution of Earth System Science," *Nature Reviews Earth and Environment* 1 (2020): 54.
17. Steffen et al., 54.
18. Svante Arrhenius, *Worlds in the Making: The Evolution of the Universe*, trans. H. Born (New York: Harper, 1908).
19. Roger Revelle and Hans E. Suess, "Carbon Dioxide Exchange between Atmo-sphere and Ocean and the Question of an Increase of Atmospheric CO2 during the Past Decades," *Tellus* 9 (1957): 18–27.
20. Quoted in Dale Jamieson, *Reason in a Dark Time: Why the Struggle against Climate Change Failed—and What It Means for Our Future* (New York: Oxford University Press, 2014), 20.
21. Paul J. Crutzen and Eugene F. Stoermer, "The Anthropocene," *Global Change Newsletter* 41 (2000): 17–18.
22. Peter M. Vitousek, Harold A. Mooney, Jane Lubchenco, and Jerry M. Melillo, "Human Domination of Earth's Ecosystems," *Science* 277 (1997): 494–499; Steven W. Running, "A Measurable Planetary Boundary for the Biosphere," *Science* 377 (2012): 1458–1459. For discussion, see Jamieson, *Reason in a Dark Time*, 178–179.
23. Vitousek et al., "Human Domination of Earth's Ecosystems," 494.
24. Clarke, *Gaian Systems*, 256.
25. Kathleen Dean Moore, *Great Tide Rising: Towards Clarity and Moral Courage in a Time of Planetary Change* (Berkeley, CA: Counterpoint, 2016), 132.
26. See Andreas Malm and Alf Hornborg, "The Geology of Mankind? A Critique of the Anthropocene Narrative," *Anthropocene Review* 1 (2014): 62–69.
27. Kyle Whyte, "Indigenous Climate Change Studies: Indigenizing Futures, Decol-onizing the Anthropocene," *English Language Notes* 55 (2017): 159.
28. Jamieson, *Reason in a Dark Time*.
29. Lukas Rieppel, Eugenia Lean, and William Deringer, "Introduction: The Entan-gled Histories of Science and Capitalism," *Osiris* 33 (2018): 4.
30. Rieppel et al., 2.
31. Rieppel et al., 2. For feminist scholarship, see Donna Haraway, "Situated Knowl-edges: The Science Question in Feminism and the Privilege of Partial Perspective," *Feminist Studies* 14 (1988): 575–599; Sandra G. Harding, *Whose Science? Whose Knowledge? Thinking from Women's Lives* (Ithaca, NY: Cornell University Press, 1991); Evelyn Fox Keller, *Reflections on Gender and Science*, 10th ann. ed. (New

Haven: Yale University Press, 1995).
32. Rieppel et al., "Introduction," 5.
33. Harold J. Cook, "Sciences and Economies in the Scientific Revolution: Concepts, Materials, and Commensurable Fragments," *Osiris* 33 (2018): 43.
34. Cook, 43.
35. See Amitav Ghosh, *The Great Derangement: Climate Change and the Unthinkable* (Chicago: University of Chicago Press, 2016). See also Whyte, "Indigenous Climate Change Studies."
36. William Deringer, *Calculated Values: Finance, Politics, and the Quantitative Age* (Cambridge, MA: Harvard University Press, 2018),xi.
37. Deringer, 6.
38. Deringer, xi.
39. Deringer, xi.
40. Deringer, 6.
41. William Nordhaus, "Projections and Uncertainties about Climate Change in an Era of Minimal Climate Policies," *American Economic Journal: Economic Policy* 10 (2018): 333–360.
42. Jamieson, *Reason in a Dark Time*, 6, 142.
43. Jamieson, 6, 143.
44. Jamieson, 143.
45. Jamieson, 143.
46. Stefan Thurner, Rudolf Hanel, and Peter Klimek, *Introduction to the Theory of Complex Systems* (New York: Oxford University Press, 2018), 1.
47. See Stuart A. Kauffman, *Investigations* (New York: Oxford University Press, 2000), and Stuart A. Kauffman, *A World Beyond Physics: The Emergence and Evolution of Life* (New York: Oxford University Press, 2019).
48. Kauffman, *Investigations*.
49. Thurner et al., *Introduction to the Theory of Complex Systems*, 15.
50. Alfred North Whitehead, *Process and Reality* (New York: Free Press, 1978), 289.
51. David K. Campbell, "Fresh Breather," *Nature* 432 (2004): 455.

译后记

2024年春，我正在忙着推动哲学系和学校自主增设应用伦理专业学位授权点之际，中信出版集团的张馨元编辑专程来到燕园，向我介绍了麻省理工学院出版社刚刚出版的《何为科学》。她认为这部书与时下畅销的《世界观》形成了对话与呼应，极具翻译成中文之价值。但由于《何为科学》的内容广博深邃，横跨文理，很难找到合适的中文版译者，因此希望我能提供帮助。翻译是一项费力耗时的工作，何况这还是一部兼具专业性、前沿性和交叉性的书。然而，在快速翻阅原书之后，我便被书中内容深深吸引。一方面，《何为科学》所涉及的主题在中文出版物中相对少见。该书的三位作者不仅深入剖析了物理学、生物学、认知科学、环境科学等多个科学领域的理论基础，还借助胡塞尔、怀特海等大家的思想资源对其底层的哲学预设进行了透视。另一方面，本书倡导的科学并非绝对客观的知识体系，而是与人类的主观经验乃至社会文化深度交织的产物。在迈向科技强国的进程中，我们需要提高公众的科学素养，更需要端正公众对科学的态度。正好我当时刚卸任北京大学医学人文学院院长一职，时间相对比较自由，在和自己指导的多位博士生深入交换意见之后，我还是斗胆接下了这项艰巨的任务，以期能为中国的科学文化建设贡献绵薄之力。

我曾主持翻译过托比·胡弗的《近代科学为什么诞生在西方》(北京大学出版社，2010)、弥尔顿·穆勒的《网络与国家：互联网治理的全球政治学》(上海交通大学出版社，2015)和薛定谔的《生命是什么》(北京大学出版社，2018)等多部著作，深知翻译在中国是一件"吃力不讨好"的事情，但我也早就意识到翻译在中国是一项任重道远且意义非凡的事业。为了让自己指导的博士生有机会接受严格的翻译训练，并确保《何为科学》一书的翻译质量，我最终指定三位博士生和我一道来完成《何为科学》的翻译。这三位博士生都接受过系统的科学技术哲学训练，而且都拥有在国际知名高校接受联合培养的经历。更为重要的是，他们都高度认同《何为科学》作者秉持的立场——既肯定科学所取得的卓越成就，又直面科学发展所带来的问题；主张深入反思科学，但并不否定科学本身。我们的确有必要正视科学中的盲点，构建一种更加包容、全面的科学观和世界观，以确保科学研究能够真正服务于社会的可持续发展和人类的整体利益。

中信出版集团对《何为科学》一书寄予了很高期望，这对我们的译文提出了更高的要求——既要确保准确传达作者的立场与观点，又要兼顾语言的流畅性与可读性。在着手翻译之前，我便确立了"不求快，但求信、达、雅；尊重作者的原意，但不拘泥于作者的语言表达风格"的翻译原则。根据这一原则，廖新媛对引言和第3、4、5章，杨军洁对第1、2、9章和结语，万舒婵对第6、7、8章进行了初译。2024年暑假期间，我获得了短暂的空闲，对三位同学完成的初译稿进行了全面的译校，统一了书中科学与哲学专业术语的翻译，并对译文进行了润色处理。此后，我又请多位同学、同事担任本书的"第一读者"，对译稿进行审阅并帮助查漏补缺。在此基础上，我在 2025 年寒假期间最终改定《何为科学》一书译稿和译者导读文稿。囿于学识和能力，加之多人参与翻译，书中难免有谬误和纰漏，诚请各位方家不吝赐教，指瑕纠错。

《何为科学》出版前夕，我国科学哲学界泰斗、中国人民大学荣誉一级教授刘大椿先生拨冗为本书作序，为广大读者更好地理解本书的内容与背景提供了极大的帮助。对先生的感激之情，犹如深潭之水，难以言表，谨以诚挚之心，深表谢意！

令人感动的是，中国科学院院士、中国科学技术协会名誉主席韩启德先生，北京大学终身讲席教授、首都医科大学校长饶毅先生，首都师范大学燕京人文讲席教授陈嘉映先生，台湾大学哲学系教授苑举正先生，上海交通大学讲席教授江晓原先生，清华大学科学史系教授刘兵先生，复旦大学哲学学院教授徐英瑾先生和科普时报社社长尹传红先生等多位大家对《何为科学》的翻译给予了高度评价，并欣然为本书撰写了推荐语。这些为金龙点睛之笔，令人拍案称绝，更极大地拉近了作者与读者之间的心理距离。能够得到学界大家们的信任与支持，我感到荣幸之至。在此，谨向老校长和各位同仁表示衷心的感谢！

作为我正在主持的教育部人文社会科学重点研究基地重大项目"当代认知哲学基础理论问题研究"（22JJD720007）阶段性成果，《何为科学》的中文译本能够这么快就与读者见面，离不开中信出版集团的统筹协调，特别是张馨元编辑的辛勤付出。感谢你们的默默奉献！正是因为有了你们，中国出版界才变得更加绚丽多彩！

周程
甲辰岁末于北京大学燕园